從911反恐開戰到全面撤軍，
阿富汗戰爭真相揭秘

克雷格·惠特洛克 著
Craig Whitlock
張苓蕾、張鈞涵、黃好萱、鄭依如 譯

中國
塔吉克
昆都茲
環形公路
巴基斯坦
興都庫什
印度河
巴格蘭空軍基地
庫納爾
喀布爾
印度
查拉拉巴
查拉拉巴空軍基地
阿伯塔巴德
南加哈
環形公路
白夏瓦
托拉波拉
加德茲
開伯爾山口/托克哈姆關口
伊斯蘭瑪巴德
茲尼
霍斯特
什金
巴克迪卡
拉合爾
哈薩克
土耳其
地中海
中國
開羅
伊拉克
伊朗
埃及
紅海
沙烏地阿拉伯
印度
1,000 Km
500 Miles
印度洋

0
50
100
150 公里
0
50
100
150 英里
烏茲別克
土庫曼
希比爾甘
馬薩里沙
阿富汗
赫拉特
阿茲扎巴德
辛丹空軍
基地
環形
公路
烏魯茲岡
卡賈基
水庫
法拉
扎布
拉什卡加
坎達哈
馬佳
坎達哈機場
伊朗
巴瓦益
地區
史賓
波達克
海曼德河
坎達哈
奎達
海曼德
巴基斯坦

目次

INDEX

唯有自由無所拘束的新聞媒體，才能確實拆穿政府的謊言。
自由媒體的重責大任即是防止政府機構欺騙大眾、
防止政府將人民送到遠方的土地，任他們因病或戰爭而客死異鄉。

——最高法院大法官雨果．布萊克（Hugo L. Black），一九七一年六月三十日
紐約時報公司訴合眾國案（New York Times Co. v. United States，又稱五角大廈
文件案）協同意見書。法院以六比三作出判決，同意美國政府不得阻止
《紐約時報》或《華盛頓郵報》發行與越戰有關的國防部秘密歷史。

各界讚譽

「來得及時的重要報導。」——《書單》，「星」級推薦（*Booklist*, starred review）

「節奏快速又生動……引言充滿說服力。」——《紐約時報書評》（*The New York Times Book Review*）

「精準描述帝國的傲慢、疏忽與謊言，令人不忍釋卷。」——《觀察者周刊》（*The Spectator*）

「記述一場被誤導和歪曲的軍事潰敗，毫不留情、一語中的。」——華盛頓獨立書評網站（*Washington Independent Review of Books*）

「內容豐富、可靠、證據確鑿……取材自無可挑剔的的資料來源。」——《美國保守派》（*The American Conservative*）

「優秀的新書……揭露震撼人心的真相……更坐實了我們早有的擔憂。」——《華盛頓郵報》（*The Washington Post*）

「克雷格．惠特拉克的新書《阿富汗文件》是這場戰爭主題的重點讀物。」——紐特．金瑞契（Newt Gingrich），《新聞周刊》（*Newsweek*）

「令人印象深刻的紀實……書中證據確鑿，證實阿富汗戰爭是一場本應在幾年前就結束的巨大失敗。」——柯克斯書評「星」級推薦（*Kirkus Reviews*, starred review）

「主要來源報導的經典成就……《阿富汗文件》提醒讀者，報導文學的力量是奠基於有憑有據的書面證據。」——《野獸日報》（*The Daily Beast*）

「抨擊猛烈……嚴謹詳實……道出美國各領導人如何『選擇埋葬錯誤，任戰爭漸漸變得難以掌控』，令人心碎。」——《出版人週刊》（*Publishers Weekly*）

「十、二十、五十年以後，若美國再次崛起，有意在另一遙遠的國度證明自己的軍事實力，那麼戰爭的策劃者將會因為無視《阿富汗文件》的教訓而悔不當初。——《流行事》（*PopMatters*）

「克雷格．惠特拉克對資深軍事及非軍事官員的謊言、疏忽和狂妄自大提出了嚴厲控訴，呼應與越戰相同的悲慘過往。美國的死傷人員和家屬值得更明智、品德更高尚的領袖。」——湯姆．鮑曼（Tom Bowman），全美公共電台（NPR）五角大廈特派記者

「《阿富汗文件》剖析美國在中亞犯下的愚蠢行徑，記述美國至今仍在設法應付多年的魯莽和失策之舉。本書一方面控訴了偏離的戰爭使命與美國的驕矜自大，另一方面也對未來的領袖提出警示。」——凱文・毛瑞爾（Kevin Maurer），《紐約時報》暢銷書《艱難一日》（*No Easy Day*）及《美國激進》（*American Radical*）共同作者

「據實敘述這場美國歷時最久的戰爭，揭發將領和政府官員對戰爭的代價與徒勞早已心知肚明。惠特拉克以前所未有的方式拼湊所有碎片，為我們帶來了有史以來最全面的這場衝突的內幕故事。」——拉傑夫・強德拉謝克（Rajiv Chandrasekaran），《小美國：阿富汗戰爭中的戰爭》（*Little America: The War Within the War for Afghanistan*）作者

「《阿富汗文件》記敘了阿富汗戰爭如此曠日廢時的緣由，內容扣人心弦。錯失的良機、徹底的疏失，最重要的更有來自資深指揮官的第一手資料。他們在數年後才承認，自己只是沒有對美國人民坦承他們當年所知的戰況。」——芭芭拉・斯塔爾（Barbara Starr），CNN五角大廈記者

「惠特拉克毫不留情地批判小布希、歐巴馬與川普總統及美軍領袖，稱這些人全都未能對美國民眾據實以告……惠特拉克的著作取材自阿富汗重建特別督察長辦公室私下執行的數百次『記取教訓』訪談紀錄……直言不諱的訪談內容相當發人深省。」——全美公共電台（NPR）

「打了廿年的阿富汗戰爭，在美國外交史上留下深刻的烙印。很多人都想知道，當初美軍是怎麼進入阿富汗的？為什麼連著幾任總統都想撤軍而撤不出？是國際因素還是官僚因素？又為什麼拜登最後會撤得如此狼狽？這本書提供了很多內幕，值得一讀。」——劉必榮，東吳大學政治學系教授

「一如記述越戰的五角大廈文件，《阿富汗文件》拆穿數十年來的謊言，以及屹立不搖的美式帝國主義。這段歷史在克雷格．惠特拉克銳利目光的審視之下，提供充分的證據，證明公民最終應該拒絕相信任何人憑無據地聲稱『美國的軍事武力是世界上獨特的向善力量』。」——克里斯蒂安．艾佩（Christian G. Appy），《美國清算：越戰與我們的民族認同》（*American Reckoning: The Vietnam War and Our National Identity*）作者

「《阿富汗文件》的內容嚴謹，一讀即讓人欲罷不能。本書揭示美國應對戰爭的可悲方式，為這場歷時最久的戰爭紀錄留下深遠的貢獻。惠特拉克詳實記錄了美國領導階層和指揮官如何違背國家的承諾，辜負仰賴他們的阿富汗人，以及在九一一事件後犧牲性命的美國軍人。」——史蒂夫．科爾（Steve Coll），《幽靈戰爭》（*Ghost Wars*）及《S機構》（*Directorate S*）作者，曾獲頒普立茲獎

「國際事務錯綜複雜，議題連結或相互依賴的情況日益深化。雖然阿富汗與台灣在地緣政治上有一定的距離，但中東的地緣政治卻常常牽引到美、中、俄及歐洲在印太地區的戰略布局。而目前台灣正積極的準備參與更多的國際事務，不論是企業、政府或是個人，對國際事務更是需要有更為宏觀的

視野。本人樂意推薦《阿富汗文件》一書給關心兩岸關係以及台灣在未來更密切參與國際事務的讀者。」——宋學文（國立中正大學戰略暨國際事務研究所兼任教授）

「《阿富汗文件》內容採用大量當事者，包含軍事將領到士兵、官僚到阿富汗民眾的口述說法，試圖還原出一套完整的阿富汗戰爭故事。內容精彩連貫，不拖泥帶水，從九一一事件後小布希總統出兵到二〇二一拜登決定撤出為止，將每一任總統的行事風格，做出了清晰又直白的描述。雖然本書為了故事連貫性，犧牲了不少決策過程背後的探討，但光就書中大量當事者的敘述資料，就足以做為參考借鏡。」——王立第二戰研所

「過去，美國面對越戰有這是『一場既不知道如何取勝，也不知道如何結束？』的感嘆；如今，面對阿富汗戰爭，也有這是『一場誤以為取勝，也誤以為結束……』無窮無盡之困惑。白宮和五角大廈為了太多因素，淡化了太多不想公開的真相，卻早在二〇一六成立一個『記取教訓』的專案，本書作者耗費三年時間，秘訪近千名第一線人員，公開專案第一手資料，呈現出來了另一種『真實的阿富汗戰爭』，發人深省！」——黃創夏（自由媒體工作者）

推薦序

美國最長戰爭的內幕與潰敗的根源

邱奕宏　國立陽明交通大學通識教育中心國際政治經濟學教授

二〇二一年四月十四日美國總統拜登宣布美國業已完成阻擋阿富汗成為恐怖份子藏匿天堂的任務，因此將在該年九月十一日前完全撤出阿富汗，來結束這場美國史上最長的戰爭。隨後，他並將撤軍期限提前至八月三十一日。拜登承認，在近二十年的戰爭後，很清楚地美軍並無法將阿富汗轉型為一個現代、穩定的民主國家。在此近乎是正式宣告美國在阿富汗的任務失敗後，除了來自美國內部與國際蜂擁而至的批評與非難外，阿富汗局勢更逐步陷入混亂，但這些皆未改變拜登結束此戰爭的決心。

隨著美軍撤軍期限將近，阿富汗局勢益趨惡化。二〇二一年八月十五日，在阿富汗總統甘尼（Ghani）搭機逃離總統府後，塔利班戰士隨即佔領其自二〇〇一年十一月即未曾返回的首都喀布爾。美國花費巨資培訓的阿富汗安全部隊也在一夕間土崩瓦解，不戰而逃。對此結果，拜登於隔日為撤軍決定辯護，表示美國反恐任務已經完成，承認撤軍行動導致的失序，但將此歸咎於阿富汗安全部隊未能抵抗塔利班的進攻。

八月三〇日美國陸軍少將唐納修（Chris Donahue）踏搭上美軍運輸直升機，成為最後一位撤離阿富汗的美軍，正式宣告結束兩周內運送一萬二千名軍民的撤退行動，但據估計仍拋下至少約十萬名符合美國簽證資格的民眾。隔日，拜登表示，美國應從其錯誤中學習，而此撤軍正是宣告「以重大軍事行動來改造其他國家之世紀」的結束。

美國史上最長戰爭的倉皇落幕

遠在五千公里之遙的台灣民眾，從媒體上看到美軍狼狽地撤出、塔利班士兵大張旗鼓地持武器進城，與喀布爾民眾的倉皇逃難的景象。各家媒體與名嘴則依其不同的政治立場來對美國撤軍阿富汗的意涵及對台灣的啟示，進行各自的詮釋。

誠然，美軍撤出阿富汗，結束此場耗費二兆美元及犧牲二千四百多名美軍之戰爭的結果，竟是以塔利班重掌阿富汗政權收場，校正回歸到二十年前的局面，想必是所有歷經此場戰役的四任美國總統、國安高層官員、軍事將領、參與阿富汗戰爭的美軍士兵、協助重建的美國官員，及一般美國民眾皆不願見到的結局。

然而，但這是否是不可避免的結局？抑或是可預見且可避免的結果？相信許多讀者不免會如此提問。為何在耗費美國納稅人大量稅金，總計前後派遣超過八十萬名美軍，並造成二萬多名美軍受傷，而且歷時二十年的心力投入，卻最後仍落得如此下場？難道就連當今身為超級強權的美國，在遇到號稱「帝國墳場」(graveyard of empires)的阿富汗，都如同先前曾染指該國的大英帝國及蘇聯般，最終都將難逃以失敗收場的宿命。這想必是所有讀者都想要獲得解答的疑問。

《阿富汗文件》一書的英文版在二〇二一年八月出版，時值拜登政府執行撤軍阿富汗的決定，而同時阿富汗政府瞬間垮台、塔利班戰士班師回朝、美軍倉皇撤離及阿富汗民眾流離失所的戲劇性發展，大大激發了美國民眾對阿富汗的關注與了解的渴望，也致使該書立即成為該年《紐約時報》（*The New York Times*）非虛構類作品排行榜上的最暢銷書籍。

繼越戰五角大廈文件後，媒體揭發的重要政府文件曝光

該書在前言一開始即引用美國聯邦最高法院大法官布萊克在一九七一年針對（五角大廈文件案）的協同意見書的內容說：「唯有自由無所拘束的新聞媒體，才能確實拆穿政府的謊言。自由媒體的重責大任即是防止政府機構欺騙大眾、防止政府將人民送到遠方的土地，任他們因病或戰爭而客死異鄉。」

誠哉斯言！由於當年聯邦最高法院的判決要求聯邦政府不得阻止《紐約時報》或《華盛頓郵報》刊載國防部有關越戰的秘密檔案文件，致使美國大眾得以了解政府官員對越戰的決策內幕與真實情況，進而加劇美國民意的反戰情緒，而迫使尼克森總統必須做出從越南撤軍的決定。相信許多看過二〇一七年電影《郵報：密戰》（*The Post*）的讀者，仍會對《華盛頓郵報》決策高層決心為捍衛新聞自

由而與白宮對抗的情節感動不已，特別是當時的《華盛頓郵報》仍只是一家地方小報，而非現今具龐大影響力的全國大報。

此書是由《華盛頓郵報》的調查記者克雷格．惠特洛克（Craig Whitlock）所撰寫，他自二〇〇一年即在該報社擔任特派記者，負責報導海外新聞，撰寫包含蓋達組織及其海外分支的活動，之後則負責五角大廈的相關報導，是國家安全領域的專家。

作者不滿於美國官方發表千篇一律有關阿富汗正面進展的空洞言論，而發揮調查記者探索真相的精神，得知一個由美國國會在二〇〇八年設立、但鮮為人知的聯邦機構—「阿富汗重建特別督察長辦公室」（Office of the Special Inspector General for Afghanistan Reconstruction，簡稱SIGAR），曾在二〇一四年至二〇一八年間對高達四百多名官員、將領士兵及阿富汗重要人物進行的訪談。這些採訪紀錄是在一項名為「記取教訓」（Lessons Learned）的計劃下所進行，目的在記取美軍在阿富汗戰爭中的教訓，以讓美國不至在未來重蹈覆轍。

儘管該機構自二〇一六年九月開始發表此項計畫的報告，但內容被政府刻意掩蓋矯飾而無法顯露真相。因此作者透過《資訊自由法》（Freedom of Information Act）向該單位要求公布該計畫的訪談逐字稿、筆記及錄音檔案，但遭該辦公室拒絕。《華盛頓郵報》於是提起聯邦訴訟，與該機構訴訟纏鬥三年獲勝後而取得二千多頁未發表的訪談記錄。這些文件被《華盛頓郵報》稱以「阿富汗文件」（The Afghanistan Papers）為名，在二〇一九年十二月初於《華盛頓郵報》刊登這些訪談紀錄。

許多媒體將此份文件與在一九七一年對越戰造成極大影響的「五角大廈文件」（Pentagon Papers）

相提並論，並聚焦在文件內幕暴露出美國政府官員對戰爭失敗的刻意掩蓋與對民眾的蓄意誤導。但事實上，兩份文件揭露的原因與方式不甚相同。五角大廈文件的曝光主要是由於美國官員艾爾斯伯格（Daniel Ellsberg）因厭惡越戰而對媒體洩密，但阿富汗文件則是在本書作者與《華盛頓郵報》鍥而不捨的努力下，透過法律訴訟與政府單位訴訟纏訟數年後取得的成果。

但二份文件亦有相同之處：五角大廈文件揭露了二位總統甘迺迪及詹森為遮掩越戰失利的各式謊言；阿富汗文件亦暴露從小布希、歐巴馬至川普的三屆政府在此戰爭的進退失據、避重就輕與粉飾太平。不僅許多受訪者坦承三位總統的策略皆毫無價值，而主導軍事行動的高階將領對阿富汗並不了解，亦不知為何而戰，甚至受訪政府官員表示他們不僅沒有策略、不知敵人在哪、亦不知目的為何。顯然，這二份文件都揭露在此兩場戰爭中，美國高層官員皆曾刻意誤導民眾對戰爭真相的了解，並蓄意掩蓋其一系列失敗的決策。

取材國防部長倫斯斐的備忘錄及其他訪談紀錄

除了「記取教訓」的訪談內容外，該書也包含了在小布希政府任職國防部長的倫斯斐，在二〇〇一年至二〇〇六年間寫下有關阿富汗戰爭的指令或意見，而被他自己及其部屬稱為「雪花」（snowflake）的機密備忘錄。這些備忘錄透露了倫斯斐對該戰爭最直言無諱的想法，例如他在二〇〇三年備忘錄寫下：「在阿富汗誰才是壞蛋？我無從得知。」很難想像作為美國最高軍政首長，竟然在開戰近二年後還搞不清楚在阿富汗的敵人是誰。這些直率的措辭，與美國政府對外宣傳之冠冕堂皇的官方聲明大相逕庭，而更能反映當時美國決策官員對該戰爭的真實想法與評估。

此外，該書也含括了數份對駐喀布爾美國大使館官員的口述歷史訪談紀錄、美國軍方對參與阿富汗戰役之前線基層軍官所做的六百多份訪談紀錄、及數十份小布希政府時期與阿富汗戰爭相關的軍事指揮官、內閣成員及資深官員的口述訪談紀錄。

特別是該書大量引用在阿富汗前線服役的美軍官兵及被派遣協助阿富汗重建的文職官員的訪談，這些內容在在暴露他們親身經歷下對戰局的悲觀與無助，迥異於美國政府對媒體及民眾一味宣稱的正面進展之官方說法，

即如作者在前言中所述：「本書的撰寫目的……重點反在解釋是哪個環節出了差錯，以及為何三位總統及其政府未能訴說真相。總而言之，阿富汗文件是奠基於一千多名重要參戰人士的訪談內容。「記取教訓」訪談、口述歷史和倫斯斐的雪花包含超過一萬頁的文件，全都未經編輯和篩選，清楚傳遞了人們的聲音：從華盛頓的決策者，到阿富汗山區和沙漠中作戰的前線人員—他們都清楚，美國人民知曉的戰爭官方版本並非事實，充其量也只是經過矯飾的版本。」

由此可之，本書最重要的貢獻之一，即在於揭露美國政府在阿富汗戰爭中對大眾的刻意欺瞞與掩蓋真相。此外，該書取材來源之豐富，訪談對象之廣泛，早超越一般口述歷史書籍及政府機密資料所能乘載與涵蓋的內容。這使得該書蘊藏的豐富性與對戰爭真相揭露的可信度，大幅超越其他介紹阿富汗戰爭的相關書籍，而能夠幫助讀者理解，在這場美國史上歷時最久的戰爭中，美國政府到底是犯了

哪些錯誤，導致局勢逐漸變得無法掌控，及為何未能向大眾說明真相，而最終致使此場戰爭以備受非難的倉皇撤軍劃下句點。

阿富汗文件揭露美國失敗的原因

在這場漫長的戰事中，有許多因素導致了美國為何最後會以恥辱地倉皇撤軍來告終。讀者可從本書依時序的各章鋪陳下，瞭解美國政府是如何在阿富汗愈陷愈深、而最終陷入無法自拔、進退兩難的境地。從本書揭露的內幕資訊，讀者亦不難發現有下列幾點原因，是導致阿富汗從最初美國視為是宣揚自由民主的國家重建典範，最後卻淪為其尾大不掉的政治負債。

隨時間移轉、膨脹的作戰目標

當初美國出兵阿富汗的理由是為追捕策劃九一一恐怖攻擊的蓋達組織首腦賓拉登，及窩藏且拒不交出賓拉登的塔利班政權。在出兵不到六周的時間，僅約四百名美軍結合當地北方同盟（the Northern Alliance）的軍隊，以勢如破竹的攻勢，遂一佔領阿富汗各大城，並攻下塔利班政權的首都喀布爾，致使其他未被俘的塔利班領導人與賓拉登於十二月逃離阿富汗。此時美國攻打阿富汗的戰爭目標應已大致達成，但此輕易迅速的勝利卻導致美國開始追求其他目標，而「決定將自由民主引進阿富汗，取代恐怖主義。為達成這個目標，美軍必須駐紮更長時間」。

二〇〇三年美軍對阿富汗戰略檢討的結論，把重點從追捕恐怖份子轉變為幫助阿富汗政府來剿平叛亂及協助籌組阿富汗安全部隊。此作戰目標的改變不僅違背了當初美國出兵阿富汗的原因，並導致美軍陷入阿富汗永無止盡的內戰，而培訓阿富汗軍隊的任務更成為美國後來必須支付的無底錢坑。

此外，美軍在阿富汗作戰目標也隨著政治領袖盲目開出的政治承諾而日益膨脹。例如，二〇〇七年二月小布希總統在演說中「對外宣布自己野心勃勃的目標，不只要「打敗恐怖份子」，還要把阿富汗變成尊重所有公民權利，局勢穩定、作風溫和的民主國家。」這不僅是偏離美軍攻打阿富汗的理由，也大大超出任何軍隊所能承擔的責任。隨後，包括打擊阿富汗鴉片販賣、削弱反叛亂份子、或強化阿富汗政府等任務，皆導致美軍備多力分而不知為何而戰、為誰而戰。

簡言之，美軍前後不一、因時移轉、膨脹，及超出其能力的作戰目標，大幅削弱其在阿富汗達成任務的可能性，也註定此場目標含糊不清的戰爭終將以失敗收場。

作戰對象的混淆

除了作戰目的不明的致命缺陷外，本書也提到美國政府犯的另一個錯誤是混淆戰爭對象。「小布希政府還犯了一個基本錯誤，也就是將蓋達組織和塔利班混為一談。這兩個組織都抱持著極端的宗教意識型態，有簽有互助協定，但他們追求的目標並不相同。」誠然，塔利班的價值、信仰與統治形式的確與美國有根本的歧異，但把根植於阿富汗當地的塔利班貼上與蓋達組織相同的恐怖份子標籤，而將之排除於阿富汗未來的政府協商之外，無疑是戰略上的失策，而迫使塔利班必須走向地下而採取游擊戰的方式來持續對抗美軍，而迫使後者與阿富汗政府陷入永無止盡的內戰。曾在二〇〇三至二〇〇五擔任美國駐阿富汗大使的哈里札德表示，「如果美國在二〇〇一年十二月願意與塔利班談判，那麼這場歷時最久的戰爭，可能早已成為美國史上最短的戰爭之一。」

美國對塔利班的態度直到歐巴馬政府才出現改變，並自二〇一二年開啟與塔利班在卡達首都多哈的雙邊談判。不過此談判過程受到阿富汗政府的反彈、美國國內政治的變遷及阿富汗國內政局等因素影響而進展緩慢。二〇一八年川普政府對阿富汗鴉片工廠發動空襲來斷絕塔利班財源的舉措，引發後者在喀布爾發動數起恐怖攻擊。由於此談判是建立在脆弱的互信基礎上，二〇一九年川普以一名美軍遭塔利班攻擊而喪生為由，隨即撕毀雙方原先達成的協議。即便後來雙方在二〇二〇年二月達成協議，塔利班與美軍仍不時交火。

由此可知，美國在戰爭初期錯失與塔利班和談的機會，導致塔利班轉入地下進行叛亂作戰，大幅削弱美國在阿富汗進行國家建構的努力。而歐巴馬政府過早宣布撤軍的決定，亦給予塔利班美軍終將撤離的預期，而可透過談判來舒緩美軍壓力來暗中擴張勢力，最後俟美軍撤離而可一舉奪回阿富汗全境。

對阿富汗的無知

此外，本書揭露為何美國會陷入此場曠日廢時戰爭的另一項重要原因，即是對阿富汗的無知。「戰爭會拖這麼久，其中一個原因在於美國從未真正了解敵人作戰的動機。戰爭剛開始時，幾乎沒有美國官員對阿富汗社會有任何基本認識……。」由於美國對阿富汗社會及歷史文化的欠缺了解，致使美軍不但無法在戰場上分辨敵我，也導致美軍將領經常在錯誤的假設下擬定作戰戰略，使得軍事行動大多徒勞無功而以失敗收場。

美國政治決策高層與國會議員更是在不了解阿富汗歷史文化及社會結構的情況下，妄想以龐大的經濟資源與軍事力量在阿富汗建立一個強大的中央政府、一個符合西方標準與普世價值的自由民主政體。殊不知阿富汗在長期的內戰下，不僅從未存在一個強大的中央政府，而民眾缺乏教育、識字率低落、地方部落政治盛行、公共基礎建設殘破落後，根本不具備實行民主政治及選舉的條件。妄然實施的結果僅是加劇其國內各派系的政治權力鬥爭與官員腐敗貪污的風氣，而無法建立一個具統治正當性及有行政效能的民主政府。

戰略重心的轉移

造成此戰爭拖延二十年的另一項重要原因是美國戰略重心的轉移與阿富汗議題並非是歷屆政府的首要優先。本書引述美國官員表示，「從二〇〇二年春天起，伊拉克的地位就已優於阿富汗。那時，在阿富汗各層級服務的美國人員都重新調整了自己對工作的期許；只要避免戰敗就好。」

隨著二〇〇三年三月美國入侵伊拉克，美國政府與大眾關注的焦點也隨之從阿富汗轉向伊拉克。同年五月一日，當小布希總統意氣風發在林肯號航空母艦上宣布入侵伊拉克的主要作戰已經結束的同時，卻很少人注意到同日倫斯斐亦在喀布爾宣告美軍在該國的主要戰鬥行動結束，但事實卻是當地的各項戰事仍在持續進行。美國對外戰略重心的移轉導致阿富汗受到忽視，也不再被視為是歷任美國總統應首要處理的優先議題。

除了小布希政府陷入另一個伊拉克國家建構的泥沼外，後來二〇〇八年全球金融危機的爆發更導致新上台的歐巴馬專注於處理美國國內的經濟問題。小布希政府留下二場戰爭的爛攤子並非是歐巴馬對外戰略的優先要務。他期待的是調整美國的全球戰略重心，從混亂的反恐戰爭與中東地區移往繁榮的亞太地區，因而在二〇一〇年推出重返亞太戰略。另外，二〇一〇底爆發的阿拉伯之春、二〇一一年利比亞的內戰、二〇一三年敘利亞內戰引爆的化武紅線危機、二〇一四年俄羅斯兼併烏克蘭的克里米亞、及同年興起而延續到川普政府的伊斯蘭國威脅等新興挑戰，皆使得阿富汗議題成為白宮戰情室桌上次要而可控的議題。

時至外交政策上多採單邊主義的川普政府，對阿富汗議題更不感興趣，除聽取軍事將領的建議加大力度轟炸塔利班，來協助阿富汗政府取得與塔利班談判的優勢，以力求儘快從阿富汗脫身外，其對外的主要關注在於打擊伊斯蘭國及對中國發起的關稅貿易戰。由此可知，阿富汗戰爭之所以延宕未決的原因之一，即在於美國歷屆政府高層並非將其視為是必須優先處理的首要之務。

陷入阿富汗國家建構的泥沼

本書揭露另一項美國在阿富汗的任務為何以失敗告終的最重要原因，即是美國陷入阿富汗國家建構的泥沼。而這也正是作者指出美國政府對一般民眾所作的最大謊言——美國不會承擔阿富汗國家建構的責任。但事實上，美國不僅大舉投入了阿富汗的國家重建，還迫使美軍去承擔阿富汗國家重建的安全維護任務。本書提到：

「美國入侵阿富汗後，小布希總統告訴美國人民，他們不會承擔『國家建構』的負擔及費用，不會身陷其中。隨後兩位繼任總統也國家建構重申了這項承諾，結果卻證明，這個承諾是戰爭最大的謊言之一。」

「在二〇〇一到二〇二〇年間，華盛頓在阿富汗花費的國家建構金額之多是前所未有，政府撥出一千四百三十億的款項用於重建、援助計畫，以及建立阿富汗安全部隊。」

「美國未能帶來穩定與和平，反而無意間養出貪腐、無能的阿富汗政府，更須仰賴美國的軍事力量來生存。」

「不論是小布希還是歐巴馬政府的官員，都堅定一致地避開『國家建構』一詞。大家都知道他們在做這件事，但一直存在著不讓他們公開談論的潛規則。」

「阿富汗國家建設計畫漏洞百出，充斥著浪費、效率不彰、想法草率的問題，但最令美國官員困惑的是，他們根本不明白這些計畫究竟能否幫他們打贏戰爭。」

美國以傳教士般的宗教熱情、哲學家般的憧憬理想、慈善家般的慷慨大度，在阿富汗挹注龐大經費與資源來推廣民主政治，企圖把阿富汗從原先的失敗國家透過美式「國家建構」的社會改造工程，一舉建設為符合西方民主人權價值，而可做為中亞地區典範的現代國家。

當美國跌入阿富汗國家建構的泥沼後，不僅使美軍脫離其原先追剿恐怖份子的戰鬥責任而轉為協助阿富汗政府維護安全任務，美國各項自以為是的援助計畫與國家重建建設更成為阿富汗政府貪汙腐敗的溫床。

隨著阿國各階層政府官員貪腐風氣蔓延，不僅導致美國在當地推動的各項建設計畫無法使當地民眾獲益，反而致使阿富汗人民面對阿富汗政府的壓榨日甚，而愈增對阿國政府的反感。於是美國提供愈多的援助，卻愈助長阿國政府的腐敗風氣，導致人民更加離心離德，叛亂活動愈益猖獗。這遂使美國陷入花愈多錢、投注愈多兵力，局勢卻愈趨不利的惡性漩渦中。

歸結而言，美國陷入在阿富汗進行國家建構的陷阱，是致使其偏離原先出兵目標、深陷該國內戰衝突，而必須要扶植貪腐無能的阿富汗政府及資助培訓阿富汗安全部隊的原因。此項流於天真而過度樂觀的政治承諾，導致美軍在阿富汗的戰爭成為一項「不可能的任務」。

諱莫如深、缺乏節制的美國國安深層結構

另一項作者試圖帶給讀者的訊息是，從《阿富汗文件》顯示，美國政府為獲得國內民眾的支持而會蓄意營造戰事成功與勝利在望的假象。該書顯示，不論是總統、國會議員、政府官員或軍方將領的公開說法，皆與其私下看法相互牴觸，並刻意用正面表述來蒙蔽美國民眾，以遮掩戰事失利的事實；而政府報告亦刻意扭曲或操縱統計數據來美化戰爭成果，並掩蓋阿富汗政府的貪腐及竊取行為，以持續欺騙美國民眾。

針對此一跨越各屆政府的長期欺瞞行為，為何能在強調民主法治的美國政府內歷久不衰而無法根絕。對此，美國塔夫茲大學（Tufts University）國際法教授格蘭農（Glennon）在其名為《國家安全與雙重政府》（*National Security and Double Government*）專著的中提出解答。

他指出由於美國的國家安全政策是由一群掌管不同部門與機構的執行官員所構成的國安網絡所界定。此國安網絡僅對他們在美國政治體系內的結構性誘因有所回應，而且大都在《憲法》限制與公眾視線外運作。在此情況下原本應制衡行政部門的司法規範變得無關緊要、國會監督變得失去功能，甚至總統的控制皆僅成為名存實亡。

於是國安社群自成為一個封閉而無須被究責的政府深層結構，而導致美國在對外關係上經常重複失敗的政策，而無法作出徹底的改變。儘管表面上美國是三權分立的有限政府，但實際在國安政策與對外關係上，行政權的權力、組織、資源與專業度遠勝過司法權與立法權，致使司法的審判必須仰賴行政部門的專業判斷，立法權的監督與預算審核必須依靠行政部門的資訊來源，這使得麥迪遜式（Madisonian）的三權分立、相互制衡的政府結構成為一個欺騙大眾的假象。

實際上由這群無須民選、無須負責的高層國安官員所構成的網絡才是真正主導國安外交政策的決策者。此一形式的政府結構被稱為杜魯門式（Trumanite）網絡，因為美國的國安體系組織是在一九四七年杜魯門政府所制定的《國家安全法》所建立。此雙重政府的運行與衝突界定了美國自二戰後在戰略與外交政策上的成敗，也說明了其經常重蹈覆轍的原因。

由此可知，本書作者暴露的不僅是歷屆美國政府對美國民眾的欺瞞與誤導，更凸顯其無法從越戰失敗中獲取教訓的慘痛事實。這「無法記取教訓」的癥結在於美國外交決策是由封閉的國安官員網絡所構成的政府結構來主導，而不受三權分立的政府結構所制衡與監督。歸結而言，本書揭開的內幕不僅再次暴露出美國外交政策的深層結構性失衡，更彰顯了媒體記者追求真相、捍衛言論自由、協助大眾了解政府政策所扮演的關鍵角色。

《阿富汗文件》正是如此一本值得讀者細讀深思的重磅之作。

前言

九一一事件發生兩週後，美國正準備於阿富汗開戰，一名記者對當時的國防部長唐納・倫斯斐（Donald Rumsfeld）提出了一個直接的問題：美國官員是否會為了誤導敵人，而向新聞媒體謊報軍事行動的消息？

倫斯斐就站在五角大廈新聞簡報室的講台上。從美國航空公司七十七號班機（American Airlines Flight 77）撞向西牆，造成一百八十九人死亡起，這棟建築仍然瀰漫著濃煙和燃油的味道。國防部長回答時引用了英國首相邱吉爾的話：「在戰爭時期，真相無比珍貴，總需要謊言的貼身守護。」倫斯斐提及二戰時期同盟國在諾曼第登陸前發起的「保鏢行動」（Operation Bodyguard），這場假情報運動的目的在於混淆德軍視聽，使之無法掌握一九四四年敵軍入侵西歐的時間和地點。

倫斯斐的態度似乎是打算合理化在戰時散布假消息的行為，但他話鋒一轉，堅稱自己永遠不會做出這種事：「我對這個問題的答案是『不會』，也無法想像在什麼情況下需要撒謊。」他表示：「我不記得曾經對媒體說過謊，也沒有說謊的打算，我好像也沒有理由這麼做。要讓自己免於落入一定得撒謊的境地，方法有很多。我就是不說謊。」

接著倫斯斐被問及國防部的其他官員是否也抱持相同態度，他頓了頓，露出一抹微笑。

「你是在開玩笑吧。」他說。

五角大廈的記者群都笑了。倫斯斐就是這樣：機伶、堅強、不必事先備好講稿、總能令人卸下防備。他曾是普林斯頓大學的明星摔角選手，總是不缺脫身的妙計。

十二天後，二〇〇一年十月七日，美軍開始轟炸阿富汗，沒人料得到這場戰爭會演變成美國史上最曠日持久的戰爭，比第一次世界大戰、第二次世界大戰和越戰的總和都還要持久。

與越戰或二〇〇三年於伊拉克爆發的戰爭不同，對阿富汗採取軍事行動的決策幾乎獲得一致的公眾支持。美國民眾對蓋達組織毀滅性的恐怖攻擊感到震驚又憤怒，他們希望領導者能夠保家衛國，展現出與當年反擊日軍轟炸珍珠港相同的決心。在九一一事件發生後三天內，國會就通過立法，授權小布希政府向蓋達組織或任何包庇蓋達組織的國家開戰。

北大西洋公約組織（NATO）也首次援引第五條，表示組織承諾會集體捍衛任何受到攻擊的成員國。聯合國安理會一致譴責這次「駭人聽聞的恐怖攻擊」，呼籲各國將始作俑者繩之以法。甚至連美國的敵對勢力也都聲援美方，伊朗有數千人參加燭光守夜活動，強硬派人士更於二十二年來第一次沒有在每週祈禱中高喊「美國去死」。

美國官方有了如此強大的後盾，也不必為了合理化戰爭而說謊或編造消息。然而白宮、五角大廈和國務院的領導者很快就開始給出不實保證，掩蓋戰場上的敗退。隨著年月的流逝，這種矯飾變得更加根深柢固。軍事指揮官和外交官更難以承認錯誤，難以在公開場合中清楚、誠實地的評估局勢。

沒人願意承認起初合理發動的戰爭會淪為挫敗。一場所有人心照不宣、為掩蓋真相的陰謀從華盛頓蔓延至喀布爾。疏忽難以避免地成為騙局，最終迎來徹底的荒謬。美國政府曾分別在二〇〇三和二〇一四年兩度宣布戰爭結束，然而卻只是在現實中全然站不住腳的一廂情願。

歐巴馬總統曾誓言要終結戰爭，讓所有的軍人回家，但直到他的第二任期即將於二〇一六年結束前，他都沒能辦到。美國人民已厭倦永無止盡的海外衝突。原本的理念幻滅之後，許多人也開始不再關注。

那時我擔任《華盛頓郵報》的路線記者已將近七年，主要負責五角大廈和美國軍方的相關報導。我見證了四任不同的國防部長、五位戰爭指揮官，也曾與資深軍官一同前往阿富汗和周圍區域出席各種場合。在那之前，我有六年的時間都在《華盛頓郵報》擔任特派記者，負責報導海外新聞，撰寫內容包含蓋達組織和其位於阿富汗、巴基斯坦、中東、北非和歐洲的分支。

我和許多記者一樣，都清楚阿富汗相當混亂。美國軍方總稱軍事行動一直有所進展、也走在正確的軌道上，我卻對這類空洞言論愈發不以為然。多年來，《華盛頓郵報》和其他新聞機構一直都在披露戰爭的整體問題。許多書籍和回憶錄也提供內幕消息，敘述阿富汗的關鍵戰役和華盛頓的政治內訌。但我很好奇，大家是否都未能掌握整體局勢。

這場戰爭是如何陷入僵局，失去迎來持久勝利的希望？美國及各盟國起初明明於二〇〇一年成功鎮壓了塔利班和蓋達組織，是哪裡出了差錯？沒有人公開詳盡地說明戰略為何失敗，也沒有人確實檢討這次軍事行動瓦解的原因。

至今，我們尚未為阿富汗事件成立如九一一事件一般的調查委員會。因政府未能讓美國土地免於這次史上最嚴重的恐怖攻擊，該調查委員會便要求政府對自己的無能負責。雖然參議員積極地質疑越戰，國會卻沒有比照傅爾布萊特聽證會（Fulbright Hearings）[1]的方式對阿富汗事件多作說明。兩黨有太多人必須為大量錯誤負起責任，因此很少有政治領袖願意究責或接受批判。

二〇一六年夏天，我收到一則消息，有個鮮為人知的聯邦機構「阿富汗重建特別督察長辦公室」（Office of the Special Inspector General for Afghanistan Reconstruction，簡稱SIGAR）採訪了數百名參戰人士，其中有許多受訪者都趁此機會宣洩出長期壓抑的挫敗感。辦公室的採訪是為了一項名為「記取教訓」（Lessons Learned）的計畫，旨在檢討失敗的阿富汗政策，讓美國未來不會重蹈覆轍。

同年九月，辦公室開始發表一系列的「記取教訓」報告，凸顯出阿富汗的問題。但這些報告卻被政府的矯飾逼得透不過氣，刪去了我在採訪中聽聞的嚴厲批判和指責。

調查記者的畢生志業，正是找出政府隱藏的真相，將之公諸於世。所以我依據《資訊自由法》（Freedom of Information Act）向阿富汗重建特別督察長辦公室提出請求，取得「記取教訓」的訪談逐字稿、筆記和錄音檔案。我認為公眾有權瞭解政府內部對戰爭的評判，也就是不加掩飾的真相。

辦公室卻屢屢推辭。戰爭耗費了巨額的納稅人資金，堂堂由國會設立的機構為的就是擔起這份責任，他們卻僅給出如此虛偽的回應。《郵報》不得不提起兩次聯邦訴訟，強制辦公室釋出「記取教訓」的文件紀錄。歷時三年的官司後，辦公室終於公開了兩千多頁過去未發表的採訪紀錄，四百二十八名受訪者涵蓋將軍、外交官、救援人員和阿富汗官員，他們均在戰爭中扮演要角。

機構刪減了文件的部分內容，大多數受訪者的身分也被隱去。但採訪顯示，許多資深的美國官員私下都認為這場戰爭就是徹頭徹尾的災難，與白宮、五角大廈和國務院官員公然發表的樂觀聲明互相矛盾，他們年復一年向美國人民保證阿富汗的局勢一直有所進展。

接受訪談的美國官員會如此坦率，正是因為他們以為自己的言論不會被公諸於世。他們向辦公室承認，戰爭的計畫存在致命缺陷，華盛頓浪費了數十億美元，設法將阿富汗改造成一個現代國家。採訪還曝光美國政府的種種徒勞無功，例如設法遏阻阿富汗失控的貪腐狀況、組織稱職的阿富汗軍隊和警察部隊，以及耗費巨資打壓阿富汗蓬勃的鴉片貿易。

許多受訪者也說明美國政府是如何不遺餘力地蓄意誤導大眾。他們表示，喀布爾軍事總部和白宮的官員經常竄改統計數據，營造美國正在贏得戰爭的表象，但事實顯然並非如此。

令人震驚的是，連高層將領都承認，他們是在沒有實質戰略的情況下打仗：

「我們沒有作戰策略，戰略根本不存在。」陸軍上將丹・麥克尼爾（Dan McNeill）抱怨道，麥克尼爾在小布希政府執政期間曾兩次擔任美國總指揮官。[2]

「根本沒有連貫的長期策略，」英國將軍大衛・李查茲（David Richards）表示。李查茲曾在二〇〇六至二〇〇七年帶領美軍和北約部隊，他說：「我們試圖理出一套能夠長期執行的連貫作法，也就是妥當的策略，卻只得到一堆亂七八糟的戰術。」[3]

還有一些官員表示美國一開始就搞砸了戰爭，不斷地誤判局勢，再不斷採取錯誤行動：

「我們不知道自己在幹嘛。」在小布希執政期間曾任南韓及中亞最高外交官的包潤石（Richard

Boucher）說道。[4]

「我們對執行的任務全無概念。」陸軍中將道格拉斯・魯特（Douglas Lute）如此回應，他曾在小布希和歐巴馬任內擔任戰事權威。[5]

魯特感嘆大量的美軍因此喪生。他作為一位三星將領，竟然未堅守軍人的隱忍克制，反而進一步批判，表示這些犧牲相當不值。

「要是讓美國人知道這次失敗多麼慘痛……丟了兩千四百條人命，」魯特說道。「誰敢承認這都是徒勞無功？」[6]

二十年來，美國政府在阿富汗部署了七十七萬五千多名美軍，其中有兩千三百多人殞命，兩萬一千人負傷歸國。官方尚未全面結算投注於戰爭的相關花費，但大多數估計都超過了一兆美元。

「記取教訓」直截了當地敘述美國如何在這場遙遠的戰爭中陷入僵局，以及政府對公眾的決意隱瞞。「記取教訓」的訪談大致類似國防部為越戰彙編的機密歷史「五角大廈文件。」五角大廈文件在一九七一年洩露時引起了轟動，文件中透露，長期以來，美國政府一直在向民眾謊報國家是如何捲入越南問題。

這份七千頁的研究分為四十七卷，含有外交電報、決策備忘錄及情報報告，內容依據完全為政府的內部文件。為了保密，國防部長羅伯特・麥納瑪拉（Robert McNamara）曾發布命令，禁止文件作者採訪任何對象。

「記取教訓」計畫就無此限制。阿富汗重建特別督察長辦公室人員在二〇一四年至二〇一八年間進行了採訪，對象主要為小布希和歐巴馬時期任職的官員。與五角大廈的文件不同，這些「記取教訓」的文件最初都沒有列為政府機密。然而《華盛頓郵報》才設法欲將文件公之於眾，其他聯邦機構便開始介入，於事後將部分資料歸類為機密資訊。

「記取教訓」訪談幾乎沒有透露軍事行動的相關資訊，不過從戰爭之初至川普政府開始執政，其中大量內容都在駁斥官方對戰爭的論述。

為補足「記取教訓」的訪談內容，我取得了數百份倫斯斐早先在二〇〇一年至二〇〇六年間寫下或收到的阿富汗戰爭相關機密備忘錄。倫斯斐和部下都將這些備忘錄稱作「雪花」，內含五角大廈高層對下屬的簡短指令或意見（通常一天會有數次）。

倫斯斐在二〇一一年公開了幾份雪花文件，與他的回憶錄《已知與未知》（*Known and Unknown*）一同張貼在網路上。但雪花仍有估計約五萬九千頁的書面資料並未公諸於世，大部分內容仍屬機密。二〇一七年，為回應喬治華盛頓大學（George Washington University）的非營利研究機構「國家安全檔案資料庫」（National Security Archive）提起的《資訊自由法》（FOIA）訴訟，國防部開始逐步釋出倫斯斐其餘的雪花文件，資料庫也與我分享了這些內容。

雪花的措辭帶有倫斯斐的粗魯風格，許多內容都預告了十多年後，仍持續困擾美國軍方的問題。倫斯斐曾在給情報長的備忘錄中抱怨道：「在阿富汗誰才是壞蛋？我無從得知。」這是他在開戰近兩年後寫下的備忘錄。[7]

我也取得了幾份口述歷史訪談，是非營利組織「外交研究暨訓練協會」（Association for Diplomatic Studies and Training）訪問駐喀布爾美國大使館官員的記錄。這些訪談提供的視角相當直接，外事官員在其中大肆抱怨華盛頓對阿富汗事務一無所知，處理戰爭的方式也大錯特錯。

隨著我深入探究所有的訪談和備忘錄，我也漸能掌握由這些資料構築出來的祕密戰爭史，對這場無止境衝突的辛辣評判。文件也顯示，美國官員一再向民眾謊報阿富汗的現況，與當初處理越南的手法如出一轍。

《華盛頓郵報》憑藉新聞編輯部一眾員工的才華，於二〇一九年十二月發表了一系列與這些文件相關的文章。數百萬人閱讀了本系列，包括《華盛頓郵報》公開發布線上服務的採訪和雪花資料庫。國會多年來一直忽視這場戰爭，終於舉行多次聽證會來討論和辯論這些調查結果。上將、外交官及各官員在證詞中承認政府對民眾並未吐實，所有政治派別的立法人員都表示憤怒和失望。

眾議院外交事務委員會（House Foreign Affairs Committee）主席兼眾議院議員艾略特・恩格爾（Eliot Engel，屬紐約民主黨）表示：「這些記錄證據確鑿，顯現出美國人民與領導人之間缺乏溝通，無法開誠布公地討論我們在阿富汗的行動。」參議員藍德・保羅（Rand Paul，屬肯塔基共和黨）則稱《華盛頓郵報》此系列文章「極度令人憂心。其中描繪出這場戰爭已偏離使命，美國投注的心力相當不值，也缺乏可實踐的明確目標」。

這些機密的公諸於世，觸動了人們的痛處。許多美國人一直懷疑政府並未對戰爭事務據實以告，因此相當生氣。民眾渴求更多的證據，渴求更多如實呈現局勢的真相。

我知道美軍曾與駐紮阿富汗的士兵進行口頭歷史訪談，並發表過一些相關的學術專題文章。但我很快就發現軍方其實還藏有大量的類似文件。

二〇〇五至二〇一五年間，軍方的「軍事領導經驗」（Operational Leadership Experience）計畫（隸屬堪薩斯州李文渥斯堡〔Fort Leavenworth〕的「戰鬥研究機構」〔Combat Studies Institute〕）訪談了三千多位曾為「全球反恐戰爭」（Global War on Terror）在海外服役過的軍人，大多數曾至伊拉克參戰，但也有許多人曾被分派至阿富汗。

我花費數週檢索完整轉為逐字稿的非機密訪談內容，留下六百多份針對阿富汗退伍軍人的採訪。陸軍口述歷史是很生動的第一手資料，大多取自駐紮前線的初級軍官。我還取得了華盛頓特區美國陸軍軍事歷史中心（U.S Army Center of Military History）的少量口述歷史訪談。

因陸軍授權將這些訪談用於歷史研究，所以許多軍人都更開放地談論自身經驗，若是面對撰寫新聞報導的記者，他們可能就不會這麼開誠布公。他們對戰爭的錯誤集體表現出不經掩飾又誠實的觀點，與五角大廈自吹自擂的論調截然不同。

我在維吉尼亞大學（University of Virginia）找到了另一份資訊相當豐富的文件。維吉尼亞大學的無黨派附屬機構「米勒中心」（Miller Center）專門研究政治史，他們自二〇〇九年起便開始執行喬治．沃克．布希（George W. Bush）[8]總統任期的口述歷史研究計畫。米勒中心採訪了大約一百名與小布希共事過的對象，包含重要政府官員、外部顧問、立法委員和外國領導人等。

大多數人接受訪談的條件是機構必須長年保密這些筆錄，甚至是直到他們死後才能公開。從二〇一九年十一月開始，米勒中心向民眾開放了部分的小布希檔案。這時機對我而言相當完美，讓我得以取得軍事指揮官、內閣成員和其他阿富汗戰爭資深官員的十幾份口述訪談記錄。

維吉尼亞大學的口述歷史訪談同樣表現出一種不同尋常的坦率態度。海軍上將彼得．佩斯（Peter Pace）曾在小布希麾下擔任參謀首長聯席會議（Joint Chiefs of Staff）的主席和副主席，他表示自己未能向民眾坦承阿富汗和伊拉克戰爭可能會持續多長時間，因此感到遺憾。

「我應該告訴美國人民，這不是幾月和幾年就能解決的事，需要幾十年，」佩斯說道。「我沒有說出口，據我所知，小布希總統也沒有說出口，美國人民可能就是因為這樣才以為可以速戰速決。」[9]

本書的撰寫目的，並不在於詳盡敘述美國的阿富汗戰爭。本書也並非一部講述作戰行動的軍事史。重點反在解釋是哪個環節出了差錯，以及為何三位總統及其政府未能訴說真相。總而言之，《阿富汗文件》是奠基於一千多名重要參戰人士的訪談內容。「記取教訓」訪談、口述歷史和倫斯斐的雪花包含超過一萬頁的文件，全都未經編輯和篩選，清楚傳遞了人們的聲音：從華盛頓的決策者，到阿富汗山區和沙漠中作戰的前線人員——他們都清楚，美國人民知曉的戰爭官方版本並非事實，充其量也只是經過矯飾的版本。

然而，幾乎沒有資深政府官員敢於在公開場合中，承認美國正在緩緩輸掉一場曾獲美國民眾壓倒性支持的戰爭。軍事和政治領袖一同保持緘默，逃避責任，不願重新評估情勢，可能還因此錯過了扭轉結局或縮短衝突的時機，他們卻是選擇埋葬錯誤，任戰爭漸漸變得難以掌控。

第一部分

誤嚐勝利滋味
2001–2002

PART.1

第一章　任務雜亂無章

二〇〇二年四月十七日，仙納度河谷（Shenandoah Valley）艷陽高照的春日早晨，頂部漆成白色的總統專用直升機海軍陸戰隊一號（Marine One），於上午十點鐘悄然降落在維吉尼亞軍事學院（Virginia Military Institute）閱兵場修整完美的草皮上。在校內籃球館卡麥隆廳（Cameron Hall）內，大約有兩千名學生正等待三軍統帥的到來，他們穿著硬挺的灰白色正式制服，努力不讓汗水浸濕了服儀。幾分鐘後，小布希總統走上台，對著台下眨眼揮手，豎起了大拇指，觀眾接著站起身，全場掌聲雷動。

小布希有十足的理由面帶微笑，享受眾人的關注。因為在六個月前，他下令美軍進軍阿富汗，為九一一恐怖攻擊復仇。先前，九一一事件在紐約市、維吉尼亞州北部和賓州的姍克斯維爾（Shanksville）造成了兩千九百七十七人死亡。與美國歷史上的其他戰爭不同，這次戰爭開始得令人措手不及，挑起爭端的一方是潛伏於地球另一端內陸國家中的無國籍派系。但這次軍事行動的初步成功，也出乎戰地指揮官的意料之外，遠超越最樂觀的情況。勝利就在眼前。

美國和盟軍派出懲戒空軍、美國中央情報局資助的軍閥及地面突擊隊，不到六週就推翻喀布爾的塔利班政府，也擊殺、俘虜了蓋達組織的數百名戰士。恐怖組織倖存的首腦不是躲藏起來，就是已逃往其他國家，奧薩瑪・賓拉登（Osama bin Laden）也是其中之一。

美軍幸運地並無多少傷亡。至小布希發表演講時，有二十名美國軍人死於阿富汗，比一九八三年美國入侵加勒比海格瑞那達島（Grenada）四日的死亡人數多了一人。美方僅偶爾才會遭遇敵軍，令部分士兵開始抱怨無聊。許多部隊早已返國，留下了大約七千名軍人。

這場戰爭扭轉了小布希的政治地位。雖然他在充滿爭議的二〇〇〇年總統大選僅險勝對手一籌，但民調顯示，現在有百分之七十五的美國人認可他的表現。在軍事學院的演講中，小布希很有自信地評估未來數月的情勢。他表示，隨著塔利班遭擊潰、蓋達組織在逃，戰爭也已經進入第二階段，美國現下的目標就是消滅其他國家的恐怖份子。小布希告誡聽眾，阿富汗可能會再次採取暴力行動，但他保證一切都在掌控之中。

小布希暗指英國和蘇聯兩世紀來發動的突襲都是一敗塗地，他承諾美國會保證其他進軍阿富汗的大國免遭厄運。「他們起初取得了成功，隨後卻是多年的掙扎，最終迎來失敗，」他說道。「我們不會重蹈覆轍。」

然而，小布希的發言卻掩去了高層領導團隊彼此早有的擔憂。總統於當日早晨飛往維吉尼亞州西南部時，他手下的國防部長唐納・倫斯斐一邊於五角大廈外圍三樓辦公室的站立式辦公桌前工作，一邊洩漏了自己的心聲。他和小布希數月來都向外宣稱一切安然無恙，事實卻正好相反：倫斯斐非常擔心美軍可能會被困在阿富汗，他恐怕美軍也未有明確的撤退策略。

九點十五分，他釐清思緒，依長久以來的習慣寫下了簡短的備忘錄。倫斯斐寫下極大量的備忘錄，下屬稱之為「雪花」，代表長官寫在白紙上的註記在桌上如雪片般堆疊。這則備忘錄被標記為機密資訊，撰寫對象為四位五角大廈資深官員，包含參謀首長聯席會議的主席及副主席。

「也許我沒什麼耐性，其實我知道我有點不耐煩，」倫斯斐在單頁的備忘錄中寫道。「除非我們用心找出撤離所需的穩定條件，不然美軍永遠也無法離開阿富汗。」[1]

「幫幫忙吧！」他補充道。

倫斯斐小心翼翼地藏起自己的懷疑和擔憂，一如幾週前接受微軟國家廣播公司（MSNBC）的長時間採訪一樣。在三月二十八日的廣播中，他吹噓著美軍是如何輾壓敵人，還說與塔利班的餘黨談判毫無意義，蓋達組織更是免談。「唯一能做的就是轟炸他們，設法把他們消滅。而我們辦到了，成效很好。這些人已經消失，阿富汗人民的處境也大幅改善。」[2]

就如小布希，倫斯斐為自己營造出勇敢果決的領袖形象。微軟國家廣播公司的主播布萊恩．威廉斯（Brian Williams）也在一旁加油添醋，他奉承著這位國防部長，稱讚倫斯斐的「霸氣」，說他是全美「最有自信的男人」。威廉斯如此告訴觀眾：「他掌控整場戰爭，無人能及，儼然成為了戰爭的門面和發言人。」[3]

但訪談中也出現了難題，威廉斯詢問倫斯斐是否曾想過在頻繁舉行的五角大廈記者會上撒謊：「你是否常因為美國人的生命遭受威脅，而必須在新聞簡報室裡稍微修改真相？」

「不需要，」倫斯斐回答：「我覺得人的信譽比修飾真相還重要得多。」他繼續補充：「我們會做我們該做的，來保護服役軍人的性命，展望我國的成功，但撒謊並非必要。」

依據華盛頓掌權者的標準，倫斯斐沒有說謊，卻也並未吐露實情。在錄製微軟國家廣播公司訪談的幾小時前，這位國防部長才為兩位下屬寫下一片雪花，表明他對阿富汗時局的看法，其中內容與訪談上的回答完全相左。

「我愈來愈擔心狀況會失去控制。」他在機密備忘錄中寫道。[4]

戰爭之初，美軍的使命看起來直接又單純：擊敗蓋達組織，避免九一一攻擊事件再發生。二〇〇一年九月十四日，國會經由一次幾乎全體同意的投票，迅速授權美國對蓋達組織及其支持者出兵。*五角大廈在十月七日第一次對阿富汗發動空襲，當時沒人能料到砲火會綿延不減二十年。當天，小布希在電視演講中說道，這場戰爭只有兩個目標：阻撓蓋達組織將阿富汗作為恐怖行動的基地，還有擊倒塔利班政權的軍事力量。

這位三軍統帥也向武裝部隊保證會釐清他們的作戰目的。「致軍隊中的所有同仁，」他宣告。「我保證：各位的使命已清楚界定，目標也相當明確。」

軍事家都知道，在規劃好結束戰爭的方案以前，絕對不能隨意開戰。然而小布希或政府裡的任何官員，都未曾公開說明我們預計於何時、以什麼方式、在什麼條件下了結阿富汗的軍事行動。

從戰爭早期至小布希的剩餘任期結束，每當被問及美軍還要在阿富汗作戰多久時，總統都避而不

---

* 參議院以九十八票比〇票通過法案，眾議院則以四百二十票對一票通過法案。唯一的反對票是由眾議員芭芭拉・李伊（BarbaraLee，屬加州民主黨）投下。

談。他不想提高人民期待或限制各軍官的選擇，因此不願給定明確的時程表。但他很清楚，上回在亞洲的冗長陸戰已讓美國人留下痛苦的回憶，所以他設法消除人民對歷史重演的擔憂。

二〇〇一年十月十一日，在白宮東廳舉行的黃金時段記者會上，有記者對小布希犀利地提問：「你能避免美國在阿富汗陷入類似越南的泥沼嗎？」

小布希早已備好了答案：「我們在越南得到了很寶貴的教訓。」他說道：「也許我學到最重要的一課，就是不能以正規部隊來應付游擊戰。所以我才向美國人民解釋，這次戰爭和以往的類型不同。」「人們常問我：『戰爭會持續多久？』」他補充道。「這場戰役會持續到讓蓋達組織得到制裁為止。也許是明天，也許是從現在起一個月後，也可能會花上一或兩年，但我們一定會獲勝。」

數年後，政府祕密採訪了許多在戰爭中扮演要角的美國官員，受訪者對衝突早期的決策多有嚴厲批判。他們說戰爭的目標很快就背離初衷，與九一一幾乎無關。他們也承認，連華盛頓的政要都毫無頭緒，無法理出要在這個大多數美國官員都不了解的國家獲得什麼成果。

「要我寫本書的話，〔主旨〕就會是：『美國連原因都搞不清楚就開戰了』，」一位不具名的國務院前資深官員在「記取教訓」訪談中說道。「我們在九一一發生後反射性地出手，卻不知道目的是什麼。我真想寫本書，談談開戰前該如何好好規劃和收尾。」[5]

還有受訪者表示，根本沒人費心提出許多顯而易見的問題，更不用說要找出解答了。

「我們在這個國家到底在做什麼？我們在九一一事件後出手，想擊倒蓋達組織，但我們的目的卻愈發模糊，」一位匿名的美國官員表示。這位官員曾於二〇一一至二〇一三年與北約駐阿富汗非軍事特殊代表共事，他在「記取教訓」採訪中說道：「我們的目標也很模糊：我們的目標是什麼？國家建構？還是婦女權利？」[6]

包潤石也說美國只是糊裡糊塗地畫大餅，從未規劃出實際的撤退策略。包潤石曾於戰爭初時擔任國務院首席發言人，後成為負責南亞事務的資深外交官。

「若要舉出使命偏離的例子，那就非阿富汗莫屬，」他在「記取教訓」採訪中說道。「我們一開始說要擺脫蓋達組織，讓他們無法再構成威脅，接著說要終結塔利班，〔後來又說〕要擺脫與塔利班合作的所有勢力。」[7]

除此之外，包潤石還說美國設定了一個「不可能達成」的目標：在阿富汗建立穩定的美式政府，要具備民主選舉制度、權責完善的最高法院、反貪腐機構、婦女事務部門，以及新建數千所公立學校，還要搭配現代化課綱。「你想按照華盛頓特區模式打造相同的政府系統，」他補充。「而且還是在一個作風截然不同的國家。」[8]

布希政府在二〇〇一年十月轟炸阿富汗後不久，幾乎未經公眾討論，就改變了目標。軍方則是在幕後草草制定戰爭策略。

曾任特種部隊規劃員的海軍少校菲立普・卡普斯塔（Philip Kapusta）表示，五角大廈最初於二〇〇一年秋天下達的指令就缺乏具體細節。舉例來說，大家都不清楚華盛頓高層是打算懲戒塔利班政權，還是要令他們垮台。他說，負責作戰的軍事總部——美國中央司令部有許多官員都認為計畫不可行，以為這只是為了要爭取時間來制定更精細的策略。

「我們只收到一些概略指令，像是『嘿，我們想去阿富汗攻打塔利班和蓋達組織』，」卡普斯塔在陸軍口述歷史訪談中說道。「老實說，在最初的計畫中，政權更迭並不是必要目標。雖說不排除這個可能，但這不是我們實際要完成的重點任務。」[9]

十月十六日，小布希的國家安全會議（National Security Council）核准了一份更新的戰略書。這份機密文件長達六頁，附在倫斯斐寫下的一片雪花上，後來才被解密。內容呼籲要消滅蓋達組織、推翻塔利班政權，但除此之外並未列出什麼明確目標。[10]

戰略書的總結寫道，美國應「於塔利班下台後，設法協助穩定阿富汗局勢」，但這份文件也預計美軍不會停留太久。「美國將參與全球的反恐行動，因此不該承諾於塔利班離開後以軍事介入。」[11]

由於阿富汗曾讓外國入侵者吃足苦頭，小布希政府記取警惕，希望盡量減少派駐的兵力。「倫斯斐說，我們要假定自己只會在阿富汗部署少量美國兵力，要避免重蹈蘇聯的覆轍。」國防部政策次長道格拉斯・費特（Douglas Feith）在維吉尼亞大學的口述歷史訪談中說道：「我們不希望讓阿富汗人產生排外反應。蘇聯曾派遣三十萬人都失敗了。我們不想再犯相同的錯誤。」[12]

十月十九日，美國第一批特種部隊進入阿富汗，還有少數已加入「北方聯盟」（Northern Alliance，反塔利班的軍閥聯盟）的中情局官員。駐紮當地的美國軍機從空中帶來猛烈的砲火。儘管美國已全力相助，但北方聯盟部隊在抵禦塔利班和蓋達組織的戰士時仍未能取得太多進展。

萬聖節早晨稍晚，倫斯斐在五角大廈辦公室與各高層官員開了場會，倫斯斐於會中告訴費特和陸戰隊上將彼得・佩斯（他也擔任參謀首長聯席會議的副主席）他們必須重新檢討戰略。費斯在口述歷史訪談中提到，失去耐性的國防部長說要一套新的書面計畫，而費特和佩斯要在四小時內完成。[13]

費特和佩斯離開倫斯斐的豪華辦公室，沿著五角大廈外環走廊急匆匆走到費特的辦公室。主導聯合參謀部策劃團隊的空軍少將麥克・鄧恩（Michael Dunn）也加入了他們的行列。四十八歲的費特坐在電腦前，為倫斯斐草擬了一份新的戰略分析，另外兩位將軍則在他身後看著，然而一份戰略分析通常須耗費數月和大量人力才能完成。[14]

就各方面而言，這景象都相當詭異。費特是一位思路清晰的哈佛畢業生，他從未著過軍裝、服過兵役，有著噘起的嘴唇，戴著圓眼鏡，他以為自己比大家都要了解如何作戰，因此惹惱了不少將領。負責戰事的陸軍上將湯米・法蘭克斯（Tommy Franks）是一位粗曠的奧克拉荷馬人，他後來稱費特是「地球上他媽最愚蠢的人」。[15]在維吉尼亞大學的口述歷史訪談中，另一位四星陸軍上將喬治・凱西（George Casey）則說費特「冥頑不靈」，幾乎不可能與之共事，還補充道：「什麼都是他說了算，他的論點和立場也絕對不容質疑，真的很難相處。」[16]

也許有點不可思議，費特與佩斯反而處得很好，[17]佩斯在海軍陸戰隊服役三十四年，期間參與過越戰並擔任步槍排長，也曾至索馬利亞、南韓和其他戰地服役過。他們倆密切注意著時鐘，一起為阿富汗制定好新的戰略方針交給倫斯斐，趕上下午的期限。「過程中，我轉身對佩斯說：『這有點詭異吧？』」費特回憶道。「感覺好像是大學生熬夜趕作業。」[18]

這份報告重新檢討了一些與軍事行動相關的明顯問題：「我們的立場是什麼？我們有什麼目標？我們有哪些假設？我們可以採取什麼行動？」費特對自己的成品感到很自豪。在口述歷史訪談中，他暗示自己的上司也認可這點。「就倫斯斐看來，這是小型的戰略分析。有什麼緊急情況的話，總不能硬是鑽牛角尖。」[19]

幾天後戰況陡變，己方占了上風，讓許多美國官員都大吃一驚。在美國的幫助下，北方聯盟軍隊短時間內就拿下了幾個大城市：十一月九日是馬薩里沙利夫（Mazar-e-Sharif）、十一月十二日是赫拉特（Herat）、次日是喀布爾、再次日則是查拉拉巴（Jalalabad）。

在坦帕（Tampa）中央指揮總部的會議室中，一眾資深官員正為美方的進展感到驚詫不已，特種部隊作戰規劃員卡普斯塔也坐在席間。他說：「就在剛攻下喀布爾之後，其中一個人還說：『嘿，這爛玩意竟然成功了，你們敢相信嗎？』結果會議室裡每個人都點頭同意。」[20]

五角大廈高層都對局勢轉變之快感到不知所措。「大概十一月左右，大家都在想，耶誕假期前我們能拿下多少地區？我們的進展是否足以撐過冬季？」海軍上將佩斯在維吉尼亞大學的口述歷史訪談中說道。「現在我們在聖誕節前掌控了整個國家，你會覺得：『哇，還挺厲害的嘛』。」[21]

意外推翻塔利班後，美軍指揮官都還沒想好要如何善後，也不確定該做些什麼。他們擔心阿富汗會陷入混亂，但也害怕要是派駐更多美軍填補空缺，可能就得對這個國家的許多問題負起責任。結果，五角大廈多調配了一些軍人來協助追捕賓拉登和蓋達組織的其他領袖，卻盡其所能向民眾隱匿消息，也減少了他們的軍事行動。

當時，這樣就足以讓阿富汗不至於分崩離析。倫斯斐在公共場合表現得像是從未質疑過這整套作戰計畫。

十一月二十七日，坦帕中央司令部舉行了一場歡慶勝利的記者會，倫斯斐在會中說道：「我覺得早先的進展很順利，全如計畫進行，成事的要件都很完備。」擔憂越戰會重演的記者還被他諷刺了一番：「好像根本沒發生什麼事呢。沒錯，我們好像真的陷入了——來，大家跟我一起說！——泥淖。」

起初，美軍不打算在阿富汗逗留太久，因此不願運送可以讓軍隊過得更舒適的基本設施。士兵要想穿乾淨的衣服，就只能用直升機將骯髒衣物載到鄰國烏茲別克的臨時支援基地。

感恩節期間，陸軍在衛生方面做出了小小妥協，他們派出一隊兩人小組，在阿富汗北部的巴格蘭空軍基地（Bagram Air Base）設置了第一座淋浴間，當時大約有兩百名特種部隊士兵和大量盟軍在此處駐紮。

少校傑瑞米．史密斯（Jeremy Smith）在陸軍口述歷史訪談中表示：「有些弟兄已經在那邊待了三十天，他們需要洗澡。」史密斯當時負責後勤工作，監督烏茲別克的洗衣設備。他的上司原本不願再調度額外人力或設備到巴格蘭，但終於還是妥協了。[22]

「最後他們說：『好吧，我們就繼續幹下去』，」史密斯回憶道。「但實際情況是『我們不確定會在這裡待多久，很多事情我們都不確定，所以我們愈早離開愈好。你最少能派多少人？』我最少可以派兩個。『你最小規格的淋浴設施是什麼樣子？』『嗯，設備設計是十二人用，但我們最小其實可以送出六人用的規格。』混合器、鍋爐和幫浦都是為十二人設計的。所以說，十二人用的規格配上六個蓮蓬頭，水壓非常棒。大家都很喜歡。」

隨著時間過去，巴格蘭空軍基地卻漸漸擴張，成為美軍規模最大的海外基地之一。史密斯十年後回到巴格蘭第二次執勤時，迎接他的已是一座功能齊全的城市，有購物中心、哈雷戴　森（Harley Davidson）經銷商進駐，還有大約三萬名士兵、平民及各種承包業者。「甚至在飛機停下之前，」史密斯說。「我立刻就認出了山脈，接著我注意到相同的氣味。下機後，我心想『天哪！我簡直什麼都認不出來』。」[23]

然而在二〇〇一年十二月，整個阿富汗境內僅有兩千五百名美軍駐紮。倫斯斐允許緩緩增加兵力，但也頒布了嚴格的限制。截至一月，駐守二〇〇二年鹽湖城冬季奧運（四千三百六十九人）的軍人，還比在阿富汗服役的人數還多（四千〇三人）。[24]

阿富汗南部的許多軍人都待在坎達哈（Kandahar）附近的簡易機場，當地生活條件比三百英里（約四百八十公里）外的巴格蘭還要原始。少校大衛・金（David King）為第一百六十特種作戰航空團（160th Special Operations Aviation Regiment）的一員，他在接受陸軍口述歷史訪談時說道：「整個地區只有一座淋浴設施。你必須學著使用尿管，在桶子裡大號再用柴油燒掉。……根本沒有水肥車或流動廁所這種東西，至少那時候是這樣。」[25]

步兵軍官格倫・海柏格（Glen Helberg）少校於二〇〇二年一月抵達坎達哈空軍基地，當時他只能在沙漠裡用睡袋過夜。他在接受陸軍口述歷史採訪時，說道：「舉目都是沙塵，那天晚上下著雨，帳篷內出現了水流。我醒過來時，還發現有些東西在漂浮。」[26]

海伯格所屬的單位在六個月後離開，那時士兵已經不必睡在地上，有簡易小床可以過夜。沒人想像得到，坎達哈風沙飛揚的營地注定有天會成為規模媲美巴格蘭的作戰中心，有時更是德里和杜拜之間最繁忙的機場，每週要處理五千次飛機起降。

此時，戰爭倒是感覺已達頂峰，可以準備收尾了。情報官蘭斯．貝克（Lance Baker）少校在陸軍口述歷史採訪中表示，有謠言說他所屬的「陸軍第十山地師」（10th Mountain Division）部隊「無事可做，沒有戰役要打。阿富汗的任務已經結束，我們要回家了。」[27]

二〇〇二年六月，陸軍少校安德魯．斯蒂曼（Andrew Steadman）和傘兵團一同降落在坎達哈，打算全力追捕蓋達組織——最後卻落得無所事事。「弟兄們只是打打電動，」他在陸軍口述歷史採訪中說道。「他們早上會鍛鍊身體，下午則進行一些訓練。」[28]

在阿富汗東部、巴基斯坦邊境附近的地區，陸軍少校史蒂文．華勒斯（Steven Wallace）的步槍排也找不到要和誰作戰。「我們在那裡待了八週，一場仗都沒打到，」他告訴陸軍歷史學家。「其實非常無聊。」[29]

表面上，阿富汗的政局似乎正漸漸穩定下來。二〇〇一年十二月，聯合國在德國波昂舉行了一場會議，為阿富汗制定一套治理計畫。普什圖族（Pashtun）領袖兼中情局的情報來源哈米德．卡賽（Hamid Karzai）說得一口流利英語，被選為臨時領導人。人道團體和數十個捐助國家也提供了當下急需的援助。

布希政府仍相當戒備，以防美國陷入泥淖。但迅速決斷的軍事勝利提振了美國官員的信心，讓他們開始追求新的目標。

白宮當時的副國安顧問史蒂芬・海德里（Stephen Hadley）表示，戰爭已進入「意識型態階段」，令美國決定將自由民主引進阿富汗，取代恐怖主義。為達成這個目標，美軍必須駐紮更長時間。「我們一開始說不打算建構國家，但沒有國家的話，難保蓋達組織不會捲土重來，」海德里在「記取教訓」訪談中說道。「〔我們〕沒有要占領土地或是征服阿富汗人。但塔利班潰散後，我們也不願讓成功溜走。」[30]

在小布希於二〇〇二年四月到維吉尼亞軍事學院發表演講之前，他已為這場戰爭設下了野心更大的目標。他說，美國有義務協助阿富汗打造無恐怖主義的國家，要具備穩定的政府、全新的國軍，以及讓男女都能接受教育的制度。他更補充：「只有讓阿富汗人民了解如何實踐自己的志向，才能達成真正的和平。」

小布希現在許下承諾，要美國改造這個二十五年來飽受戰火和種族衝突摧殘的貧窮國家。這些目標崇高又遠大，但小布希並未提出具體的達成方式或衡量標準。在軍事學院的演講中，他也避談可能需要的成本，不願多談會耗費多少時間，他只是說：「我們會待到任務完成為止。」

沒有針對精準、可達成的目標規劃出清楚的策略，這是相當典型的錯誤。但儘管如此，美國未經縝密的安排就許下承諾，還是很少人表示擔憂，而提出質疑的人也受到忽略。羅伯特・芬恩（Robert Finn）於〇二年至〇三年擔任美國駐阿富汗大使，他在「記取教訓」訪談中提到：「我們剛到阿富汗時，大家講的都是一兩年。但我告訴他們，要是二十年內能離開，我們就算運氣不錯了。」[31]

多年來，高層軍事指揮官都不願承認自己犯了根本上的戰略錯誤。負責監督開戰的陸軍上將法蘭克斯相信自己盡了職責：打敗蓋達組織，擊退塔利班。他在維吉尼亞大學的口述歷史訪談中反問道：「阿富汗又對美國領土發動幾次襲擊？」他說：「各位，讓我休息一下吧。我們的問題解決了。」[32]

至於阿富汗的未來該如何處置，法蘭克斯認為那是別人的責任：「現在我們又搞出別的問題。阿富汗窮了沒有幾千年也有幾百年，還有一大堆問題，我們都沒有解決。」他說：「我們應該把這列為目標嗎？我可說不準。真高興總統從來沒有問過我：『我們該處理嗎？』因為我會回答：『那是你的事，不是我的』。」[33]

法蘭克斯帶領軍隊入侵，卻未能充分規劃戰後的占領工作，這並非最後一次。戰爭開打後六個月，美國自以為衝突已成功結束，但其實是大錯特錯。賓拉登仍然逍遙法外，但除此之外，華盛頓官員都不再關注阿富汗，而是將注意力轉移到該地區的另一個國家：伊拉克。

二〇〇二年五月，新的三星陸軍上將抵達阿富汗負責指揮美軍。麥克尼爾是位五十四歲的北卡羅來納人，也是一位越戰老將。他說五角大廈早就全神貫注於伊拉克，幾乎沒有給他任何指令。「早期並沒有什麼作戰計畫，」麥克尼爾在「記取教訓」訪談中說道。「只要駐紮的軍隊變多，就夠倫斯斐興奮了。」[34]

直至秋天來臨，連三軍統帥都分了心，忘記戰爭的重要資訊。

十月二十一日下午，小布希正在白宮的橢圓形辦公室（Oval Office）裡工作，此時倫斯斐走進，快速問了一個問題：總統這週是否願意見見法蘭克斯上將和麥克尼爾上將？

小布希似乎很困惑，倫斯斐在當日稍晚寫下的一片雪花如此寫道。

「他說：『誰是麥克尼爾上將？』」倫斯斐回憶當時的情形。「我說他是負責阿富汗的上將。總統卻說：『嗯，我不必見他』。」[35]

第二章　誰才是壞蛋？

二〇〇二年八月，戰區傳來一份不尋常的報告，引起了倫斯斐和五角大廈高層的注意。這封電子郵件長達十四頁，是由盟軍突擊隊的一名成員撰寫，該突擊隊當時負責追捕戰爭中的高價值目標，報告內容針對阿富汗南部的狀況提供了未經過濾的第一手資料。

信的開頭如下：「來自風光明媚的坎達哈。這裡原本是『塔利班的家』，現在則是『可悲的鼠輩屎坑』。」[1]

這封非機密電子郵件一半是情報簡述，一半是語氣嬉鬧的遊記。作者為三十八歲的羅傑・帕多毛勒（Roger Pardo-Maurer），他是「綠扁帽」（Green Beret）[2]一員，資歷較為特殊。帕多毛勒是康乃狄克州本地人，畢業於耶魯大學，曾在一九八〇年代加入尼加拉瓜反抗組織（Contras）[3]，後於一九九〇年代擔任貿易和投資顧問。九一一攻擊事件發生後，帕多毛勒所屬的美國陸軍預備役隨即啟動，他就在國防部擔任副助理國務卿負責西半球事務，位階等同於一名三星上將。

全辦公室都知道帕多毛勒很有幽默感，他對前線的觀察成為了五角大廈同仁的必讀資料。帕多毛勒的描述令人難忘，其中坎達哈悶熱的夏季被形容為「酷似金星和火星的熾熱環境，充滿塵土和乾燥的空氣，令人昏昏欲睡、刺痛你的眼角膜，還讓你老是鼻塞到偏頭痛又流鼻血，敏感帶嬌嫩的肌膚都乾裂得劈啪作響」。[4]

「除了撒哈拉沙漠、南北極區和基拉韋厄（Kilauea）的火山口之外，要說地球上還有哪裡更不宜人，我還真無法想像，也絕對不打算到此一遊。」他如此補充。[5]

帕多毛勒在電子郵件中，毫不保留地描寫戰時舞台上的其他演員。他的部隊住在坎達哈空軍基地所謂的特種部隊村，是一處搭著帳篷和合板簡陋小屋的邊緣地帶，裡面住著「一大群嚇人的」美國和盟國大鬍子突擊隊員。[6]

帕多毛勒稱海豹特種部隊為「暴徒」，因為他們的「粗暴自負」眾所皆知，有次他們還搗毀了紐西蘭特種部隊的庭院，放走指揮官的寵物蛇。他將中情局特工斥為「粗野自大的呆瓜」，還說這些人浪費時間採買阿富汗的手工藝品。[7]

他在提及加拿大的突擊隊員時態度恭敬，說他們「大概是鎮上最危險的一群人，但態度也最親切」，他們喜歡分享深盤披薩，在營區裡搭建「神殿」膜拜貓王。至於阿富汗人，他嘲笑坎達哈人是「一幫子受盡糟蹋的髒兮兮乞丐」。[8]

同年夏天，華盛頓五角大廈的官員向國會和民眾再三保證，他們已摧毀塔利班、驅散蓋達組織，阿富汗的恐怖份子訓練營也已經關閉。但帕多毛勒仍警告同事們，戰爭離結束還差得很遠，他們尚未戰勝敵人。

他在八月中旬的五日間寫下了這封電子郵件。「時間至關重要，」他在信上指出。「低階軍閥心懷不滿，還有牆頭草般的巴基斯坦人袖手旁觀，蓋達組織已經舔好傷口，正在東南部重整旗鼓，這就是我們的處境。戰爭仍未結束。在邊境地區，你只要踢顆石頭，就會有壞蛋像蟲蟻蛇蠍一樣蜂湧而出。」[9]

先不論帕多毛勒的文筆有多生動，美軍在阿富汗其實難以辨別誰才是壞蛋。塔利班和蓋達組織的固定班底在行動時總是成群結隊，身穿與當地平民相同的頭飾和寬鬆褲子，完全融入人群之中。就算有人身上帶著AK-47步槍，也不能理所當然把他們當作戰士。自一九七九年蘇聯入侵以來，槍支大量湧入阿富汗，因此人民為了自保也會儲藏槍支。

概括而言，美國連要作戰的對象都搞不清楚便貿然開戰，就此犯下永遠無法彌補的錯誤。

雖然賓拉登和蓋達組織於一九九六年就向美國宣戰，一九九八年轟炸兩座在東非的美國大使館，更於二〇〇〇年在葉門幾乎擊沉美國海軍驅逐艦柯爾號（USS Cole），然而美國國安機構卻鮮少關注恐怖份子的組織活動，也未能預見美國本土將遭受的威脅。

「事實上，九一一攻擊事件發生時，我們對蓋達組織連個屁都不懂。」羅伯特・蓋茨（Robert Gates）如此表示。蓋茨在一九九〇年代早期曾任中情局局長，之後接任倫斯斐成為國防部長。他在維吉尼亞大學口述歷史訪談中說道：「如果我們早準備好充足的資料庫、確實掌握蓋達組織的目的、了解他們有何能耐，也許就能避免後續的許多行動。但事實就是這樣，我們受到了攻擊，卻對這群人一無所知。」[10]

小布希政府還犯了一個基本錯誤，也就是將蓋達組織和塔利班混為一談。這兩個組織都抱持著極端的宗教意識型態，也簽有互助協定，但他們追求的目標並不相同。

蓋達組織主要由阿拉伯人組成，而非阿富汗人，他們的活動範圍遍及全球；賓拉登終其一生，都在密謀推翻沙烏地王室及其他與美國結盟的中東獨裁者。蓋達組織的這位領導人之所以會住在阿富汗，只是因為他被逐出原本在蘇丹的藏身處。

另一方面，塔利班的據點卻僅限於特定地區。大多數追隨者都屬阿富汗南部及東部的普什圖族，為爭奪國家的掌控權，普什圖族人多年來都與其他族群和政治掮客交戰不斷。塔利班雖會庇護賓拉登，與蓋達組織結成關係緊密的聯盟，但阿富汗人並未參與九一一劫機行動，也未有證據表明他們事前就知曉此次攻擊事件。

小布希政府會鎖定塔利班為目標，原因在於九一一事件發生後，塔利班領袖穆拉．穆罕默德．歐瑪（Mullah Mohammad Omar）拒絕交出賓拉登。然而事實上，美軍並未區分塔利班和蓋達組織，只是一概視這些人為壞蛋。

至二〇〇二年，阿富汗境內的蓋達組織追隨者已寥寥無幾。數百人遭到殺害或逮捕，其餘則逃亡至巴基斯坦、伊朗及其他國家。

美國和其盟軍則留下來打擊塔利班和區域中的其他激進份子，像是烏茲別克、巴基斯坦、車臣。也就是說，在接下來二十年間，阿富汗戰爭的對象根本與九一一事件無關。

傑佛瑞．埃格斯（Jeffrey Eggers）是位曾於阿富汗服役的海豹部隊隊員，而且在小布希和歐巴馬任內為國安會的一員。他表示，九一一事件發生之後，全世界大多認為美國有正當理由對阿富汗發起軍事行動。但後來蓋達組織在阿富汗漸漸銷聲匿跡，美國官員卻未能退一步重新評估他們作戰的對象或目的。

「這其中的關係錯綜複雜，要很長一段時間才能釐清。情勢愈發複雜，我們在九一一後採取的因應措施都要打上問號。發動攻擊的明明是蓋達組織，為什麼我們要把塔利班當作敵人？為什麼我們想要擊敗塔利班？為什麼我們覺得有必要建構功能完善的國家，讓塔利班無法捲土重來？」埃格斯在接受「記取教訓」訪談時如此說道。[11]

「既然我們的重點是蓋達組織，為什麼總是談論塔利班？為什麼我們總是談論塔利班，而非將我們的戰略重點聚焦於蓋達組織？」[12]

戰爭會拖延這麼久，其中一個原因在於美國從未真正了解敵人作戰的動機。戰爭剛開始時，幾乎沒有美國官員對阿富汗社會有任何基本認識，喀布爾的美國大使館於一九八九年關閉後，他們也幾乎不曾造訪這個國家。對一無所知的外國人而言，阿富汗的歷史、複雜的族群關係，以及種族和宗教造成的隱憂都使人困惑不已。這時把整個國家分為兩個陣營：好人和壞蛋，倒是輕鬆多了。

只要有誰願意協助美國打擊蓋達組織和塔利班，就能算是好人，不必有任何道德考量。中情局晃著大把鈔票作為誘餌，招募戰犯、毒販、走私人士和前共產黨員。雖然這些人能夠派上用場，他們卻常常覺得美國人很容易操弄。

熟知阿富汗文化的美國人為數不多，大名鼎鼎的外國事務官麥克・梅翠克（Michael Metrinko）便是其中之一。梅翠克於一九七〇年首次造訪阿富汗，當時是和平工作團（Peace Corps）的一員，據他在外交口述歷史訪談中所言，「我們那時候，就像嬉皮一樣呼麻呼得神志恍惚。」他在鄰國伊朗擔任了幾年政戰官，後於一九七九年被派往美國駐德黑蘭大使館，與另外數十名美國人被革命人士扣為人質。[13]

二〇〇二年一月，國務院將五十五歲的梅翠克派遣至喀布爾，協助重啟該地的美國大使館，並擔任政治部主任。他在伊朗任職期間習得了流利的波斯語（Farsi，類似阿富汗當地語言之一「達利語」〔Dari〕），是少數能以阿富汗母語與當地人交談的美國外交官。

梅翠克說，阿富汗人了解到，如果他們想在權力鬥爭、土地掠奪或商業糾紛中消滅對手，只要告訴美國人他們的敵人是塔利班就行了。

「我們所謂的塔利班活動，其實大多與部族有關，可能是彼此競爭或世仇，」他表示：「我請部落耆老一次次向我解釋，那些蓄著白色長鬍子的老人坐下一聊就是一兩小時。他們常覺得這些事很好笑，總說你們美國兵是不會懂的，但你知道嗎？他們認為，塔利班的行為其實緣起於特定家族一百多年前的仇恨。」[14]

梅翠克尤其不屑那些湧入阿富汗設法融入的中情局特工。「一堆人根本不會說當地語言，他們留著鬍鬚、穿著好笑的衣服四處閒晃，就自以為懂得現在是什麼情況了。我覺得這些人全部都只是業餘的，應該說百分之九十九都是。」曾分別於二〇〇二和二〇〇三年至阿富汗就職的梅翠克說。「至於他們到底懂不懂發生了什麼事、自己在哪裡、要完成什麼任務？或是有沒有掌握過去、現在或未來的情勢？完全沒有。」[15]

美軍在戰場上也往往無法辨別敵友。在陸軍口述歷史訪談中，他們說整場衝突持續已久的問題，正在於如何定義和辨識敵人。

史都華．法力斯（Stuart Farris）少將是特種部隊第三大隊的軍官，曾於二〇〇三年至海曼德省（Helmand）服役。他表示，自己所屬單位的任務是要追捕和擊殺「反聯盟民兵」，但這種對敵人的形容籠統又模糊，士兵往往不清楚誰才符合這樣的標籤。[16]「犯罪層出不窮，難以判斷這些人是貨真價實的塔利班，還是只是罪犯，」他說。「許多問題就出在這裡，我們必須弄清楚誰才是壞蛋、誰屬於我們的任務範圍、我們的目標是誰，必須與普通的罪犯和流氓作出區隔。」[17]

曾於坎達哈服役的海軍軍官小湯瑪斯．柯林頓（Thomas Clinton Jr）少校猜想，他每星期都會和十幾個阿富汗人說話，搞不好連對方其實是塔利班戰士都不知道。「你隨時都可能身處西部荒野之中，」他說：「大家會說塔利班正在向我們開火。可是，你他媽怎麼知道是塔利班？鬼才知道，說不定只是一些被惹惱的當地人。」[18]

艾瑞克．歐爾森（Eric Olson）少將曾被調配到阿富汗南部，擔任第二十五步兵師的指揮官。他表示，部隊遭逢的許多敵軍其實都只是小鎮村莊的「鄉巴佬」而已。「我不確定他們是不是塔利班，」他說。「我想，這些人不過終其一生都在反抗中央政府，保衛自己的地盤。」[19]

在「記取教訓」訪談中，陸軍特種部隊一位不願透露姓名的作戰顧問表示，就算是對戰場應瞭若指掌的精銳士兵，也無法確定該與誰作戰。

「他們以為我會直接給他們一張地圖，標出好人和壞蛋的位置，」該作戰顧問說道。「我們談了好幾次，這些人才明白我手上根本沒有任何資訊。一開始，他們老問：『壞蛋是誰？他們在哪裡』？」[20]

五角大廈的官員也看不出個所以然。

倫斯斐在開戰後近兩年寫下了一片雪花。「誰才是壞蛋？我無從得知，」他抱怨道：「我們的人工情報極度不足。」[21]

二〇〇一年十二月，美國搞砸了兩次或許能迅速了結戰爭的黃金時機。

月初，有大量關鍵情報指出，美國的頭號公敵賓拉登與估計五百到兩千名蓋達組織戰士，一直藏匿在托拉波拉（Tora Bora）的一處大型防禦坑道中，位於查拉拉巴市東南方約三十英里（約四十八公里）處。[22]

巴基斯坦邊境周圍的山區，理所當然會是蓋達組織領袖的藏身之處。一九八〇年代與蘇聯對戰時，賓拉登曾出資在托拉波拉修築道路和碉堡，一九九六年返回阿富汗後，他也在那裡待了一段時間。

十二月三日，中央司令部主任陸軍上將湯米．法蘭克斯下令轟炸托拉波拉的蓋達組織戰士，這次轟炸行動不分晝夜持續了兩週。約一百名突擊隊員和中情局特工組成一支小隊，從地面引導空襲行動，同時招募兩支阿富汗軍閥及其民兵從後方追擊蓋達組織。

然而，事實證明這群阿富汗打手並不可靠，更無心戰鬥，炸彈也未能找到美軍最渴望的目標。中情局和陸軍三角洲部隊（Delta Force）指揮官擔心賓拉登會越過無人看守的邊境逃至巴基斯坦，因此請求中央司令部派遣部隊增援。

法蘭克斯卻拒絕請求，堅守自己的「輕足跡」戰略。他在維吉尼亞大學的口述歷史訪談中說道：「你問我為何要拒絕？看看美國當時的政治背景，要再調度一萬五或兩萬名美軍到阿富汗……我們是想幹嘛？為什麼要這樣做？」[23]

但沒有人要求調度這麼多軍人。中情局和三角洲部隊的指揮官表示他們希望再增加八百到兩千名陸軍遊騎兵、海軍和其他人員。然而，如此規模的增援從未抵達，賓拉登和倖存的蓋達組織同夥都逃之夭夭。[24]

托拉波拉的戰事來到最高峰時，擔任第十山地師後勤軍官的陸軍少校威廉・羅德鮑（William Rodebaugh），在大約一百英里（約一百六十公里）外的巴格蘭空軍基地負責監督戰時無線通訊。十二月十一日，無線電傳來的消息出現重大進展，報告指出有人目擊賓拉登的行蹤，然而無人下令羅德鮑的部隊趕往現場，令他很是驚訝。[25]

「我們早已隨時待命。」他在陸軍口述歷史訪談中說道：「我一直在想，如果他們那天晚上就逮到賓拉登，或是讓我們的軍營前去幫忙，結果會是如何？但終究沒人這麼做。」[26]

就算有更多美軍前往托拉波拉，也未必能殺死或抓住賓拉登。當地的海拔和地形使得行軍更加困難，大規模的地面攻擊也有許多風險。但賓拉登的脫逃毫無疑問地拖長了阿富汗戰爭。就政治層面而言，只要九一一事件的主謀仍在當地逍遙，美國就不可能讓軍隊歸國。

法蘭克斯和倫斯斐錯失逮住賓拉登的大好機會，也就必須回應各界的批評。他們試圖帶風向，讓民眾懷疑蓋達組織領袖在二〇〇一年十二月未必曾出現在托拉波拉，儘管這與特種作戰司令部（Special Operations Command）、中情局，以及參議院外交委員會（Senate Foreign Relations Committee）後來得出的結論相悖。[27]

這個問題成為小布希在二〇〇四年競選連任的弱點，此時法蘭克斯在《紐約時報》發表了一篇專欄文章，宣稱「賓拉登先生從來不在我們的掌控之中」。[28]八天後，五角大廈在倫斯斐的許可下發布了一套可疑的論調，表示「稱美軍於二〇〇一年十二月令賓拉登逃離托拉波拉，此為不實指控，當時的作戰指揮官也加以駁斥」。[29]

幾年後，法蘭克斯在口述歷史訪談中，仍對賓拉登曾在托拉波拉的證據不屑一顧。

他如此說道：「那天第一次有人告訴我『法蘭克斯，托拉波拉就是決勝關鍵了。那人就在托拉波拉』。基本上在同一天，我就收到另一份情報，稱昨天在坎達哈西北部的某個休閒湖區目擊賓拉登，也證實賓拉登曾出現在在巴基斯坦無人駐守的西部地區。」[30]

經過托拉波拉一役，美國又花了十年才找到賓拉登的位置。至那時，駐阿富汗的美軍已攀升到十萬人，是二〇〇一年十二月的四十倍之多。

早先，美國也沒能把握另一次結束戰爭的外交良機。在賓拉登潛入托拉波拉山區的同時，一眾阿富汗政治掮客正於德國波昂會面，與美國、中亞和歐洲的外交官協商國家的未來。在聯合國的帶領下，這場會談於彼得斯堡（Petersburg）舉行，彼得斯堡是間屬於德國政府的飯店兼會議中心，坐落於長著繁茂森林的山脊上，俯瞰著萊茵河。

彼得斯堡在二戰後即作為盟國對德高級委員會（Allied High Commission for Germany）的總部，舉辦了無數次高峰會議，包含一九九九年終結科索沃戰爭的對談。聯合國邀請阿富汗人來到波昂，商討暫時的權力分配協議。主旨是要將所有可能惹事的人帶到談判桌上，不分內外，藉此結束阿富汗長期的內戰。

出席者包含來自四個阿富汗派系的二十四位代表人，有軍閥、僑民、君主主義人士、前共產黨員等，再加上他們的助理和支持者。來自伊朗、巴基斯坦、俄羅斯、印度等該地區的國家官員也都前來參與會議。

由於會議的時間點是在穆斯林的齋戒月期間，大多數代表白天都必須禁食，並談判到深夜。飯店向賓客保證提供的菜單不含豬肉，但仍可應要求提供酒精飲料。[31]

十二月五日，各代表達成了一項被譽為外交勝利的協議，任命哈米德．卡賽為阿富汗的臨時領袖，同時制定新憲法起草和全國選舉的程序。可是此《波昂協議》（Bonn Agreement）當時卻忽視了一項致命缺失：他們將塔利班排除在外。

戰爭至此階段，美國官員大多將塔利班視為落敗的敵人，他們之後也會為這次錯誤判斷悔不當初。部分塔利班領袖表示願意投降，也有意願參與協商阿富汗的未來。但小布希政府及北方聯盟的同盟軍閥卻拒絕談判，只是為塔利班貼上罪該萬死的恐怖份子標籤。

美國的阿富汗議題研究專家巴奈特．魯賓（Barnett Rubin）曾於波昂會議期間擔任聯合國顧問。他在接受「記取教訓」訪談時表示：「我們將塔利班與蓋達組織混為一談，實在是大錯特錯。塔利班的重要領袖有興趣嘗試新制度，我們卻沒有給他們機會。」[32]

雖然塔利班因其殘酷作風和宗教狂熱，很容易招致人們將其妖魔化，但事實證明，他們的勢力在阿富汗社會中過於龐大又根深柢固，不可能根除。塔利班於一九九四年在坎達哈崛起，並獲得民眾支持，尤其是普什圖族人的支持，目的是要恢復阿富汗一定程度的秩序，以及屏棄為了掌權和占地而分裂國家的軍閥。

「大家都希望塔利班消失，」魯賓在二〇一五年的「記取教訓」訪談中談到。「對於我們所謂的減少威脅、區域民主、讓塔利班進入和平進程，人們並沒有太多興致。」[33]

曾駐阿富汗多年的外交官陶德．格林翠（Todd Greentree）說，這再度體現了美國對這個國家一無所知：「九一一事件後我們犯下的其中一個大錯，就是太過急於報復，因而違背了阿富汗的戰爭原則。也就是有一方獲勝時，另一方就放下武器與贏家和解。塔利班原本正想要這麼做。」他在外交口述歷史訪談中說道：「我們堅持要追捕他們，把他們全都當作罪犯，而非輸了戰爭的對手，這正是引發暴亂最大的原因。」[34]

阿爾及利亞外交官拉哈達．布拉希米（Lakhdar Brahimi）曾在波昂會議期間擔任聯合國首席代表，他後來坦言，不讓塔利班參與談判是一大錯誤，更稱其為「原罪」。[35]

另一位與布拉希米一同主持波昂會談的，正是資深美國外交官詹姆斯．杜賓斯（James Dobbins），他在「記取教訓」訪談中承認，華盛頓高層沒能認知到這項錯誤多麼嚴重。杜賓斯說：「後來幾個月，有些塔利班領袖和重要人物不是主動投降，就是表示願意投降，據說連塔利班領袖歐瑪本人都包含在內，我們錯失了良機。」他繼續補充說，自己也是那些誤以為塔利班「已名譽掃地，不太可能捲土重來」的人之一。[36]

後來有好多年，都不曾再出現和解的機會。美國和塔利班先是經歷了十多年僵局，最終才同意舉行面對面的會談。

對於負責主導這些會談的人而言，戰爭兜了個大圈又回到原點。薩爾梅・哈里札德（Zalmay Khalilzad）是一位阿富汗裔美國人，出生於馬薩里沙利夫，在喀布爾長大，青少年時期抵達美國。波昂會議期間，他正於小布希白宮的國安會任職，並於二〇〇三至二〇〇五年擔任美國駐阿富汗大使。十三年後，川普政府將他召回政府部門，命他為特使，負責與塔利班談判。哈里札德與塔利班相處的時間，比起其餘美國官員都要長得多。

在「記取教訓」訪談中，哈里札德表示，如果美國在二〇〇一年十二月願意與塔利班談判，那麼這場歷時最久的戰爭，可能早已成為美國史上最短的戰爭之一。他說：「也許是我們不夠敏銳、不夠明智，沒能儘早接觸塔利班，我們以為塔利班輸了戰爭，必須將他們繩之以法，卻沒想到可以接納他們或與之和解。」[37]

第三章　國家建構計畫

二〇〇一年十二月下旬，美國政要前來喀布爾參加阿富汗臨時政府的就職典禮，他們發現總統府內的馬桶堵塞。[1]外頭則是首都的斷垣殘壁，籠罩著濃煙；[2]大多數阿富汗人仍是燃燒木材或木炭取暖。僅有極少數公共建築仍屹立不倒，但窗戶玻璃、電纜線、電話線和燈泡都被剝光了。其實也沒什麼大不了的，畢竟喀布爾的通訊和電力服務多年來都沒有運作。

於外國事務部服務的五十二歲阿拉伯學者萊恩．克勞可（Ryan Crocker）在幾天後抵達，協助重啟關閉以久的美國大使館，同時擔任代理大使。由於喀布爾缺乏可正常服務的機場，所以他降落在三十英里（約四十八公里）外巴格蘭的美國空軍基地。

克勞可乘車進入喀布爾，「沿途景色了無生機」，[3]加上橋梁已斷，還必須硬是駛過一條河流。眼前景象，讓他聯想起一九四五年前後柏林林蔭大道的照片，畫面中都是破碎的磚瓦。他發現，美國大使館在喀布爾多年的炮火中倖存下來，然而建築中破損的管路系統也不比總統府堵塞的水管好到哪去。在一棟建築物中，約一百名海軍陸戰隊員不得不共用一間廁所。而在大樓另一端，五十名平民也只能湊合著使用同個淋浴間。[4]

克勞可與臨時總統卡賽開了多次會議，以便了解當地情況，他意識到比起修復戰爭多年帶來的物質破壞，阿富汗還面臨更巨大的挑戰。「這位臨時政權的領袖，沒有實權也沒有合作資源，沒有軍隊、沒有警察、沒有公務員制度、沒有正常運作的社會。」克勞可在「記取教訓」的採訪中如此表示。[5]

美國入侵阿富汗後，小布希總統告訴美國人民，他們不會承擔「國家建構」的負擔和費用，不會身陷其中。隨後兩位繼任總統也重申了這項承諾，結果卻證明，這個承諾是戰爭最大的謊言之一。

在飽受戰火蹂躪的阿富汗，美國的確是打算要建構國家，而且規模巨大。在二〇〇一到二〇二〇年間，華盛頓在阿富汗花費的國家建構金額之多是前所未有，政府撥出一千四百三十億的款項，[6]用於重建、援助計畫，以及建立阿富汗安全部隊。經過通貨膨脹調整後，這比美國在二戰後依「馬歇爾計畫」在西歐投注的資金還多。

與馬歇爾計畫不同的是，阿富汗的國家建構計畫一開始就偏離了初衷，隨著戰爭持續更迅速失控。美國未能帶來穩定與和平，反而無意間養出貪腐、無能的阿富汗政府，更須仰賴美國的軍事力量來生存。即便是作最好的打算，美國官員仍預計阿富汗每年都會需要數十億美元的援助，幾十年不停歇。

在美國金援的二十年間，這場打算將阿富汗改造為現代國家的運動注定不會成功，在資金挹注方面也從一個極端走向另一極端。起初，在阿富汗人最需要援助的時候，小布希政府雖欲推動阿富汗從零開始建立民主制度及國家機構，卻堅持採取吝嗇的措施。後來，歐巴馬政府則是過度補償，為阿富汗提供多到難以吸收的援助，因而產生各種無法解決的新問題。自始至終，這些功夫都因為傲慢、無能、官僚內訌和雜亂無章的計畫而難以施行。

「我們現在已經大難臨頭，花了這麼多錢，卻幾乎沒有成效。」經濟學家麥克·卡倫（Michael Callen）表示。卡倫任職於加州大學聖地牙哥分校，專門研究阿富汗的公部門，他在接受「記取教訓」採訪時說：「如果我們一毛錢都沒花，一切是否會有所不同？我不知道，也許情況會更糟。情況是可能更糟，但又能糟多少？」[7]

二〇〇一年正是阿富汗最需要國家建構的時候。自二十年前蘇聯入侵起，這個在歷史上一直很貧困的國家就一直飽受戰爭之苦。在約兩千兩百萬的人口中，估計就有三百萬人逃離國家成為難民。低識字率和營養不良則折磨著留下的人。隨著冬季來臨，援助機構也警告，每三個阿富汗人就有一人面臨飢餓危機。

然而在當時，小布希政府卻尚未決定是否要對這場長期的國家建構活動許下承諾，或是留待他人來處理阿富汗的問題。

二〇〇〇年，小布希來到白宮，他表示自己厭惡因牽扯外國事務而付出高昂代價。競選總統期間，他抨擊柯林頓政府在索馬利亞、海地和巴爾幹地區派駐武裝部隊，進行「國家建構演習」。「我覺得，我國軍隊不應用於所謂的國家建構。」在與民主黨對手艾爾·高爾（Al Gore）的辯論中，小布希如此說道。「我認為我國軍隊應用來作戰，用來打勝仗才對。」後來這位直言不諱的德克薩斯人下令美軍轟炸阿富汗，他同時也向美國人保證，華盛頓不會「接手所謂的國家建構」——那是聯合國的事。

克勞可於二〇〇二年一月抵達阿富汗，他認為「有鑑於該國的特殊狀況和阿富汗人民的苦難」，要是將問題留待他人處理，「站不住腳，而且難以合理化。」但克勞可僅在喀布爾短暫停留三個月，他也沒有被授權給出任何遠大承諾。[8]

美國國際開發總署（U.S. Agency for International Development，簡稱USAID）官員在呈交華盛頓的報告中，評估了阿富汗在沒有大規模協助下穩定國家的能力，結果相當不樂觀。有位為阿富汗政府提供諮詢服務的國際開發總署資深官員指出，該國沒有銀行，沒有法定貨幣；軍閥自行印製的貨幣基本上毫無價值。當地是設有財政部，但八成的員工都不會讀寫。[9]

「我們很難向人們解釋阿富汗在早年有多悽慘，」這位不具名的國際開發總署官員在「記取教訓」訪談中說道。「要是他們什麼都沒有，事情還簡單得多。但我們必須摧毀原有的一切，才能開始建構工作。」[10]

二〇〇二年一月，國務院首席發言人包潤石與國務卿柯林．鮑爾（Colin Powell）一同造訪喀布爾。卡賽邀請美國外交官前來以石頭砌成的總統府，一同參加他的新內閣會議。眼前景象令人感覺回到了美國華盛頓的總統府，卻是沒有實質作用的電影片場版本。三十人圍擠在桌前，其中也有婦女事務部長，這是美國堅持為阿富汗新政府設立的新職位。[11]

「現場完全就像是美國內閣，但只是虛有其表，」包潤石在「記取教訓」訪談中表示。「央行總裁正向我們說明，他打開銀行金庫，裡面卻什麼都沒有。沒有錢、沒有貨幣、沒有黃金，你以為銀行該有的都沒有。」[12]

但卡賽和他的內閣仍禮數周到，堅持表現出阿富汗人熱情的待客傳統。「這些阿富汗人不知怎地變出了一頓豐盛午餐。盛大的宴會上堆滿了米飯和宰殺完的山羊，」包潤石說道。「他們都是有能力的人，卻沒有任何可以管理政府的條件，無論是組織還是實質層面，一切都是從零開始。」[13]

隨著阿富汗的絕望處境變得全世界有目共睹，小布希對國家建構的立場也開始軟化。二〇〇二年一月，這位總統在向國會發表國情咨文演說時，讚揚了阿富汗人民的精神，並承諾：「我們將成為重建該國的夥伴。」

這番話讓卡賽長滿鬍鬚的面孔揚起了微笑。他也作為貴賓受邀來到演講現場，坐在第一夫人蘿拉．布希（Laura Bush）身旁令人嚮往的座位。立法人員起立鼓掌時，卡賽也抓著他的羊毛帽微微鞠躬。與他一起進入第一夫人包廂的，是位頭戴白巾、臉上掛著眼鏡的女性：阿富汗新任的婦女事務部長西瑪．薩瑪爾（Sima Samar）。

儘管小布希重新表態願與阿富汗人合作，他卻仍守著自己的堅定意向。在總統發表國情咨文之前，美國在一場阿富汗國際捐助會議上承諾提供兩億九千六百萬美元的重建援助金，加上五千萬美元的信用限額。加總之後，還低於華盛頓在後續二十年為重建阿富汗投注費用的百分之一，再折去一半。

小布希也拒絕讓美軍加入駐守喀布爾的國際維持和平部隊，因為他不願五角大廈背離追捕蓋達組織和塔利班的初衷。五角大廈同意負責訓練新的阿富汗軍隊，但僅是作為美國與盟友之間分工的一環。

在這樣的安排下，德國接下為阿富汗組織警察部隊的責任，義大利同意協助阿富汗改革司法系統，英國則自願遏止阿富汗農民種植鴉片，而鴉片是該國歷史上的主要經濟作物。後來幾年，這些盟國都搞砸了各自的任務。

在「記取教訓」訪談中，幾位小布希政府的官員都表示，沒有人願意讓民眾發覺總統正漸漸違背自己對國家建構的競選誓詞。但他們說，小布希和白宮其他官員都擔憂一九九〇年代華盛頓犯下的錯誤會再次上演，當時美國支持的叛軍成功迫使蘇聯撤軍後，華盛頓就不再關注阿富汗——因此留下一片混亂。

「我們挑起戰端，然後就回家了。」海德里表示。他在白宮的第一個任期是擔任小布希的副國安顧問。海德里和許多其他官員擔心，如果美國這次未能穩定阿富汗局勢，那阿富汗就會再次爆發內戰，蓋達組織也會捲土重來。

「國家建構原本不是重點。但我們走到了這個地步，發現已無法抽身。」一位不具名的美國官員說。[14]另一位未透漏身分的美國官員則表示，雖然內部人士很清楚政策已「從反對建國轉變為支持建國」，但戰略文件中卻從未明確說明此一轉變。[15]

儘管如此，人們的期望仍然很低。資深外交官理查・哈斯（Richard Haass）在九一一攻擊事件後曾任小布希政府的阿富汗特別協調員，他說：「大家都能深刻感受到阿富汗缺乏潛力，」而美國政府「不願意做出重大投資。」[16]

哈斯回憶起二〇〇一年秋季曾向小布希、國務卿鮑爾、國防部長倫斯斐和國安顧問康朵麗莎・萊斯（Condoleezza Rice）簡單彙報，副總統迪克・錢尼（Dick Cheney）也在一處未公開的位置透過視訊參與。

「大家對你所謂充滿抱負的政策興趣缺缺，」哈斯表示。「感覺你會過度投入，但得不到太多回報。我不會說這是自私自利，應該說是悲觀，對阿富汗的投資報酬不抱期望。」[17]

和整體作戰計畫一樣，這項國家建構運動缺乏清楚的目標和衡量準則。「我們是打算重建，但我們的理論和目標是什麼？」某位不具名的布希政府資深官員在接受「記取教訓」訪談時表示。「我們需要理論，而非隨便派個像我這樣的人，就讓我去幫助卡賽總統。」[18]

內部分歧漸漸加劇。一邊是國務院的外交官和國際開發總署官員，他們力主採取更多行動，認為僅美國才有足夠的資源和影響力，能夠讓阿富汗走上正軌。另一邊的五角大廈則持相反意見，倫斯斐和一眾部下反駁道，要扛起阿富汗的所有問題是大錯特錯。

後來擔任美國駐巴格達（Baghdad）大使的克勞可表示，倫斯斐和其他新保守主義人士都採相同態度來應對阿富汗和伊拉克戰爭。他對倫斯斐的心態下了這樣的總結：「既然我們的任務是要消滅壞蛋，我們就會消滅他們。管他之後會怎樣，這是他們的問題。要是再過十五年又出現更多壞蛋，我們一樣照殺不誤，但國家建構與我們無關。」[19]

在二〇〇一年協助規劃波昂會議的外交官杜賓斯表示，這類哲學之爭很少能有定論。五角大廈把持所有武器和無人能及的政治影響力，大家只能依他們的心意行事。

「國務院是不可能說服國防部或倫斯斐的。連白宮都做不太到，更遑論國務院。」杜賓斯在「記取教訓」訪談中說道。[20]

雖然許多外事官員都將倫斯斐比作永不妥協的怪物，但也有其他官員認為這種批評過於簡化。他們說倫斯斐不介意重建阿富汗，只是他認為這不該讓軍隊來承擔。

然而，在削減預算多年之後，國際開發總署已相當吃緊，須仰賴承包商來完成任務。國務院和政府其他部門也沒有能力解決阿富汗一連串的問題，一切難有進展，讓倫斯斐輕易就能歸咎於其他機構。

倫斯斐在二〇〇二年八月二十日寫下一則給小布希的備忘錄，他認為「阿富汗的重點問題其實無關國安，需要解決的反而是緩慢的民生進展。」他同意無論是經濟或其他層面，卡賽羽翼未豐的政府都需要更多協助，但他也警告說，派遣更多美軍來穩定局勢和重建阿富汗可能會適得其反。[21]「結果就是美國和聯軍的人數增加，我們可能會落得與當年蘇聯一樣的下場，招人厭惡，」倫斯斐寫道。「無論如何，如果重建不成功，再多的安全部隊都不夠。蘇聯當時派出十萬多名士兵，也是以失敗告終。」[22]

倫斯斐的非軍方顧問馬林．史崔麥基（Marin Strmecki）稱這位五角大廈負責人是「一位被誤解的人物」。他說倫斯斐認為必須加強阿富汗政府機構的實力，但不希望阿富汗人永遠依賴華盛頓。[23]「考量到經過二十五年的戰爭之後，幾乎沒剩多少人力資本，我們自己來往往比指導別人還要容易。」史崔麥基在「記取教訓」訪談中表示。[24]他補充道，倫斯斐擔心美國會深陷在阿富汗的基層事務中，最後永遠無法脫身。

但美國真的曾為這個目標制定計畫嗎？國安顧問海德里在「記取教訓」訪談中坦言，小布希的白宮曾設法構思一套有效的阿富汗國家建構模式。但現在回想起來，很難想像有哪種方法會成功。「我們起初說不會處理國家建構，可是不做的話，難保蓋達組織不會捲土重來，」他說道。「我們就是缺乏衝突後的有效穩定模式。每次發生這種事，就是一場無章法的戰局。要是重來一次，我們會不會表現更好？我完全沒有信心。」[25]

就算不是長春藤聯盟出身的政治學家或外交關係協會（Council on Foreign Relations）成員，也能看出阿富汗需要一套更好的政府制度。部落世仇和難以撼動的軍閥一直在撕裂這個國家，政變、暗殺和內戰不斷，讓阿富汗的歷史極為顛簸。

二〇〇一年的《波昂協議》制定了一套時間表，讓阿富汗人逐步對新的政治架構達成共識。由長老和領袖組成的傳統會議「支爾格會議」（*loya jirga*，即「國民會議」）在兩年內起草一部憲法。而嚴格說來，阿富汗人理應自行決定要如何治國。但小布希政府說服他們採用美國的作法：在普選總統的領導下實行憲政民主。

新政府在許多層面都像是粗略的華盛頓體系。權力集中在首都喀布爾，用金錢和西方顧問團培育出的聯邦官僚機構則開始向四面八方萌芽。

然而有一處關鍵差異：小布希政府促使阿富汗鞏固總統手中的權力，幾乎沒有制衡原則可言。一部分目的在於削弱阿富汗眾多地方軍閥的影響力。但更重要的是，華盛頓自認為有完美人選可擔任阿富汗的統治者：卡賽，這位被美國人收編且懂英語的部落領袖。

在「記取教訓」訪談中，有大量曾直接參與國家建構計畫的美國和歐洲官員都承認，僅讓一個人手握如此大權是大大的失策。阿富汗在傳統上是採取分權制度並結合部落習俗，與集權的僵化體系互相衝突。雖然美國人起初與卡賽處得很好，但他們的關係之後卻會在關鍵時刻一敗塗地。

「事後看來，集中權力是最糟糕的決定，」某位不具名的歐盟官員如此表示。[26]另一位未透露身分的德國資深官員則補充說，當初應從地方政府起步，從頭慢慢建立民主制度才對：「塔利班垮台後，我們以為必須立刻任命總統，但事實卻非如此。」[27]

有位未透露身分的美國資深官員表示，自己很意外國務院竟以為美國式的總統職位會在阿富汗行得通。「他們好像從未在國外工作過，」他說。「這個地方從未有過中央政府，我們怎麼會想在這裡建立中央政府？」[28]

連部分國務院官員也表示感到不解。「我們在阿富汗的政策，是打算建立強大的中央政府。太愚蠢了，因為阿富汗在歷史上從來沒有強大的中央政府，」一位不具名的美國資深外交官說道。「要打造強大的中央政府，得耗上一百年，但我們沒有這麼多時間。」[29]

「我們不知道自己在幹嘛，」前國務院首席發言人包潤石補充。「這個國家唯一正常運作的時候，是由部落和軍閥各自割據一方，再由一位有一定威望的人負責控管，這個人有能力集中管理，讓他們彼此不至於過度爭鬥。我們當初以為這種局面可以演變成像美國之類的州政府，我覺得是不對的。我們因為這樣在戰爭中掙扎了十五年，不只是兩三年而已。」[30]

就算是在抵達前不熟悉阿富汗歷史和文化的美國士兵也表示，要強加強大的中央集權政府，顯然是癡心妄想。在陸軍口述歷史訪談中，他們說阿富汗人幾乎不了解喀布爾的官僚機構實際上會採取哪些行動，也就本能地對政治掮客懷有敵意。

「很多人都來自偏遠地區，你必須向他們證明為什麼政府很重要，」曾在烏魯茲岡省（Uruzgan）擔任營長的泰瑞．塞勒斯（Terry Sellers）上校說。「至少到目前為止，中央政府在許多地區都沒有給他們帶來什麼好處。他們無法真正理解或見證中央政府的優點：『幾百年來，我們養羊種菜過得好好的，這片土地都沒有中央政府。現在又怎麼會需要？』」[31]

還有一些軍官說，他們經常要向阿富汗人解釋政府做了什麼，以及如何執行民主制度。步兵軍官大衛．帕斯卡（David Paschal）上校曾於阿富汗東部的加茲尼省（Ghazni）服役六個月，他表示，部隊還得向從未見過總統照片的村民分發卡賽的海報。[32]

帕斯卡也是一九九〇年代巴爾幹戰爭的老兵之一，他說當年美軍和北約盟國在波士尼亞和科索沃建立民主，正是從地區首長選舉開始，再逐步落實地區和全國投票。「我們在阿富汗的做法卻恰恰相反，我們讓人民先投票選總統，但大多數人甚至還不明白投票的意義。沒錯，這些人是在手指上沾了投票用的紫色墨水，」卻不明白為什麼投票重要，他如此表示。「我覺得要在鄉下推行新制非常困難。記得有一次我們有個單位在巡邏，當地人卻問『俄國人回來這裡做什麼？』他們甚至不知道美國人已經在那裡待了幾年。」[33]

海軍軍官柯林頓少校表示，他訓練的阿富汗士兵與一般美國人並無不同：他們想要有道路、學校和其他基礎設施可以使用。但他說很難向這些人解釋美國的政府體系是如何花錢做了這些事情。

「阿富汗人以為美國人可以自己從屁股生錢，」柯林頓說道。「我提起稅務之類的制度……他們問什麼是稅務。我說有點類似你們軍閥向人民徵收的錢，他們卻說『不，那只是小偷行徑。』我只能詳細解釋稅務是什麼。軍官們都很有興趣，因為他們對繳稅全無概念。」[34]

「從東部的阿薩達巴德（Asadabad）到西部的赫拉特，到卡拉特（Kalat）及南部的坎達哈和史賓波達克（Spin Boldak），以及北部的馬薩里沙利夫，人們對統治全國的中央政府全無概念。」他補充說。「真是讓我大開眼界。」

曾被派往喀布爾北約總部的陸軍中校陶德・葛吉斯伯格（Todd Guggisberg）表示，他不確定阿富汗人是否會接受現代化的中央集權政府。「他們長期以來一直忠於自己的家庭和部落，所以恰赫恰蘭（Chaghcharan）人根本不在乎卡賽總統是誰，也不在乎喀布爾是由他掌管，」他說。[35]「讓我想起巨蟒劇團（Monty Python）的一部電影，國王路經在田裡幹活的農人，國王上前說：『我是國王』，農民卻轉身說：『什麼是國王？』」[36]

第二部分

橫生枝節
2003–2005

PART.2

第四章　阿富汗屈居次位

二〇〇三年五月一日，入侵伊拉克六週之後，美國三軍統帥再次登上飛機，準備向軍人發表勝利演講。與他一年前造訪維吉尼亞軍事學院不同，這次演講要在黃金時段於網路上直播。

小布希這次沒有乘坐一般總統座機，而是身穿綠色飛行服，頭戴白盔，登上一架海軍S-3B維京式戰機（Navy S-3B Viking）。這部戰機背面標有「海軍一號」（Navy 1）的字樣，正等著將總統載到距聖地牙哥海岸三十英里（約四十八公里）的會合點。當時小布希在德州空軍國民警衛隊（Air National Guard）服役已是三十多年前的事了，但海軍機組人員還是讓他短暫操縱了一會兒，接著就降落於海面上的「林肯號」（USS Abraham Lincoln），這艘核動力航空母艦剛從波斯灣戰爭返航。

小布希步下飛機，與甲板上的船員相互行禮，幾千名水手也同聲歡呼。隨著太陽落入太平洋，總統先是和大夥兒一同合影留念，才換上西裝發表演講。紅白藍相間的橫幅隨風鼓動，上頭寫著「任務完成」（Mission Accomplished），小布希就站在標語前方，宣布「主要的作戰行動已經結束」，表揚美軍在「伊拉克自由行動」（Operation Iraqi Freedom）中的「絕佳表現」。

實際上，伊拉克戰爭最糟的狀況還在後頭。小布希這次造訪航空母艦，將成為自己總統任期內最大的公關失誤。他的國防部長在幾小時前也對阿富汗戰爭發表了同樣可笑的言論，更是因這種失誤蒙上一層陰影。

倫斯斐乘著笨重的灰色C-17軍用運輸機，於五月一日下午降落在喀布爾，停留了四個小時。與小布希的航母演講之旅相比，倫斯斐訪視阿富汗受到的關注要少得多。他的車隊穿過首都破舊的街道來到總統府，會見卡賽和他的內閣。

隨後，他們在一間看來已幾十年沒整修過、以木板搭建的會客室召開聯合記者會。阿富汗總統開場就表示，自己很意外會看到這麼多國際記者。「我以為各位都去了伊拉克，」卡賽用英語開玩笑說。「大家都還在，太好了。表示全世界都在關注阿富汗。」

輪到倫斯斐上台時，他使用與小布希類似的講稿，表示阿富汗的主要作戰行動已經結束。他說：「現在這個國家大致已獲得自由，相當安全。」

但國防部長隨後稍加修飾了自己的說詞，補充說「零星的反抗」和其他危險仍然存在（小布希在談伊拉克時也是這麼說）。但阿富汗戰爭遠未結束，與伊拉克一樣。戰事反而會再次升溫，造成更多傷亡。在這場美國歷時最久的戰爭中，有超過百分之九十五的美軍死傷都會在之後發生。

二〇〇三年於阿富汗服役的陸軍軍官在口述歷史訪談中表示，倫斯斐竟然篤定戰爭已經結束，實在荒謬。「我們那時還覺得好笑，」具有心理戰背景的特種部隊軍官馬克・施密特（Mark Schmidt）中校說道。[1]「大小戰事仍在進行……說白了我們只是到處殺人。我們會駕駛戰鬥機飛入、執行任務幾週再飛出去。可想而知，我們前腳一離開，塔利班後腳就馬上踏入。」

在喀布爾的記者會上，倫斯斐說明阿富汗的任務將從作戰轉為「穩定行動」（stability operations），這是一個軍事術語，意指維持和平與國家建構。但陸軍軍官卻說他們在地面上的行動一點改變也沒有。

「根本沒有書面指令，也沒有其他相關資訊，」湯瑪斯．斯努基斯（Thomas Snukis）上校說。斯努基斯於當年夏天來到巴格蘭軍事總部擔任參謀，他說道：「我們還是一直在作戰。」[2]

有些人則認為，倫斯斐的言論一半是一廂情願，另一半則是對於進展的渴望。「我感覺華盛頓可能對阿富汗沒那麼有興趣了，」另一名參謀塔克．曼薩格（Tucker Mansager）上校說道。[3]他在華沙擔任「武官」（military attaché）後於二〇〇三年七月抵達阿富汗。「也不能說我們被忽略了，但人們顯然已把目光投向伊拉克。」

人們很快就明白，小布希進攻伊拉克的決定顯然是錯得離譜，不只是對伊拉克而言，對阿富汗而言更是如此。

伊拉克戰爭起初是一項規模更大的行動。進攻部隊需要十二萬名美軍，大約是阿富汗駐派人數的十三倍。小布希政府因迅速擊敗塔利班而太過自滿，自以為可以同時應對兩場戰爭。這樣的假設太過輕率，也有悖歷史與常理。

「有些決策太過基本，根本無從立法規範。第一點，就是一次只能進攻一個國家。我講真的。」協助談成《波昂協議》的美國外交官杜賓斯在接受「記取教訓」訪談時說道。[4]

一九九〇年代，杜賓斯曾連續獲派到各個動盪的地區擔任特使：索馬利亞、海地、波士尼亞和科索沃。他為這段經歷寫了好幾本書，其中一本就名為《國家建構初級指南》（*The Beginner's Guide to Nation-Building*）。杜賓斯說，儘管小布希曾抨擊柯林頓派美軍到戰亂國家執行國家建構任務，但至少柯林頓沒打算一次解決兩個問題。

「仔細看看柯林頓政府的行事風格，會發現他們是有意識地先從索馬利亞撤退後，才進攻海地。在撤出海地前，也沒有干涉巴爾幹半島的事務。直到波士尼亞穩定之後，才開始處理科索沃的問題，」杜賓斯說道。「他們花了很多時間和心思，要是同時處理這麼多國家，整個體系會無法負荷。」[5]

伊拉克從一開始就是橫生的枝節。二〇〇一年十二月，美軍即開始規劃如何攻占巴格達，同時間賓拉登正在逃離托拉波拉。據陸軍上將法蘭克斯的維吉尼亞大學口述歷史訪談內容，聖誕節隔天，法蘭克斯正在坦帕的中央司令總部工作，當時倫斯斐從五角大樓捎來電話，召見他前往德州中部，至小布希僻靜的私人農場舉行祕密會議。

「總統要你到克勞福（Crawford）農場見他，」倫斯斐在電話中告訴法蘭克斯。「準備好與總統談談你對伊拉克的想法。」[6]

不到四十八小時，這位上將就動身前往克勞福小鎮，向總統簡述要對伊拉克採取什麼軍事行動。小布希和倫斯斐向法蘭克斯提出了一個問題：若有其必要，讓一位指揮官同時監督伊拉克和阿富汗戰爭，會不會太過分？法蘭克斯則說服他倆，表示自己可以在坦帕的中央司令部處理這兩項軍事行動。

法蘭克斯在口述歷史訪談中為這個決策辯解，他認為讓自己指揮兩個戰爭沒有問題。他說自己從沒有忽略阿富汗，並指出在伊拉克戰爭開打時，派駐阿富汗的部隊人數實際上還增加了。「所以說，大家覺得我們的重心已經不在阿富汗，根本不是真的，」他表示。「並不是說我們做的都對，但我們的失誤並不是因為漠不關心。」[7]

但有些美國官員表示，小布希政府確實將目光移開了阿富汗。白宮和五角大廈有許多人都認為，除了抓到賓拉登及解決一些小問題外，也沒什麼可做的了。

至二〇〇二年八月，「鑑於許多原因，小布希政府總結阿富汗的任務已經完成。」時任外國情報顧問委員會一員的菲立普・澤里可（Philip Zelikow）在維吉尼亞大學的口述歷史訪談中說道。[8]

美國官員大多誤以為塔利班再也不會構成嚴重威脅。小布希在發表「任務完成」演講時態度篤定，他宣稱：「我們已摧毀塔利班。」二〇〇二年至二〇〇三年擔任美國駐阿富汗大使的芬恩在接受「記取教訓」訪談時說，他認為塔利班的餘黨可能會存活下來，「但基本上只會是躲在山裡的小土匪。」[9]

指揮系統也受這種戰略誤判波及。阿富汗任務原本就已經偏離使命，五角大廈此時全神貫注於伊拉克，也就讓當地部隊更是摸不著頭緒。

第八十二空降師軍官格雷格里・特拉漢（Gregory Trahan）少校表示，部隊不清楚自己的目標是什麼。「我們離開前，我手下士兵還搞不清楚我們到底是來提供人道援助，還是去——用士兵更白話的方式來說——殺人。」他在一次陸軍口述歷史訪談中回憶道。[10]

二〇〇三年派駐坎達哈的砲兵軍官菲爾・伯傑朗（Phil Bergeron）少校說，他從來沒有掌握整體局勢。他告訴陸軍歷史學家：「當時還有伊拉克要打，所以只能收回所有注意力。」[11]

在「記取教訓」訪談中，有位未具名美國官員曾於小布希執政期間任職白宮和五角大廈，他說從二〇〇二年春天起，伊拉克的地位就已優於阿富汗。那時，在阿富汗各層級服務的美國人員都重新調整了自己對工作的期許：只要避免戰敗就好。

「無論是物質還是政治層面，重點似乎全在伊拉克，」這位美國官員說道。「你付出的所有心血都淪為次要，更可悲的話還變成是要『節省兵力』。你的工作不在於打勝仗，只要不打輸就好。這種事實在很難讓人接受，在情感和心理上都很困難。」[12]

二〇〇三年夏季，美軍在伊拉克迅速失勢。小布希發表「任務完成」演講後六週，就有五十名美軍身亡，但沒人找得到伊拉克總統海珊（Saddam Hussein）「可能」藏匿的大規模毀滅武器。

儘管如此，小布希政府還是向民眾保證一切都在掌控之中。在六月十八日五角大廈的記者會上，倫斯斐批評伊拉克的暴動不過是「垂死掙扎」。他還說，以美國為首的軍事聯盟正在「取得良好進展」，而未來幾年，他和五角大廈其他官員在報備這兩場戰爭的消息時，也無數次複述這個難以令人信服的句子。

同時間，這些所謂垂死掙扎的人卻愈來愈強大。叛亂份子於八月炸毀巴格達的約旦大使館和聯合國總部。聯合國工作人員和救援組織迅速撤離。十月，蓋達組織開始播送賓拉登的影片，對這次傷亡極盡羞辱之能事。這位九一一事件的首腦藏匿在一處未公開的地點，嘲諷美國人「深陷底格里斯河和幼發拉底河的沼澤之中」。

當月，有位新的陸軍上將前來指揮日益被忽視的阿富汗戰爭。大衛．巴諾（David Barno）中將來自紐約州的南部小鎮恩迪科特（Endicott）。巴諾從西點軍校畢業後，曾於一九八三年帶領一支陸軍遊騎兵連隊入侵格瑞那達，後在一九八九年入侵巴拿馬期間，領著一營部隊空降該國。

巴諾在最動蕩的時期來到阿富汗。五角大廈縮減了巴格蘭軍事總部的規模，而且由於意料外的人事變動，巴諾成為六個月以來的第四位指揮官。外交行動也同樣不穩定，美國大使館有很長一段時間都沒有常駐大使。

「我們在阿富汗的人力部署有點搖擺不定，」巴諾在接受陸軍口述歷史訪談時表示：「在我看來，阿富汗和軍隊內部的統一指揮狀況出現了嚴重失常。」[13]

巴諾成立了新的總部：阿富汗聯合部隊司令部，並將其從巴格蘭空軍基地遷至喀布爾的使館區，方便與外交官進一步密切合作。他占了半截貨櫃屋用來當作總部，距離大使專用的兩房貨櫃屋僅五十英尺。[14]

姑且不論壅擠的空間，組織人力更是巴諾的一大難題。美軍的人事指揮部表示，伊拉克戰爭讓可用的軍官出現短缺。但巴諾說，他們顯然覺得阿富汗戰爭只是一灘死水，不願意派出最優秀的人員。這讓他很生氣。

「軍隊派給我的都不是有潛力晉升上將的人，」他說。「陸軍一點忙都幫不上，這樣講還算客氣了……他們明顯滿腦子都是伊拉克，根本無意支援我們，除了最基本的供給之外，什麼都沒有。」[15]

巴諾起初不得不與軍階異常低的參謀人員共事。雖然他後來也設法升級人事編排，服務部門卻派出早已退役多年的預備役人員；用巴諾的話來說，就是「一群準備結束軍旅生活的厲害老將。」[16]巴諾是名三星上將，有許多人都比他還要年長，當年巴諾是四十九歲，這些人也笑稱自己是美國退休人員協會（American Association of Retired People）在世上部署最前線的分會。

儘管阿富汗的局勢遠不及伊拉克火爆，但衝突的本質正在變化，也愈來愈令人擔憂。巴諾抵達幾天之後，駐喀布爾的聯合國官員向他通報，該國南部和東部的安全形勢正在惡化，並要求他採取行動。

這位上將下令總部為數不多的人員檢討戰略。他們對阿富汗情勢得出的結論與伊拉克相同，一場民變正在生根發芽。軍方必須將重點從「追捕恐怖份子」移開，改採取「典型的反叛亂運動」，解救深陷衝突中的阿富汗平民，將目標設定為贏得這些人的支持。

問題在於，軍方自越戰後便再也沒有進行過反叛亂運動。為了弄清楚該怎麼做，巴諾翻出了三本反革命戰爭的教科書，他在超過二十五年前就讀西點軍校時曾經讀過。「那時沒有任何美國軍事學說供我們參考，」他說。「我們沒有人真的受過這類訓練，不懂該如何執行反叛亂任務，只能勉強湊出應對問題的方法。」[17]

與此同時，五角大廈的行政辦公室也出現了其他固有的疑慮。二〇〇三年十月十六日，倫斯斐將一片雪花交給幾位上將和侍從，並提出了一個耐人尋味的問題：「這場全球反恐戰爭，我們是贏還是輸了？」[18]

倫斯斐的態度很悲觀。「聯軍當然有機會在阿富汗和伊拉克取勝，卻會是漫長又艱難的過程

（slog）。」他在兩頁的備忘錄裡如此作結。[19]

有人將這片雪花洩露給《今日美國報》（*USA Today*），引發了一連串報導，探討國防部長是否對民眾謊報戰爭情勢。使得倫斯斐不得不召開記者會來解決爭議。一開始他還開玩笑說妻子喬伊斯（Joyce）問他「slog」這個詞是不是真的存在；接著再引用字典中的定義與記者展開辯論。他否認小布希政府在公開場合談論戰爭時「硬是擠出微笑」。他說：「我們所做的，只是盡全力以非常直接、精準及平衡的觀點，來詮釋我們眼前所見。」

塔利班緩緩重整勢力，全然不顧倫斯斐的戰鬥結束宣言。二〇〇三下半年，美軍發現有必要發動三大攻勢：山毒蛇行動（Operation Mountain Viper）、山地信念行動（Operation Mountain Resolve）和雪崩行動（Operation Avalanche）。二〇〇四年初，美軍延續著山地主題，又發動了山地暴雪行動（Operation Mountain Blizzard）和山地暴風行動（Operation Mountain Storm）。

但隨著伊拉克戰爭迅速走下坡，小布希政府才決定要限縮戰事，將阿富汗推上檯面作為成功典範。二〇〇三年十二月，倫斯斐造訪喀布爾，也順便來到北部的城市馬薩里沙利夫。有記者問他是否擔心塔利班會捲土重來，隨即被他輕蔑地否定。「他們不會有這種機會，」他說。「無論他們有多少人，都會被我們消滅或活捉。」倫斯斐回到華盛頓後，告訴美國企業研究院（American Enterprise Institute，為保守派的智庫）的託管理事會：「進步的跡象隨處可見」且「阿富汗已經度過難關」。

二〇〇四年一月，阿富汗裔美國外交官哈里札德在《華盛頓郵報》上發表了一篇專欄文章，讚揚阿富汗人舉行支爾格會議（一種傳統集會）來起草一部融入民主和婦女權利的新憲法。哈里札德曾擔任新任美國大使，並入住大使專用的兩房貨櫃屋。在文章結尾，他提到美國軍隊可能得在阿富汗逗留幾年。「考量到其中的利害關係，我們必須信守承諾，待到成功的那天為止。」他如此寫道。[20]

這篇專欄文章引起了喀布爾其他外交官的白眼，他們覺得文章內容過度美化了阿富汗當時的情況。政戰官湯瑪斯・哈特森（Thomas Hutson）說，他在美國大使館餐廳遇到了一位公關策略師，而對方告訴他，哈里札德的專欄是由二十人聯手寫成的。他很好奇為什麼政府要付薪水給這麼多人，就為了讓戰爭的新聞稿獲得人們的熱烈讚揚。[21]

哈特森成長於內布拉斯加州極小的紅雲市（Red Cloud），長大後開始從事外交工作，曾被派至伊朗、俄羅斯、巴爾幹半島、奈及利亞、台灣、吉爾吉斯和加勒比海島國巴貝多（Barbados）等。他走遍世界各地，見多識廣，並不會妄想要將阿富汗改造成一個穩定的國家。

專欄發表幾天後，有次哈特森和另名英國軍官正在聊天，此時有一名記者問他們覺得美國和英國軍隊可能還要駐紮多久。「我們幾乎同時回答，」哈特森在一次外交口述歷史訪談中回憶道。「那位上校說『四十年』，我則說『到時候問問我孫子吧』。」[22]

阿富汗局勢不明，伊拉克正水深火熱，小布希戰時內閣醞釀已久的內鬥此時也變得更加激烈。其中又以國防部長倫斯斐和國務卿鮑爾的爭執最烈。這兩人都堅持己見、充滿自信，而且都曾考慮競選總統。

倫斯斐是美國歷史上唯一兩度擔任國防部長的官員，就讀普林斯頓大學期間曾為摔角手，後加入海軍駕駛戰機，經營的企業也上榜《財星》（*Fortune*）雜誌五百大公司，就算到了七十多歲，仍是個從不心軟的硬漢。鮑爾是一名退役的四星上將，也是第一次伊拉克戰爭的英雄，更是唯一擔任過參謀首長聯席會議主席的非裔美國人，某種程度上還是美國最受歡迎的政治人物。

這兩人都將戰場上的慘敗歸咎於對方及對方的下屬。倫斯斐抱怨國務院和美國國際開發總署搞砸了重建和穩定計畫。對鮑爾而言，倫斯斐和他的侍從則是濫用軍隊的新保守主義擁護人士。

據海軍上將佩斯的說法，兩人的嫌隙有時會在白宮會議上，而且還很小家子氣。

「兩位長官有時會緊咬著對方不放。國務卿鮑爾要是說『喀布爾』，國防部長倫斯斐就會回道『你說喀霸爾還是卡布爾？』，只是為了捉弄他。」佩斯說道。佩斯曾於二〇〇一至二〇〇五年擔任參謀首長聯席會議的副主席。[23]

這讓坐在桌首的國安顧問萊斯不得不介入。「她會說『現在請倫斯斐發言，現在請鮑爾發言』。」佩斯在維吉尼亞大學的口述歷史訪談中回憶道。「康朵脾氣真好，她就像在中學生的更衣室裡，對幼稚的男生們說道：『好了，孩子們，可以休息一下了。』」[24]

倫斯斐經營著自己善於應付嚴苛時程安排的長官形象。但也有跡象表明，戰爭造成的壓力正在影響他的健康。據佩斯說，儘管國防部長一直閉口不談，但在二〇〇三年十二月，他「重病」了大約三個月。[25]在口述歷史訪談中，佩斯被問及他的意思是不是指倫斯斐當時正受神經耗弱之苦，他答道：「我不知道，他就是病得很重。我覺得他想要掩飾，他也確實掩飾了自己的病情。但那段時間，他確實曾說過『管他的，如果萊斯和鮑爾想上場，就讓他們來吧』，又說這是佩斯講的，不是他。」*

倫斯斐經常以恐懼支配人心，這樣的領導特質引起了諸位將軍的不滿。在維吉尼亞大學的口述歷史訪談中，陸軍中將魯特就說，倫斯斐對軍人的態度輕蔑，也不善於團隊合作。「看見上級這麼意見分歧、刻薄又不懂得尊重，真的很折磨人。」他如此表示。[26]

陸軍上將法蘭克斯也是一位行事固執的領袖，雖然他之後對倫斯斐的愛國情操漸生敬重，但法蘭克斯起初也無法忍受這位國防部長，更因為倫斯斐質疑自己的阿富汗作戰計畫而懷恨在心。[27]「對軍事領袖而言，倫斯斐確實稱不上是好相處的人，」法蘭克斯在維吉尼亞大學的口述歷史訪談中說道。「他這種人老愛與人對幹，自然看什麼都不順眼。記住了，這就是他的個性問題。」[28]

從二〇〇二到二〇〇四年上半，倫斯斐一直在關注伊拉克問題，倒是讓喀布爾的軍官有了點喘息的空間。然而在二〇〇四年六月，倫斯斐告訴各指揮官他想每週開一次阿富汗視訊會議。阿富汗的首次總統大選將於十月登場，這是國家建設運動的一大步，倫斯斐希望保障一切都在能順利進行。

國防部長對阿富汗重燃興致的消息在巴諾總部引發了恐慌。參謀人員非常害怕會惹怒倫斯斐，所以他們每週有大量的工作時間都在準備視訊會議，但會議通常都持續不到一個小時。

擔任巴諾副指揮官的英國陸軍少將彼得．蓋克里斯（Peter Gilchrist）說，看見倫斯斐對美軍有如此

---

* 倫斯斐在此時期並未公開自己有任何嚴重的健康問題，在他二〇一一年的回憶錄《已知與未知》中也並未提及。有人請倫斯斐對佩斯的說詞發表看法，他並未回應。

威嚴，讓他感到很震驚。「對我來說是不小的文化衝擊，」蓋克里斯在接受口述歷史訪談時表示。「你應該看看這些人的樣子，他們都是厲害的成年人，聰明又懂事，但在國防部長面前全成了軟腳蝦。」

在五角大廈與倫斯斐一同與會的，是一群盛氣凌人的資深官員和副祕書。喀布爾這頭，超小的視訊螢幕就架在大使館一位口譯員的貨櫃屋後方，官員們就是這樣回答五角大廈人員的問題。巴諾稱這些會議「劍拔弩張、讓人痛苦、非常克難」，並表示他們必須「耗盡精力，幾乎快要雙膝跪地」。終於，他說服五角大廈將會議縮減為每月兩次，但巴諾說這仍然「難以持續執行」。[29]

會議會如此痛苦，一部分原因在於倫斯斐的問題總是一針見血，揭露各種核心問題。曼薩格上校說，駐阿富汗人員無法證明戰略能夠順利執行。儘管他們蒐集了各種各樣的統計資料，卻也很難得出什麼結論。

「部長完全輾壓我們。部長倫斯斐總會問『你們衡量成效的標準在哪裡？你們要怎麼取得進展？』」曼薩格上校在接受陸軍口述歷史訪談時說道。「我花了很多時間工作、做了很多事情，甚至有幾次，我還在日誌裡自問：『我們有任何進展嗎？』但是你又怎麼知道？這就是挫折感的來源。」[30]

即使內部人員對戰爭存有疑慮，小布希政府在民眾面前仍面帶微笑。二〇〇四年八月，倫斯斐至鳳凰城發表演講，援引各項指標來證明阿富汗的進步：發展迅速的公路建設、選民登記激增、大街小巷也變得更有活力。他略過叛亂正在蔓延的證據。「憑我們的軍事實力，阿富汗絕不可能在這方面打敗我們。」他說道。下個月，小布希在競選連任總統期間又更誇大其辭，謊稱塔利班「已不復存在」。

二○○四年十月，阿富汗總統競選大致上很順利。卡賽順理成章地當選，接下來五年都會穩坐大位。這對美國政府來說是個好消息，尤其是與伊拉克相比，因這時候阿布賈里布（Abu Ghraib）監獄虐囚醜聞和宗教大屠殺都還讓五角大廈暈頭轉向。

倫斯斐在五角大廈記者會上對這次投票讚譽有佳，稱這是阿富汗進步的最佳明證，他還把握機會嘲笑抱持懷疑態度的人。「每個人都說這在阿富汗行不通，像是『他們五百年來從沒這樣做過，塔利班正在重整旗鼓；他們會殺掉所有人。我們陷入了泥淖。』大家看看，阿富汗舉行了選舉呢，真了不起。」

三年了，彼時正是戰爭的高峰。

第五章　從灰燼中重整軍隊

二〇〇三年，美國把終結戰爭的希望寄託於首都東緣、蘇聯廢棄坦克墳場旁的一片廢土。這處廢棄的地點被稱為「喀布爾軍事訓練中心」（Kabul Military Training Center），是新阿富汗國民軍（Afghan National Army）的新兵訓練營。每天早上，教育班長都會將阿富汗志願兵從冰冷的軍營中喚醒，教導他們從軍之道。如果新兵能夠在惡劣的衛生條件下存活、避開埋在訓練中心周圍的舊地雷，他們就能肩負保衛阿富汗政府的責任，每天賺取約兩塊半美元。[1]

從喀布爾到新兵訓練營的路上坑坑窪窪，艾江山（Karl Eikenberry）少將的司機只能以每小時五到十英里的速度曲折前進。艾江山掌管美國大使館的軍事合作辦公室（Office of Military Cooperation），他的任務是要從零開始，籌組一支七萬人的原住民軍隊，好保護軟弱的阿富汗政府，不受塔利班、蓋達組織、其他叛亂份子、叛變軍閥等各式敵人的威脅。[2]

艾江山是一位會說中文的學者將軍，曾兩次被派駐到北京擔任武官。九一一事件當天，美國航空公司七十七號班機撞向五角大廈，他整個人被震波甩在外環辦公室的牆上，險些喪命；在附近工作的兩位同仁卻未能逃過一劫。[3]艾江山抵達喀布爾軍事訓練中心時，眼前的克難景象讓他想起，一七七七年冬天華盛頓總統的大陸軍（Continental Army）在福吉谷（Valley Forge）也是這樣含辛茹苦。[4]「每個人都度過了不少難熬的夜晚。」艾江山在接受陸軍口述歷史訪談時表示。「這些都是艱苦異常的挑戰。」[5]

阿富汗人沒有錢，所以由美國及盟國肩負起新軍的費用、派駐教官及提供裝備。在國務院和其他國家的協助下，北約盟國德國同意並行監督另一項計畫，招募和培訓六萬兩千名軍官來籌組阿富汗國家警察部隊。

二〇〇三年春天，艾江山成立新的指揮部，負責監督阿富汗軍隊的大規模訓練工作。他將軍隊命名為「鳳凰特遣部隊」（Task Force Phoenix），象徵阿富汗從「三十年殘酷戰火的餘燼」中重生。美國的整個戰略都與這項計畫息息相關。一旦阿富汗能夠派出稱職的安全部隊來保家衛國，美軍及其盟友就可以回家了。[6]

美國官員年復一年向美國民眾保證計畫進行順利，還對阿富汗軍隊讚譽有加。二〇〇四年六月，駐阿富汗美軍指揮官巴諾中將向記者吹噓道，塔利班和蓋達組織都不敢與阿富汗軍隊作戰，「因為他們開戰的話，恐怖份子只能屈居在後。」

三個月後，擔任五角大廈聯合參謀部戰略計畫暨政策主任的陸軍中將沃特・夏普（Walter Sharp）在國會中作證，表示阿富汗軍隊「表現令人欽佩」，稱其為國家安全的「重要支柱」。在同時發布的一系列論調中，五角大廈都在吹捧阿富汗軍隊，稱他們已成為「由多元民族組成的高度專業化部隊」。[7]

實際上，計畫打從一開始就失敗了，後來無論付出多少心血都是徒勞。華盛頓嚴重低估了阿富汗安全部隊的成本和訓練時間，也錯估要應付該國日益嚴重的叛亂會需要多少士兵和警力。

戰爭頭幾年，塔利班的威脅還微乎其微，小布希政府卻行動緩慢，未能及時強化阿富汗安全部隊，讓誤判的後果更為嚴重。而後塔利班捲土重來，美國政府又太過躁進，訓練太多的阿富汗人。

陸軍中將魯特是小布希和歐巴馬任內的白宮阿富汗戰事權威。他在接受「記取教訓」訪談時表示：「這就是我們應得的〔阿富汗軍隊訓練成果〕。」魯特還補充說，如果美國政府「在塔利班潰不成軍的時候加強訓練，情況可能會有所不同。」[8]

「但我們反而去了伊拉克。要是願意及早投入資金，也許就不會是這樣的結果。」

五角大廈還犯了一項根本錯誤，也就是將阿富汗軍隊設計成美軍的複製品，迫使阿富汗遵守類似的規則、習慣和組織模式，無視兩國的文化差異和落差甚鉅的知識程度。

阿富汗經歷了數十年動亂，幾乎所有的阿富汗新兵都沒能接受基本教育。估計有八到九成的人都不懂讀寫。有些人還不會算數或辨認顏色。美國人卻指望他們懂得PowerPoint簡報及操作複雜的武器系統。

就連基本溝通也是一大挑戰。美方的訓練軍官和作戰顧問需要的口譯員，必須有能力翻譯英語和三種不同的阿富汗語言（達里語、普什圖語和烏茲別克語）。要是言語無法溝通，軍隊就必須比手畫腳或在泥土上作畫。[9]

布拉德·舒茲（Bradd Schultz）少校曾於二〇〇三和二〇〇四年在鳳凰特遣部隊服役，他回憶自己曾設法向新進阿富汗士兵解釋登上軍機是什麼感覺。「你到那裡的時候，會有一種叫做直升機的東西，」他在接受陸軍口述歷史訪談時說道。「就像這樣，『這就是飛機，摸摸看。』」[10]

在另一次陸軍口述歷史訪談中，美國西點軍校的地理教官布萊恩．陶艾爾（Brian Doyle）少校分享了自己在喀布爾輔導一群年輕阿富汗軍官的經歷。他那時向他們解釋諾曼地登陸期間漲退潮扮演的重要角色。他的口譯員是位訓練有素的醫生，陶艾爾說他是個「非常聰明的人」。此時這位口譯員打斷了他，說道：「潮汐？什麼是潮汐？」陶艾爾向這些深鎖內陸的阿富汗人解釋道，潮汐指的就是海水的漲落。「你可能會以為他只是以為世界是平的，而我只要告訴他世界是圓的就好。但他的反應是『水怎麼會上上下下？』」[11]

後於小布希和歐巴馬任內擔任國防部長的蓋茨表示，在戰爭初期，美國為阿富汗安全部隊設下的目標「渺小得可笑」，五角大廈和國務院也從未制定前後連貫的做法。[12]

「我們不斷更換負責訓練阿富汗部隊的人員，每次有新人進來時，訓練方式都會改變，」蓋茨在維吉尼亞大學的口述歷史訪談中說道。「他們全都有個共同目標，就是要設法訓練一支西方軍隊，卻沒能弄清楚阿富汗人作為戰鬥民族的優勢，並加以善用。」[13]

起初，五角大廈對阿富汗軍隊的期望極低，因此試圖壓低訓練部隊的成本。阿富汗臨時政府提出每年四億六千六百萬美元的預算，用於訓練二十萬名士兵及供應裝備。倫斯斐則在二〇〇二年一月對此寫下一片雪花，認為這種要求「相當瘋狂」。三個月後，國務院承諾美國會負擔阿富汗軍隊兩成的開銷，倫斯斐得知此事，便氣沖沖地寫下一份給國務卿鮑爾的備忘錄。他認為其他盟國才應該買單。[14]

「美國花了數十億美元解放阿富汗，保障該國安全無虞。我們每天都在花大錢，」倫斯斐寫道。「美國根本一毛錢都不該出，我們做的早就比誰都多了。」[15]

鮑爾則在另一份備忘錄中回應道，自己對倫斯斐的論點「自然能感同身受」，但他不會打退堂鼓：「我們意識到，除非美國帶頭，否則其他國家不太可能充分承擔這些責任，我們已承諾要盡一份力。」[16]

接下來二十年，華盛頓資助阿富汗政府的維安費用將翻倍成長，總數超過八百五十億美元，是這次國家建構「盛會」中最大的一筆開銷。[17]

小布希執政期間，政府內部對阿富汗議題的爭論愈演愈烈：阿富汗安全部隊規模應該多大？誰才該為他們買單？史崔麥基是倫斯斐手下一位重要的非軍方顧問，他在接受「記取教訓」訪談時說道：「解決爭論的方式，就是華盛頓解決一切問題的方式——也就是什麼都不解決。」[18]

哈里札德曾先任職白宮，後於二〇〇三至二〇〇五年擔任美國駐喀布爾大使。他表示阿富汗政府將最初的要求下修，改為讓華盛頓負擔十萬至十二萬武裝人員的開銷。但他在「記取教訓」訪談中表示，倫斯斐要求進一步縮減，並「扣留」訓練計畫，直到阿富汗同意將安全部隊的人數限制在五萬人內為止。[19]

多年來，隨著塔利班日益壯大，美國和阿富汗不得不一次次提高上限，避免輸掉戰爭。最後，美國出資訓練三十五萬兩千名阿富汗安全部隊人員，其中約有二十二萬七千人加入軍隊，十二萬五千人屬於國家警察。「我們在二〇〇二、二〇〇三年為這個數字爭吵不斷，」哈里札德說道，指的就是倫斯斐設下的五萬人上限。「結果看看現在，誰管我們在說什麼，三十萬之類的吧。」[20]

除了對阿富汗安全部隊規模的政策爭論不休，美國還有一個弱點：政府缺乏從無到有籌組外國軍隊的能耐。美國自越戰後就忘了如何打擊叛亂，同樣地，美軍幾十年來都沒有建立過阿富汗軍隊這種規模的部隊。雖然「綠扁帽」專門訓練其他國家的小型部隊，卻不懂如何培養整支軍隊。五角大廈在缺乏充足準備的狀況下，卻設法要快速解決問題。

「你不會等到開戰才設計步兵作戰的方式，你也不會等到開戰才學習如何操作大砲，」史崔麥基說。「現在，一切都仰賴臨機應變。沒有兵法、沒有科學，計畫執行得參差不齊。如果你打算為另一個社會籌組安全部隊，就要明白這是極為重大的政治行動，需要投注大量心思和精心謀劃。」[21]

二〇〇三年，五角大廈起初指派了第十山地師的一支現役陸軍旅來管理鳳凰特遣部隊。然而就在其成立之際，小布希政府卻決定向伊拉克開戰，旋即施加壓力給全球的軍事單位。鳳凰特遣部隊的陸軍旅撤出，取而代之的，是一群雜亂無章、人手不足的國民警衛隊和陸軍預備役人員。「我們沒辦法跟上……這成了非常嚴峻的挑戰。」艾江山說。[22]

許多人都沒有訓練外國士兵的經驗，他們抵達時，才知道自己在阿富汗的工作是什麼。安東・貝倫森（Anton Berendsen）中士表示，二〇〇三年，他原準備前往伊拉克，此時卻臨時接到命令，要他改至阿富汗加入鳳凰特遣部隊。「你來到阿富汗的鄉間，問自己『現在該怎麼辦？』」他在接受陸軍口述歷史訪談時說道。「從頭適應非常困難。」[23]

加州國民警衛隊的工程師里克・拉貝（Rick Rabe）少校於二〇〇四年夏天抵達喀布爾軍事訓練中心，負責監督基本訓練。訓練計畫為期十二週，他承受著必須培訓更多阿富汗士兵的壓力，硬是將新兵人數增至原本的三倍。評量標準卻大打折扣，但其實根本就沒有標準可言。新兵就算沒通過認證考試或擅離職守，也不會被踢出新兵訓練營。[24]

「基本訓練容不得失敗，」拉貝在接受陸軍口述歷史訪談時說道。實力薄弱的軍隊成了公開的笑話。「只要他們可以扣扳機五十次，打中什麼都無所謂。能讓子彈射往正確的方向，就很了不起了。」[25]

就算在理想狀況下，美軍預計阿富汗軍隊還是需要幾年時間，才有辦法獨當一面。在戰場上，阿富汗軍營與美軍合作，但大部分作戰行動仍是由美國負責。阿富汗部隊會接受美方軍事顧問的指導，但他們常發現，阿富汗人連基本的作戰能力都沒有，需要不斷重新訓練。

步兵軍官克里斯多夫・普拉瑪（Christopher Plummer）少校於二〇〇五年抵達喀布爾的美軍總部，負責協調阿富汗軍隊的訓練和部署。他聽聞人們對阿富汗軍隊糟糕的槍法頗有怨言，就前往喀布爾軍事訓練中心觀察靶場上的新兵。

普拉瑪在陸軍口述歷史訪談中提到：「當然，我回來時帶了一份報告，說這些人槍法奇差無比，倒也不是讓人很意外。」當時有八百名新兵參與基礎訓練，卻只有八十人通過槍法考試——然而全部的人都獲准畢業。「大家都只是做做樣子而已。」普拉瑪表示。[26]

五角大廈起初為阿富汗軍隊配備俄羅斯製的AK-47，這種步槍構造簡單又容易上手，基本上堅不可摧。許多阿富汗人對這種武器都很熟悉，但他們都不懂用心瞄準，這些人開槍的方式常被美國軍事顧問譏為「亂掃與祈禱」（spray and pray）。流動火炮教官格爾德．施洛德（Gerd Schroeder）少校曾於二〇〇五年被派駐到阿富汗，他表示阿富汗士兵在作戰時常常會浪費彈藥，一個敵人都打不中，讓美軍不得不前來救援。[27]

施洛德曾帶領一隊阿富汗營到坎達哈附近的靶場，為大家補救槍法。他認為做中學是最有效的方式，於是用長棍刺了顆西瓜，再把棍子插進地面。施洛德在接受陸軍口述歷史訪談時提到：「你會說『好，這位阿富汗士兵，請瞄準那顆西瓜，』結果他想都不想就給我開槍。」水果卻毫髮無損。[28]接著施洛德請一名美國兵示範。「他只射了一發子彈，就直接正中西瓜。」後來課程也漸漸深入。「在這之前，他們根本不懂槍法，」他說。「他們只會亂射一通，看看能不能打到什麼。」[29]

有些阿富汗士兵是戰場上表現出色的老手。然而，堪薩斯州國民警衛隊的軍官麥可．史勒雪（Michael Slusher）中校表示，只要砲火一開，許多阿富汗人就不知所措，將先前的訓練忘得一乾二淨。史勒雪中校曾是一支阿富汗部隊的隨行軍官。[30]「他們很能衝鋒陷陣，」他在接受陸軍口述歷史訪談時說道：「這有點瘋狂，因為〔敵人〕會在防守點就位，坐等這些人自投羅網。隨後再從山的一側出來緊追在後，一路吼叫開火。這些阿富汗弟兄是很勇敢沒錯，但這絕對不是理想的作戰方式。」[31]

另一位隨行教官是國民警衛隊的約翰．貝茲（John Bates）少校，他稱讚自己的阿富汗連隊是支「精銳部隊」，三年來都很團結地戰鬥，但有些基本知識就是很難學會。貝茲說，美國顧問必須教導阿富汗人顧好自己的武器，而不是隨便抓個手邊的東西來用。[32]

他在接受陸軍口述歷史訪談時說道：「我們還在武器上寫下他們的名字，這樣士官長巡視時，就能檢查武器上的名字。」另一個讓阿富汗人開眼界的，則是制服有各種不同的尺寸，左腳與右腳穿的鞋子形狀也不同。「我們會收到一批靴子，但這些人從來沒有量過自己的腳，自然也不知道該穿什麼尺寸。」貝茨說道。[33]

更不用說，他們收到的鞋子還常有瑕疵。「第一天任務才進行一半，靴底就完全脫落了。」他說道。[34]

教導阿富汗人駕駛軍用車也是種冒險。指揮士官長傑夫・楊克（Jeff Janke）表示：「他們不是猛踩油門，就是用力剎車。」楊克是威斯康辛國民警衛隊的教官。「如果他們撞壞了什麼東西，也不用負責。他們只會覺得『〔教官〕應該給我一台新的，這台壞了』。」[35]

二〇〇四年春天，鳳凰特遣部隊的教官丹・威廉森（Dan Williamson）少校負責向阿富汗士兵示範如何駕駛配備六速手排變速箱的二點五噸貨運卡車。他在喀布爾附近的軍事基地找到一處偏僻的地點，在那裡絕對不會撞到任何東西。首先，阿富汗人要學著如何直線前進和後退，美國教練坐在乘客座位上，口譯員則緊貼著卡車側板。接著再讓他們在橢圓形的土路上練習轉彎。[36]

「這些人真是社會的威脅，」威廉森在接受陸軍口述歷史訪談時說道。「他們會放開方向盤，用雙手抓住排檔桿。眼睛不看路面，卻是盯著排檔桿。他們好像沒辦法成功換檔，結果卡車就到處亂衝。」他還補充說，坐在貨卡側板旁的口譯員「心臟要夠大顆才行」。[37]

隨著阿富汗軍隊漸漸擴張，美國也開始大肆建設，為夥伴打造基地和軍營。這些建設案遵循著美國的規格，但西式設計經常讓阿富汗人一頭霧水。

一位美國軍官在「記取教訓」訪談中說道，阿富汗人會誤把小便斗當作飲水機，坐式馬桶則是另一種危險的新奇裝置。[38]陸軍工兵署（Army Corps of Engineers）的凱文．洛威爾（Kevin Lovell）少校在口述歷史訪談中表示：「〔我們〕發現，馬桶會壞掉，是因為士兵們試著像平常一樣蹲著使用，不然就是滑倒後膝蓋撞到牆上受傷。」[39]

毛巾架也用不了多久。阿富汗人會把濕衣服綁在毛巾桿上擰乾，將架子從牆上拆下來，還會把濕透的衣服披在電暖器上造成短路。洛威爾說，這些問題原本都可以避免，「只要我們能不那麼傲慢好了，想想這些人平常的生活方式，提供符合他們習慣的建設。」[40]

美國設計的廚房和食堂也不太可行。阿富汗人偏好用明火在大鍋中烹煮大家一起享用的食物，將米飯、肉和其他食材放在一起燉煮。「他們打著赤腳，用大勺攪拌米飯，並不是很衛生。」陸軍工兵署的另一位軍官馬修．利特爾（Matthew Little）少校在陸軍口述歷史訪談中說道。[41]

在一處基地，阿富汗廚師不明白通風口的用途，結果將室內火源從承包商裝設的通風口移開。「整個廚房充滿煙霧，瀰漫到用餐區，米色的牆壁都變成黑色的，」利特爾表示。「一走進去，待會就要洗制服了。」[42]

還有另一個例子，他說有位阿富汗軍隊領袖要求在廚房地板上挖條溝渠，讓廚師可以將垃圾扔進去，「直接讓垃圾沖進排水系統。有點像是以前美國西部的河流，或是小溪流之類的。」[43]

至於最重要的問題：阿富汗士兵的戰鬥意願，美國作戰顧問和教官給出的評價卻是褒貶不一。有些人讚賞他們的奉獻精神和決心，有些人則抱怨他們懶散又事不關己。然而，雖然美國的戰略取決於阿富汗軍隊的表現，五角大廈卻出人意料地，很少關注阿富汗人是否願意為他們的政府而死。

缺勤是長期存在的問題。新兵訓練營結束後，士兵通常會休個幾天假，接著再到新地點報到。許多人拿到第一筆薪水就消失了。有些人會再次出現，卻沒有帶上制服、裝備和武器，因為他們早就為了賺外快把東西賣掉。一堆士兵只會偶爾報到，要不就是遲到。沒有一個阿富汗營全員到齊，只不過徒增招募和訓練替補人員的壓力。

查爾斯·阿貝亞沃德納（Charles Abeyawardena）少校是堪薩斯州李文渥斯堡陸軍記取教訓中心的一位戰略規劃官，他於二〇〇五年至阿富汗採訪美方的作戰顧問和阿富汗資深官員，了解他們的經歷。他也決定順道採訪低階阿富汗士兵，詢問他們入伍的理由。他說，這些士兵的回答與美軍常見的答案如出一轍：薪水很可觀、我想為國家服務、這是讓我嘗試新事物的機會。[44]

然而他接著問這些士兵，美國離開後他們是否會繼續留在阿富汗軍隊，答案卻讓他大吃一驚。「大多數人、與我談過的人幾乎都說『不』，」阿貝亞沃德納在接受陸軍口述歷史訪談時說道。「他們打算回去種鴉片或大麻之類的作物，因為這樣才能賺錢。這回答實在出乎我的意料。」[45]

雖說訓練阿富汗軍隊已經很困難，但籌組國家警察部隊的嘗試更是一敗塗地。二〇〇二年初，德國同意負責監督警察培訓，但很快就不堪負荷。德國政府在計畫中投注的資金不足，難以徵得願意到阿富汗擔任教官的德國警察，願意前往的警察也被限制只能待在北部的和平地區。最終，美國介入攬下了大部分責任。

從二〇〇二到二〇〇六年，美國在警察培訓上的支出是德國的十倍，但成效也沒有比較好。國務院將計畫外包給私人承包商，承包商收取高額費用，成果卻很糟糕。警察新兵的培訓時間很短，通常只有兩至三週，而且薪水極低。

一部分原因在於收入太低，讓許多警察變成了敲詐專家，向自己本應保護的人民收取賄賂。「他們太墮落了，假設你因為房子被搶劫而報警……那警察就會出現再洗劫你家一次。」曾與阿富汗安全部隊合作過的國民警衛隊少校德爾·薩姆（Del Saam）在接受陸軍口述歷史訪談時表示。[46]

五角大廈的官員抱怨說，國務院糟糕的警察培訓計畫讓戰略窒礙難行。二〇〇五年二月，倫斯斐向國務卿萊斯提交了一份與阿富汗國家警察（Afghan National Police，簡稱ANP）有關的機密報告。這份報告的標題是《ANP恐怖故事》（ANP Horror Stories），內容提到大多數警察都是文盲、裝備不足也毫無準備的情形。[47]

「請看一看，」倫斯斐於報告隨附的雪花寫道。「這就是阿富汗國家警察的情況，問題很嚴重。我是覺得這兩頁報告寫得很委婉體面了，讓人看了不要那麼生氣。」[48]

二〇〇五年夏天，美軍接手了訓練警察的大部分責任。雖然五角大廈比國務院擁有更多的資源和人力來解決問題，但他們無法達成華盛頓設下的期望。

一方面，美國及盟國想要強制推行西式的執法體系，好維持秩序穩定。另一方面，五角大廈希望阿富汗警察像軍隊一樣打擊叛亂份子，讓警察接受與軍隊類似的訓練。無論如何，身穿制服的警察帶著警徽和槍枝來執行國家法律，這樣的概念對大多數阿富汗人而言都很陌生，在農村地區尤其如此。

國民警衛隊少校薩姆提到，阿富汗人習慣以不同的方式解決爭端。「有問題的話，不要去找警察，找村裡的長輩就好，」他說。「長老的規則都是隨機制定，沒有法治。如果他喜歡你，就會說『嘿，不錯哦。』他不喜歡你的話，就會說『給我幾頭山羊或綿羊，不然就直接斃了你。』」[49]

在這種情況下，事情的結果通常取決於世代相傳的部落或宗教準則。將警察加入這種複雜的體系後，就引起了混亂和麻煩。

「他們很難想像警察部隊可以幹嘛，也不明白這種制度可以如何融入當地文化，」薩姆表示。「美國打算將我們自己能夠理解的事物強加在他們身上，但這些東西卻是阿富汗人無法想像。」[50]

美國之後會不斷重複犯下這個錯誤。

第六章　笨蛋都能讀懂的伊斯蘭指南

美軍入駐阿富汗後，便動員特種部隊展開行動，影響阿富汗平民及領袖的情緒、思想和行為。這種戰術被稱作心理戰，是一種存在已久的非傳統戰爭形式，目的在於引導輿論支持美國的目標，削弱敵人鬥志。綠扁帽和負責籌組心理戰小組的軍事承包商會研究外國文化，好利用宗教、語言和社會的細微差別來為己方創造優勢。

但是空降到阿富汗的心理戰專家和士兵都是在黑暗中摸索。開戰多年後，美軍仍幾乎沒有能說流利達利語或普什圖語的服役人員。掌握阿富汗歷史、宗教習俗或部落動態基本知識的人少之又少。

二〇〇三年七月，來自北卡羅來納州布拉格堡（Fort Bragg）第八心理戰營（8th PSYOP Battalion）的軍官路易斯・佛里亞斯（Louis Frias）少校被派駐到阿富汗，他在搭機途中閱讀了《笨蛋都能讀懂的伊斯蘭指南》（*Islam For Dummies*）平裝書。他自學了幾句達利語，卻只是胡湊一通，糟糕到讓阿富汗人拜託他講英文就好。「我覺得自己像個傻瓜。」他在接受陸軍口述歷史訪談時說道。[1]

佛里亞斯領導一支在美國大使館外執勤的心理戰小組，他們分發廣播腳本和海報，說服人們支持民主原則和阿富汗安全部隊。但小組最大的計畫是要創作一本漫畫書。此靈感來自佛里亞斯在食堂遇到的一名士兵，對方提議用這個方法來影響阿富汗年輕人的思維。[2]因此心理戰隊決定以漫畫來說明投票有多重要，故事主角是一群踢足球的孩子，因為正如佛里亞斯所說，「足球是阿富汗的大事。」[3]

在漫畫中，一群來自不同部落和種族的孩子正在踢球，此時有位智慧老人帶著規則書出現了。這本規則書象徵阿富汗的新憲法，裡頭不僅規定孩子們該如何比賽，也制定了票選隊長的新流程。[4]

「我們讓所有孩子都自願成為隊長，接著智慧老人會插手說：『你們必須投票選出一個人來擔任足球隊長』，」佛里亞斯說。「這就是我們漫畫書的故事。」據佛里亞斯說，心理戰隊把漫畫草稿給市集上閒逛的孩子們看，孩子們的「反應很好」。[5]

但這項計畫遭到了官僚的阻礙和延誤，美國駐喀布爾和巴格蘭大使館的外交官和軍事指揮官都堅持要審查這些插圖。「每個人都想發表意見。」佛里亞斯表示。[6]他服完六個月的役期返回布拉格堡時，漫畫書還沒出版，他從未看到最終版本。「有人告訴我書已經開始量產，」他說。「但我不知道成效如何。」

巴格蘭的第二支心理戰隊也以足球作為宣傳媒介。自二〇〇二年起，巴格蘭戰隊分發了一千多顆足球，上面印有黑紅綠相間的阿富汗國旗，以及用達利語和普什圖語寫下的「和平與團結」字樣。這些球廣受全國各地年輕人的歡迎，心理戰隊認為這項計畫非常成功。[7]

但有些人也抱持懷疑態度。陸軍少將傑森・卡密亞（Jason Kamiya）於二〇〇五至二〇〇六年在巴格蘭擔任美軍指揮官，他有天偶然發現這些足球，並決定進行一項實驗。他前往阿富汗東部的巴克迪卡省（Paktika）時順道帶了幾顆球。一群孩子圍著他的悍馬車，他滾出一顆足球。孩子們踢球踢得很開心，但卡密亞注意到他們都懶得看球上的旗幟，或是刻在上面的「和平與團結」字樣。[8]回到巴格蘭後，他建議心理戰小組重新構思策略並運用常識。「我說：『大家想想看，我們在阿富汗的任務不是要訓練下一支阿富汗奧運足球隊，好嗎？』」他在接受陸軍口述歷史訪談時說。[9]「足球本身不是重點，只是傳遞訊息的一種方式。」

但這些心理戰士並沒有放棄用足球作宣傳，反而是再次投入。他們設計出另一款足球，上面印有多個國家的旗幟，像是寫有可蘭經信仰宣言的沙烏地阿拉伯國旗。心理戰隊預計新品項會大受歡迎，因此廣發足球，甚至還從直升機上扔下。結果卻惹得阿富汗人公開抗議，因為他們覺得在球上印聖言是種褻瀆的行為。

阿富汗議員米爾韋斯・雅希尼（Mirwais Yasini）對BBC表示：「在任何穆斯林國家，把可蘭經放在用腳踢的東西上就是一種侮辱。」這次事件迫使美國軍方公開道歉。[10]

難以理解阿富汗的不只有心理戰隊。對文化的無知和誤解在戰爭期間一直困擾著美軍，阻礙他們採取行動、蒐集情報和判斷戰術的能力。大多數部隊會在戰區駐紮六到十二個月，等到他們開始適應周圍環境，通常就要歸國了。替補上來的人也未經訓練，年復一年重複這樣的循環。

部隊在離開美國之前，理應先稍微學習阿富汗語言，了解習俗和文化有哪些禁忌。但許多軍事據點的軍官都表示這類訓練毫無價值，不然就是專為前往伊拉克的大批軍隊設計，因為他們將所有遙遠穆斯林國度的人民一概而論，誤以為他們全都一樣。

二〇〇五年，田納西州國民警衛隊的野戰砲兵丹尼爾・羅維特（Daniel Lovett）少校前往希比營

（Camp Shelby）接受派駐前的訓練，西比營是密西西比州南部的一處龐大基地，可追溯到第一次世界大戰。在文化意識課程中，教官一邊開啟PowerPoint簡報，一邊說道：「好，等你們到達伊拉克後。」這時羅維特打斷教官，說自己的部隊是要去另一場戰爭，教官卻回答道：「哦，伊拉克、阿富汗，還不都一樣。」[11]

這種漠不關心的態度惹惱了羅維特，他獲派擔任阿富汗軍隊的顧問，希望可以學到深刻的知識。「我們的任務重點正是文化意識，」他在接受陸軍口述歷史訪談時說道。「我們的任務重點在於營造個人關係……這樣才能讓合作對象相信我們稱職又可信。我告訴你這很困難，這是一份艱鉅的任務。但我們準備好了嗎？我必須說，我們當年絕對沒有準備好。」[12]

其他基地的訓練通常也好不到哪去。陸軍少校詹姆斯・瑞斯（James Reese）被任命至阿富汗的一支特種部隊服役，他提到喬治亞州班寧堡（Fort Benning）的教官想教他們阿拉伯語，卻不教達利語或普什圖語。阿拉伯語是伊拉克廣泛使用的語言，在阿富汗卻是外語。「整個訓練，」他說。「就是在浪費時間。」[13]

克里斯汀・安德森（Christian Anderson）少校說萊里堡（Fort Riley）的訓練「非常可怕」。萊里堡是堪薩斯平原的一處陸軍哨站，那裡的訓練並不足以讓他準備好擔任阿富汗邊境警察部隊的顧問。光從地理的角度來看，他就覺得派駐前的戰術訓練相當愚蠢。[14]

「要訓練士兵，應該就是要當作他們隨時準備上戰場吧。阿富汗有很多山，對不對？托拉波拉、興都庫什（Hindu Kush），這些地方全都是山，」安德森在陸軍口述歷史訪談中表示。「阿富汗沒有沼澤，那為什麼我們要在路易斯安那州的波爾克堡（Fort Polk）訓練〔部隊〕？為什麼我們要在地形像餐桌一樣平坦的萊里堡訓練？」[15]

有些課程雖確實納入了阿富汗的文化特徵，但內容往往都已經過時，不然就是非常可笑，與伊拉克的課程截然不同。

布蘭特・諾瓦克（Brent Novak）少校是西點軍校的教職員，曾於喀布爾一所軍事學院擔任客座講師。二〇〇五年，諾瓦克前往班寧堡參加派駐前的訓練。他必須坐在教室中學習如何在核子、化學和生物攻擊中求生，但這類威脅在阿富汗根本不存在。阿富汗的文化在課程中卻只被粗略提及。[16]

在班寧堡的課堂上，有張PowerPoint投影片裡的標誌警告大家不要對任何人豎起大拇指，因為阿富汗人覺得這是一種粗魯的手勢。「但我抵達之後，孩子們都對我豎起大拇指，我那時心想『天哪，這些孩子是在羞辱我嗎？』」諾瓦克在一次陸軍口述歷史訪談中回憶道。[17]這位毫無頭緒的美國人先是忍受了一陣豎起的大拇指，才問口譯人員自己做了什麼冒犯人的事。口譯人員則耐心解釋說，豎起大拇指表示「幹得好」或「好樣的」。

軍官員在事後回想時，都希望有人能教導他們得體的阿富汗禮節：培養人際關係、學習幾句阿富汗語、忍住不粗聲大喊或發怒，接受人家請你喝茶的提議。

陸軍少校里奇・葛瑞（Rich Garey）曾於二〇〇三與二〇〇四年在阿富汗東部領導一連士兵，他說自己花了一段時間才學會放慢腳步。「我們常像流氓一樣闖進來、找出村裡的長輩問壞蛋在哪。就算我們非常靠近巴基斯坦邊境，他們卻總告訴我們那裡沒有壞人，」他表示。「但那裡明顯一定有壞人，只是我們沒有用正確的方法來取得情報。」[18]

在另一次陸軍口述歷史訪談中，尼古萊·安德烈斯基（Nikolai Andresky）少校表示，他很後悔自己在二〇〇三年調派至阿富汗訓練士兵之前，沒有更詳細了解阿富汗社會的基本步調。他最後才體會到必須照阿富汗人的步調來行事，而不是期望他們適應美國的處事方法。[19]

「當初要是有人告訴我，阿富汗沒有一小時開完會這種事，我一定不相信。但真正到阿富汗後，我才發現這是真的，真的沒有一小時這種事。開會都是三個小時起跳，」安德烈斯基說。「他們首先感謝阿拉，然後感謝阿拉和他們之間的所有先知聖人。每個發言人都這麼做，要是去掉這個環節，可能會省下兩個小時。我只希望當時能更了解這種文化。」[20]

美軍往往行事匆忙，難以壓抑自己的不耐或忍住不開口。「美國人非常重視時間，」阿拉斯加國民警衛隊威廉·伍德林（William Woodring）少校在陸軍口述歷史訪談中說道。[21]「然而時間在那裡沒有任何意義。我們想逼他們照我們的時間表做事，但他們無法理解。很多人都沒有手錶，甚至無法報時。我們想逼他們在特定時間執行任務，他們也不懂為什麼。『我們幹嘛一定要在那個時間離開？』」

美軍既為堂堂政府機關，也強調必須尊重伊斯蘭教。伊斯蘭教是阿富汗國教，國內約有百分之八十五的人口是遜尼派穆斯林。但由於整個體制欠缺文化和宗教教育，因此部分美國士兵對阿富汗人仍抱持偏見或刻板印象。

普拉瑪少校曾於二〇〇五年擔任阿富汗軍隊的訓練及外勤軍官。他在陸軍口述歷史訪談時說道：「他們的不誠實和貪腐習性似乎在數千年前的穆斯林文化中相當普遍。」[22]

有些人則認為伊斯蘭教容不下異端，斷定他們不可能彌合分歧。「在伊斯蘭世界裡，不照做，就得死。照他們穆罕默德的說法，非穆斯林的人全都是異教徒，」退役軍官約翰．戴維斯（John Davis）在陸軍口述歷史訪談中說道。[23]戴維斯曾擔任阿富汗的國防部導師。「我們必須克服宗教方面的問題，但宗教與塔利班息息相關，這些人說要守住純粹基本的伊斯蘭教義、掌握對國家的控制權，他們想擺脫異教徒。」

但也有許多軍人抱持的觀點略有不同。雖然阿富汗人深信自己是穆斯林，但海軍陸戰隊少校柯林頓注意到這未必表示他們非常虔誠。「他們與美國的其他宗教並無二致，」他在陸軍口述歷史訪談中提到。「有超級極端的天主教徒、浸信會教徒、新教徒，不過也有人雖然從小就接受某種宗教信仰，但再也不上教堂了。」[24]柯林頓表示，在自己訓練的阿富汗年輕士兵裡，只有少數會每天祈禱五次或定期上清真寺。

大多數美國外交官也都是身處陌生領域，只有擔任大使近兩年的阿富汗裔美國人哈里札德例外。美國大使館從一九八九到二〇〇二年都是關閉狀態，因此在美國入侵之前，幾乎沒有人造訪過阿富汗。國務院團隊有許多曾在南亞、中亞等其他地區工作過的地區專家，但沒有多少人自願前往喀布爾。為了填補空缺，這份責任便由外國事務部的新秀和原已退休的前輩扛下。

巴諾中將曾於二〇〇三至二〇〇五年擔任美國軍事指揮官，他在陸軍口述歷史訪談中表示：「大使館本身是非常、非常小、非常初階的組織，人力極其有限，也沒有豐富經驗。」[25]外交官與軍人一樣，通常在短暫駐留六到十二個月之後就前往其他地方。所以大使館永遠缺乏老將的智慧經驗。

許多阿富汗人也覺得這種文化上的脫節一樣令人不快，尤其是幾乎沒見過外面世界、從未看過美國電視或好萊塢電影的農村居民。美軍身穿迷彩服、臉上罩著反光眼鏡、頭上還伸出電線，這種裝扮讓人聯想到外星人。

「就我接觸過的阿富汗人而言，有九成到九成五都覺得我們是外星人，」曾在坎達哈服役的陸軍軍官柯林特．考克斯少校（Clint Cox）說道。「他們以為我們戴著太陽眼鏡就能看穿牆壁。」[26]

曾兩次隨第八十二空降師派駐阿富汗的凱勒．杜爾金（Keller Durkin）少校表示，要讓阿富汗人留下良好的第一印象很不容易。「有件事我深信不已，看看美軍全副武裝的樣子，看來根本就像《星際大戰》裡面的帝國風暴兵。這大概不是能贏得人心的最好形象。」他在陸軍口述歷史訪談中說道。[27]

非裔美國士兵艾爾文．狄里（Alvin Tilley）少校回憶起自己行經村莊的情形，當地村民過去從未見過黑皮膚的人。「孩子們看著我，一副『天哪，那是什麼？』的樣子。[28]我見他們揉著臉，就問口譯員孩子們怎麼了，他說『哦，他們以為你的皮膚顏色脫落了』。」

狄里原是居住在美國都市，他說看到這麼多沒電沒水的原始泥巴小屋，也同樣讓他大吃一驚。「感覺摩西隨時都會從街上冒出來，」他說。[29]「這更是一種文化衝擊。」

阿富汗有許多景象都能讓美軍聯想到舊約聖經裡的場景，中南部的烏魯茲岡省就是其中之一。烏魯茲岡省周圍都是山脈和乾燥的地貌，夏季炎熱，冬季酷寒。農民會種植耐旱的鴉片來維持生計。保守的普什圖部落以此為家，最著名的人物就是塔利班的獨眼精神領袖歐瑪。

陸軍少校威廉．伯里（William Burley）是民政小組的負責人，他於二〇〇五年向烏魯茲岡省的辛凱（Shin Kay）農村地區提供人道援助。他說，那裡的村民一貧如洗，缺乏水源且與世隔絕，年輕人與堂、表親結婚也是常有的事。[30]

「我很不想這樣講，但近親繁殖的案例太多了。那裡的區長還有三個拇指。」他在陸軍口述歷史訪談中說道。[31]

伯里是一名特種部隊軍官，不必遵守陸軍常規的儀容標準，因此他為了融入當地人也盡量蓄鬍。「沒有鬍子的話，在文化上會非常失禮，」他補充道。「這樣他們就能抓住我的下巴，可是在阿富汗人的文化中，如果你能抓住一個人的鬍子，就表示可以信任對方。」[32]

還有其他建立信任的活動更讓美國人難以適應。在全國各地，部落長老和阿富汗軍官在走動時會彼此手拉手，藉此展現他們的友誼和忠誠。美軍不得不接受這種動作，否則可能會冒犯他們的東道主。

「要美國男人牽著另一個男人的手逛大街？這實在是——」負責訓練阿富汗邊境警察的陸軍少校安德森說道，他頓了頓，思考該怎麼說比較合適，聲音漸漸微弱下來。「但我還是做了，不然這等於是在侮辱對方。」[33]

從美國人的角度來看，他們難以判斷這種動作什麼時候是純友誼，什麼時候可能具有其他意義。塔利班禁止同性戀，這也是成年人的禁忌，但阿富汗的富人常會實施一種稱為bacha bazi（童戲）的性虐待，這種情形並不罕見。

阿富汗軍官、軍閥和政治掮客會豢養茶童或未成年男僕當作性奴隸，藉此宣示自己的地位。美軍將這種行為稱作「男愛星期四」（man-love Thursday），因為阿富汗人會強迫男孩們在阿富汗週末開始前的星期四晚上裝扮或跳舞。儘管美軍覺得這種虐待相當噁心，但指揮官卻指示他們當作沒看見就好，因為美國不想在與塔利班的鬥爭中疏遠盟友。

阿拉斯加國民警衛隊的軍官伍德林少校表示，在他擔任阿富汗軍中教官的那一年裡，「男愛星期四」讓他非常震驚。[34]他說「要了解阿富汗人的完整生活方式」相當困難。阿富汗男性對女性的看法極度保守，卻能與其他男性調情、誇耀自己與小男孩發生性行為，這讓美軍難以理解。

「你真的必須把自己的情緒放一邊，明白這不是你的國家，」伍德林說道。「你必須接受他們的所作所為，不能以個人感受干涉他們的文化。看女人是被禁止的。即便是一位十七歲的年輕人盯著女生看，也可能會因此喪命。可是在我們的訓練中，從沒有人教過這些。你還要有心理準備可能會有人對你示好。」[35]

說到性邀約，年輕的外表和乾淨的鬍子尤其容易成為目標，大多數美國軍人都有這些特徵（近九成為男性）。*

空軍情報員蘭迪．詹姆斯（Randy James）少校回憶起二〇〇三年曾發生一次衝突，當時他的所屬部隊有個娃娃臉美國男兵，有次一名阿富汗男子走上前，劈頭就說：「你是我的妻子。」還好沒有演變成暴力事件。[36]

* 女性在戰爭中也扮演要角，有許多女性都曾參與作戰。據國防部稱，截至二〇二〇年八月，已有五十五名美國女兵在阿富汗陣亡，四百多人受傷。

「場面沒有失控；沒有發生什麼壞事，」詹姆斯在接受陸軍口述歷史訪談時說道。「但對那個人或周圍其他人來說，感覺一點也不開心。」[37]

第七章　雙邊下注

至二〇〇三年，塔利班和蓋達組織對美國和盟軍的「打了就撤」攻擊模式日益升溫，游擊隊的來處早已不是祕密。阿富汗與巴基斯坦邊境綿延一千五百英里，他們就在另一端的巴國重新集結。

大多數人都藏匿在巴基斯坦偏遠的普什圖部落地區，這些地區在歷史上一直不服伊斯蘭瑪巴德（Islamabad）政府官員的權威，在此之前還曾抵制過英國殖民總督。這裡周圍都是山脈和沙漠，是叛亂份子的完美避風港，也超出美軍的觸及範圍，因為他們不得進入巴基斯坦的主權領土。

對於駐紮邊境的美軍來說，這類限制讓他們陷入了一場貓捉老鼠遊戲，永無止境。但還有一個更根本的問題：巴基斯坦究竟是站在哪一邊？

答案在二〇〇三年四月二十五日變得非常清楚。那是個春光明媚的日子，十幾名黑衣男子全副武裝，走過海拔七千四百英尺的巴基斯坦小鎮安古爾艾達（Angur Ada）。這些持槍人員消失在阿富汗這一側邊境山脊上的灌木叢中。而在大約四英里外，一處名為「什金火力基地」（Firebase Shkin）的小型美國陸軍前哨基地，時任上尉的第八十二空降師連長特拉漢正在自己的營帳裡閱讀。[1]

那一天的什金相當安靜。什金是依據附近的一座阿富汗村莊命名，位置靠近巴克迪卡省的一處邊境檢查站，具有其戰略意義。火力基地就坐落在山坡上，方便駐紮此處的約一百名美軍留意從南瓦茲里斯坦（South Waziristan）偷偷潛入的塔利班臥底。方形的火力基地面積約與半個足球場相等。除了每個角落都設有瞭望塔外，建築群周圍還有層層保護：三英尺厚的防禦土牆、三股蛇腹式鐵絲網，以及被稱為「HESCO蛇籠」的石堆防爆牆。[2]

特拉漢與他的第三營歡呼連（Bravo Company）士兵已在什金待了六週，也習慣了例行巡邏。用過午飯後，一名士兵躡手躡腳進入特拉漢的營房，說戰術中心需要他的幫忙。上尉放下手中書本，想弄清楚發生了什麼事。[3]

一架在空中盤旋的中情局「掠食者」（Predator）無人機瞥見了身穿黑衣的配槍人員。[4]情報分析員推測他們是來自敵軍勢力。幾天前，有一批游擊隊員從環抱阿富汗邊境的山頂向什金發射一百〇七毫米火箭彈，特拉漢認為這應該是同一批人。儘管沒有人受傷，但火箭彈的距離已接近到足以震碎窗戶。他知道很難逮住叛亂份子，但還是決定嘗試看看。

特拉漢組織了一支巡邏隊，包含大約二十名美國士兵和來自阿富汗當地民兵組織的二十名盟軍戰士，駕駛著一隊悍馬軍車和卡車出發。[5]他們在邊境管制站報到後，在附近的幾戶人家停了下來，但當地人都沒有回報看到什麼異樣。

「從我們出發到搜查這幾間房子，大約花了一個半小時。我感覺不會有什麼結果了，就準備打道回府，」特拉漢在陸軍口述歷史訪談中說道。[6]那時暮色正將降臨，但他決定讓巡邏隊搜查叛亂份子上次發射火箭彈的地點。「位置是某個丘陵地帶，但我們可以開車上去。」他說。

於是巡邏隊沿著蜿蜒的泥土路爬上山坡，途中有輛卡車拋錨了。[7]其餘三輛車則繼續往上爬。巡邏隊下車後往三個方向緩緩行進，地形中的灌木植被和低谷遮蔽了他們的視野。特拉漢帶領的小隊發現了一處營地，裡面有水罐、粗麻布袋和一百〇七毫米火箭彈。[8]突然間，空氣中一陣輕裝火力齊射。「我們似乎完全被包圍了，我也不知道是從哪裡冒出來的。」特拉漢如此說道。

美國人和阿富汗盟友爭相尋找掩護，此時敵人則用AK-47步槍、手榴彈和至少一挺重機槍從各個方向壓制他們。[9]特拉漢閃過一枚手榴彈，但被AK-47的子彈擊中頭盔、擦傷了頭骨。他的右腿中了兩枚子彈；左腿被打中一次。就在特拉漢被擊中的同時，其他士兵看到他的身後噴出一團紅霧。[10]

美軍透過無線電求援，要求什金基地發射榴彈砲，讓他們能夠逃離伏擊。有鑑於當時敵方戰鬥機已距離他們的軍車不到三十英尺，此舉相當危險。[11]

砲擊成功逼退了攻擊者，讓巡邏隊有機會重新集結。待他們帶著倒下的傷兵退回山下的安全處，已有七名美國人受了重傷。

特拉漢活了下來，但後來有兩個人殉職了：一位是十九歲的二等兵傑洛德．丹尼斯（Jerod Dennis），他來自奧克拉荷馬州的小城安特勒斯（Antlers），十個月前才剛從高中畢業；另一位是空軍上等兵雷蒙德．洛薩諾（Raymond Losano），來自德州的德爾里奧（Del Rio），是一位戰術空軍管制員，洛薩諾才剛在什金慶祝自己的二十四歲生日，身後留下了懷有身孕的妻子和兩歲女兒。

直升機將特拉漢與另一位傷兵從什金帶離。特拉漢接受了多次手術，但就算在戰鬥結束很久之後，這次伏擊留下的痛苦回憶仍留在他的腦海之中：巴基斯坦在戰爭中扮演著非正式的敵軍。

山頂上發生暴亂時，位於一英里外檢查站的巴基斯坦邊境警衛也加入戰鬥。他們發射火箭推進榴彈，將叛亂份子視為朋友，並與美軍為敵。「我覺得巴基斯坦人以為我們在向他們開火，於是就攻擊我們的陣列。」特拉漢說。[12]

巴基斯坦究竟是站在哪一邊？這個問題將困擾美國二十年。無論五角大廈往阿富汗派遣多少軍隊或建造多少火力基地，從巴基斯坦進入戰區的叛亂份子和武力仍不斷增加。阿巴邊界的距離，與華盛頓特區到丹佛的距離差不多，不可能完全封鎖。興都庫什山脈比洛磯山脈要高，為走私犯創造了天堂般的地形。

除了地理障礙之外，美國的軍事分析專家和中情局也很難辨別巴基斯坦境內的叛亂組織是源自何處，難以確定究竟是誰在資助及訓練塔利班，並為他們提供武器。但越過邊境的戰士卻源源不絕，巴基斯坦政府也無法（或者是不願）阻止。

特拉漢說道：「要在那裡逮住或摧毀塔利班政權和蓋達組織的餘黨，最大的挑戰就是取得及時準確的情報。」他還補充說，軍事總部的提供的情報「總說他們推測有人會在某地區的邊境來回穿梭。[13]嗯，那些人可不只是這樣。他們不知怎麼弄到了資金和裝備，他們也必須有飯吃才行。換句話說，這些人背後有很完整的系統。我們要如何攻擊這種系統？我覺得這些問題的答案從未揭曉。」

二〇〇三年四月的這次交火，導致特拉漢受傷及兩名美軍殉職。至於誰才應該負責？這個問題的答案花了將近十年，才在因緣際會之下浮出水面。

二〇一一年，義大利當局逮捕了一名四處流離的北非難民，他承認自己是蓋達組織的成員。四十歲的哈倫（Ibrahim Suleiman Adnan Harun）在九一一事件前曾前往阿富汗參與一系列的蓋達組織訓練營。美國入侵後，他越過巴基斯坦邊境進入瓦茲里斯坦（Waziristan），成為賓拉登資深副手阿卜杜勒・哈迪・伊拉基（Abdul Hadi al-Iraqi）的下屬，後來也協助帶領部隊在什金附近伏擊美軍。哈倫在襲擊中負傷逃回巴基斯坦，但在山頂落下了一本可蘭經口袋書和一本日記。[14] 調查人員後來也證實聖書上的指紋與哈倫相符。

義大利於二〇一二年將哈倫引渡到美國。二〇一七年，他在紐約市接受聯邦審判，並供出蓋達組織的核心領導人物如何至巴基斯坦避難及重組行動。陪審員聽取了哈倫的證詞，得知哈倫因為成功在什金埋伏美軍，而得到蓋達組織上層人物的首肯，甚至將一份更野心勃勃的任務指派給他作為獎勵。這份任務是要在西非為蓋達組織打造人脈網路，轟炸奈及利亞的美國大使館。轟炸大使館的陰謀失敗了，但陪審團裁定哈倫犯下幾項恐怖主義罪行，包括密謀在什金殺害美軍，最後判處其終身監禁。*

二〇〇三年，特拉漢的連隊及第八十二空降師的其他部隊從阿富汗撤出，由第十山地師取代。自此之後，巴基斯坦在邊境地區叛亂中扮演的角色更加令人起疑。

二〇〇三年八月，叛亂份子再次越過邊境，兩名美國士兵在什金附近的槍戰中喪生。九月，美軍與蓋達組織和塔利班的數十名游擊隊員交火十二小時，又一名美軍因此殉職；守衛邊境的巴基斯坦政

* 這次審判也突顯了美軍同時參與多場戰事的壓力。特拉漢在什金受傷僅五個月後，陸軍就將他派往伊拉克。三等士官長康拉德・里德（Conrad Reed）在什金被手榴彈直接擊中後倖存下來，後來也三次至伊拉克服役，並告訴陪審團他準備在二〇一八年返回阿富汗。根據五角大廈的統計，派駐阿富汗五次以上的士兵總數有超過兩萬八千名。

府軍再次加入戰鬥，向美國發射火箭。十月，什金附近發生伏擊，為中情局工作的兩名傭兵又遭越過巴基斯坦邊境的戰士殺害。

一九八〇年代，巴基斯坦三軍情報局（ISI）曾與中情局合作展開祕密軍事行動，將武器輸送給阿富汗叛軍，以抵禦蘇聯軍隊。俄羅斯敗退之後，三軍情報局在阿富汗內戰期間仍繼續支援多個相同的游擊隊，協助塔利班奪權。至九一一劫機事件發生時，僅有三個國家與喀布爾的塔利班政府具有外交關係，巴基斯坦便是其中之一，另兩個國家則分別是沙烏地阿拉伯及阿拉伯聯合大公國。

美國遭受恐怖攻擊後，華盛頓當局脅迫巴基斯坦的軍事領導人佩維茲．穆沙拉夫（Pervez Musharraf）將軍與塔利班斷絕關係。表面上看來，穆沙拉夫也迅速改變立場，成為了小布希政府的重要盟友。

他准許美軍使用巴基斯坦的海港、陸路和領空前往阿富汗。在他的指導下，三軍情報局與中情局密切合作，在巴基斯坦逮住了幾名蓋達組織領袖，包括密謀九一一的拉姆吉．比納爾什布（Ramzi Binalshibh）及哈里德．謝赫．穆罕默德（Khalid Sheikh Mohammed）。為了換取美國的賞金，巴基斯坦還拘留移交了數百名塔利班嫌疑成員。儘管許多人被捕的原因仍有待商榷，美國卻仍將他們集體運送到古巴關達那摩灣（Guantanamo Bay）的美國海軍監獄。

穆沙拉夫在國內也面臨壓力，限制與美國的合作。美國對此心知肚明，卻自以為可以用金錢來左右他。二〇〇二年六月二十五日，倫斯斐向五角大廈政策主管費特寫下一片雪花，內容如下：「要讓巴基斯坦人在他們的國土認真參與反恐戰爭，你不覺得我們應該弄來一大筆錢嗎？這樣就能更輕易讓穆沙拉夫改變立場，成為我們的助力。」[15]

伊斯蘭瑪巴德算是賺到了，這筆錢美國給得相當大方：巴基斯坦在六年中獲得約一百億美元，其中大部分是用於軍事和反恐援助。

小布希政府卻遲遲沒有意識到，穆沙拉夫和三軍情報局其實是兩邊倒的牆頭草。美國官員在「記取教訓」訪談中說道，小布希自己太過信任穆沙拉夫；穆沙拉夫領導的巴基斯坦軍隊仍在支援塔利班，小布希卻對各種明顯的證據視而不見。且巴基斯坦軍隊採取的祕密渠道和戰術，與他們在一九八〇年代為協助反蘇聯游擊隊制定的作法相同。

雖然巴基斯坦不想疏離華盛頓，但其軍方決意要長期影響阿富汗。再者，由於地區政治和種族因素，他們也將塔利班視為掌握大權的完美工具。

塔利班主要由阿富汗普什圖人組成，他們與生活在巴基斯坦部落地區的兩千八百萬普什圖人有著相似的文化、宗教和經濟羈絆。相較之下，伊斯蘭瑪巴德就不信任阿富汗北方聯盟的烏茲別克、塔吉克和哈扎拉（Hazara）軍閥，因為北方聯盟與印度關係密切，而印度為巴基斯坦的頭號死敵。

「大家都信任穆沙拉夫，他也持續採取行動協助警方查緝巴基斯坦的蓋達組織，導致我們未能察覺他在二〇〇二年末至二〇〇三年初就開始大玩雙面遊戲，」倫斯斐的顧問史崔麥基在「記取教訓」訪談中說道。[16]「安全事故愈來愈多，這裡已經不再安全。我覺得甚至早在二〇〇二年初，阿富汗人、還有卡賽本人，就也不斷提起這件事。但人們不以為意，因為我們太相信巴基斯坦是真心要協助我們對付蓋達組織。」

也有美國官員承認他們對巴基斯坦的意圖視而不見，因為他們誤以為塔利班已被徹底擊敗。「結果證明這是錯的，大部分是因為我們低估了巴基斯坦繼續將塔利班視為棋子的可能性，甚至幫助他們東山再起，」於二〇〇一年協助籌組波昂會議的美國外交官杜賓斯表示。「我覺得那時候沒人察覺這點。華盛頓有整整七、八年都沒有意識到巴基斯坦扮演的角色。」[17]

巴基斯坦官員則主張他們確實為華盛頓犧牲甚大，還因此危及國家的穩定。二〇〇三年十二月，穆沙拉夫逃過兩次暗殺，巴基斯坦指稱這些暗殺行動都是蓋達組織所為。大約同一時間，他在美國施壓之下派遣八萬名士兵至部落地區守衛邊境。與武裝份子的衝突造成數百名巴基斯坦士兵喪生，引發國內政治反彈。雖然穆沙拉夫確實面臨這些犧牲和挑戰，但這些挑戰也讓他和手下的軍事領袖更容易為自己開脫，擺脫牆頭草或者沒有盡力協助美國的指控。

至於跨邊境叛亂該歸責於誰？每個人都自有一套理論。[18]歐爾森少將於二〇〇四至二〇〇五年於阿富汗服役，擔任第二十五步兵師的指揮官。在一次陸軍口述歷史訪談中，他解釋說有兩種「派別」。其一，「阿富汗的所有問題都與巴基斯坦有關，也因為巴基斯坦無力控管邊境省份；另一則是巴基斯坦的所有問題，都源於我們放任塔利班從阿富汗撤出。」

特種部隊軍官法力斯少校曾在二〇〇〇年代三次派駐阿富汗，並定期參加與美國、阿富汗和巴基斯坦軍方的三方會談，共同討論邊境的安全問題。

「美國和阿富汗認為巴基斯坦並未在國內積極採取行動來追捕恐怖份子，也就是我們認為藏匿該國的塔利班和蓋達組織，」法力斯少校在陸軍口述歷史訪談中如此表示。[19]「巴基斯坦人則會回說：

『他們沒有藏在我國，而是躲在阿富汗。』我想我們都知道真相，但要解決問題是困難重重。」

巴基斯坦的將帥都是職業軍人，他們的專業風度和舉止常給人一種可靠的感覺。其中有許多人都曾參加過美國的軍事交流活動，他們說著一口英國腔英語，這種口音在美國人耳裡聽來溫文爾雅又幹練。反之，美軍每天合作的阿富汗軍官未受過教育且缺乏經驗，就這點而言形成了強烈對比。

「這些巴基斯坦將帥受過良好教育，穿著得體、口齒伶俐，但那些〔阿富汗〕將軍卻身穿大三個尺寸的制服、靴子過大，手套也不合尺寸，」法力斯說。[20]「我們曾經一個月聚會一次。那時感覺大家都是好朋友，我們會拍拍彼此的背，互相喊話一定會成功。但人群散去之後又回到原點，一事無成。這讓我覺得，整個過程只是在浪費時間，都只是在空口白話，卻沒有採取行動。」

儘管派駐在外的部隊已經起了疑心，美國的資深軍事指揮官在公開場合仍對巴基斯坦人讚賞有加。二〇〇四年六月，駐阿富汗美軍指揮官巴諾將軍對記者說道：「巴基斯坦政府和軍隊努力不間斷，積極剷除恐怖份子，我必須給予強烈表揚。」

七個月後，巴諾在接受美國全國公共電台（NPR）的採訪時，輕描淡寫帶過了賓拉登藏匿在巴基斯坦的可能性，更是不提那裡的官員是否有可能會庇護他。「我認為，這人可能的藏身處只能依靠猜測，但我可以告訴你，事實已證明，巴基斯坦政府是我們的優秀盟友。」[21]

倫斯斐的態度甚至更加熱烈。二〇〇四年八月，國防部長在鳳凰城的一次演講中表揚了穆沙拉夫，稱這位軍事獨裁者「勇敢」、「心思縝密」、「是這場全球反恐戰爭的絕佳夥伴」。他說，穆沙拉夫掌權讓華盛頓感到「非常幸運」也「非常感激」，並補充道：「毫無疑問，穆沙拉夫肩負的任務極為艱鉅，我想得到的其他政府領導人都及不上他。」

倫斯斐的顧問私下曾告誡他不要輕信對方。二〇〇六年六月，國防部長收到了退役陸軍上將巴瑞・麥凱夫瑞（Barry McCaffrey）的一份備忘錄。麥凱夫瑞剛從阿富汗和巴基斯坦結束實地考察歸國。他回報說陰謀論正漫天飛，人們都在質疑伊斯蘭瑪巴德的真實動機。

「中心問題似乎在於，巴基斯坦是否其實正謀劃一場巨大的騙局？他們每年從美國爭取十億美元，一邊假裝支持美國維持阿富汗穩定的目標，一邊在暗地裡積極支援（他們養出的）塔利班跨邊境軍事行動。」麥凱夫瑞在備忘錄中寫道。[22]

上將未能明確回答自己提出的疑問，但他指出自己傾向於相信穆沙拉夫。「邊境兩側的多疑和影射錯綜複雜，令我們難以評估，」麥凱夫瑞補充道。「但是，我不相信穆沙拉夫總統〔原文如此〕是在故意耍兩面手法。」[23]

但也有人抱持不同觀點。麥凱夫瑞提交報告的兩個月後，倫斯斐收到一份史崔麥基撰寫的四十頁機密備忘錄。史崔麥基剛從阿富汗結束評估戰況的任務返國，他在報告中對巴基斯坦的批評更加直言不諱。[24]

「在戰略的選擇上，穆沙拉夫總統並不打算全力與美國和阿富汗合作鎮壓塔利班，」他如此寫道。[25]「自二〇〇二年起，塔利班就一直受巴基斯坦庇護，讓他們在那裡招兵買馬、取得金援、裝備，以及滲透戰鬥人員。巴基斯坦的三軍情報局為塔利班提供了一些軍事支援，但我們仍不清楚巴基斯坦政府內部對這種援助許可到什麼程度。」

在大多數官方會議上，巴基斯坦持續否認與塔利班共謀。但部分巴基斯坦的領導階層偶爾也會露出馬腳。

克勞可曾於二〇〇二年短暫擔任美國駐阿富汗最高級別外交官，兩年後再返回該地區擔任駐巴基斯坦大使。他在「記取教訓」訪談中提到，與他對談的巴基斯坦人不時會埋怨一下，提起華盛頓在一九八九年蘇聯從阿富汗撤軍後遺棄該地區，讓伊斯蘭瑪巴德自行應對鄰國爆發的內戰。他們告訴克勞可，這段往事說明了巴基斯坦為何曾經支持塔利班，但他們仍向克勞可保證那段日子已經過去了。[26]

但在某個場合中，克勞可與三軍情報局的局長艾希法克・卡亞尼（Ashfaq Kayani）中將卻有一次異常坦率的對談。這位巴基斯坦間諜首腦是個眼窩深陷的老菸槍，經常喃喃自語。他在職涯早期就已為美國人熟知，當時他曾就讀喬治亞州班寧堡的美國陸軍步兵學校，後以交流軍官的身分前往該校位於堪薩斯州李文渥斯堡的參謀學院。

克勞可回憶道，那時他一如往常敦促卡亞尼制裁塔利班領袖，這些人據信正藏匿於巴基斯坦。卡亞尼沒有否認他們的存在，反而給出了不佳掩飾的答案。

「他說『我知道你認為我們在雙邊下注，你想得沒有錯。我們這麼做，是因為有一天你們會再次離開，就像第一次的阿富汗一樣。你們會離我們而去，但我們仍在這裡，因為我們無法搬動國家。我們還有這麼多問題，最不樂見的就是與塔利班成為死敵。所以是的，我們就是在雙邊下注。』」[27]

第三部分

塔利班歸來
2006–2008

PART.3

第八章　謊言與宣傳

二〇〇七年二月二十七日接近中午時分，一名自殺炸彈客開著豐田Corolla抵達巴格蘭空軍基地。[1]他用了一點手段，通過由阿富汗警方負責的第一個檢查哨。炸彈客又繼續往入口方向行駛四分之一英里（約四百多公尺），抵達了第二個檢查哨，這次他要面對的是美國士兵。在坑坑窪窪的泥灘地上，在熙來攘往的人車之間，炸彈客引爆身上裝滿炸藥的背心。

這場爆炸炸死了兩個美國人，還有一位受派加入國際軍事聯盟的南韓人。這三人分別是二十七歲的美國陸軍上等兵丹尼爾．吉祖伯（Daniel Zizumbo），他來自芝加哥，特別愛吃棒棒糖；尹章豪上士，他成為越戰之後第一位在外國軍事衝突中喪命的南韓士兵；還有潔若汀．馬奎茲（Geraldine Marquez），她是洛克希德馬汀公司（Lockheed Martin）的承包商，剛剛過完三十一歲生日。除此之外，還炸死了二十個當天到基地找工作的阿富汗平民。

有一位行事非常低調的貴賓在這次巴格蘭爆炸事件中倖存，那個人就是時任美國副總統錢尼。

錢尼此趟前來阿富汗是非公開行程，他早已在前一天進入戰區。他搭乘空軍二號從伊斯蘭瑪巴德出發，原本只想在阿富汗停留數小時，與總統哈米德．卡賽會談。但天候不佳讓他無法直達首都喀布爾，因此他決定在距離喀布爾約三十英里（約四十八公里）的巴格蘭過夜。這座基地本身就是小布希政府涉足阿富汗日益加深的證明：基地自二〇〇一年起逐漸擴張規模，成為一個擁有九千兵力進駐，還有大批承包商和其他工作人員的大型軍事單位。

爆炸發生後幾小時，塔利班就聯絡記者坦承犯案，說他們的目標正是錢尼。美國軍方對此嗤之以鼻，指控叛亂份子散播謠言只是打心理戰的手段。美方說副總統當時人在基地的另一端，距離爆炸現場一英里遠，因此安全無虞。由於錢尼此趟出行沒有公開，而且直到最後一刻才改變行程，所以美方堅稱塔利班不可能在短時間內策劃出攻擊錢尼的行動。

「塔利班宣稱他們的目標是錢尼副總統，真是荒謬至極。」美軍和北約發言人湯姆．柯林斯上校（Tom Collins）告訴記者。[2]

然而，美軍才是隱瞞真相的一方。

在一場美國陸軍口述歷史的訪談中，時任美軍第八十二空降師的連指揮官，負責巴格蘭空軍基地安全的蕭恩．達爾倫波上尉（Shawn Dalrymple），提到錢尼副總統在基地的消息早已流出。他還補充說道，自殺炸彈客一看到護送車隊從前門開出來，立刻引爆身上的炸彈，因為他誤以為錢尼在車上。[3]事實上炸彈客並未失準。[4]當時是達爾倫波與特勤單位一起規劃錢尼的行程，他說副總統原本打算在三十分鐘後，跟著另一個護送車隊前往喀布爾。[5]

「叛亂份子已經知道消息，不論我們多努力保密，消息都傳出去了。」達爾倫波表示：「他們看到從基地開出來的車隊，其中一輛是配備高級武裝的多功能休旅車，就以為車上的人是錢尼……這讓我們徹底明白巴格蘭一點都不安全，而是與叛亂份子有直接的關聯。」[6]

雖然美國軍方已經發表聲明，還是很擔心塔利班會在錢尼往喀布爾的路上發動攻擊，因此他們原本想設一個圈套。[7]他們打算從比較少出入的門離開巴格蘭，由錢尼的隨行人員搭乘通常會保留給高級官員的休旅車，以做為誘餌。錢尼則與達爾倫波一起，乘坐配備機關槍的笨重軍用汽車。達爾倫波說：「你絕對想不到他會搭武裝卡車。」*[8]

但自殺炸彈攻擊發生後，這個計畫便胎死腹中。軍方高層意識到錢尼走陸路實在太危險，所以一等到天氣變好，他就搭飛機到喀布爾與卡賽見面。錢尼當天下午搭乘C-17軍用飛機離開阿富汗，一路平安，沒有發生任何差池。

但這起事件讓雙方衝突更加白熱化。塔利班在重軍防守的巴格蘭基地攻擊美國副總統，表示他們的據點雖然遠在阿富汗南部和東部，還是有辦法發動造成重大傷亡的攻擊事件，搶盡新聞版面。

叛亂份子差一點就炸死錢尼，美國軍方卻矢口否認，這讓他們逐漸深陷欺騙大眾的泥淖，從零星事件騙到戰爭的全貌，每一個面向都在欺騙世人。起初只是以自身利益為考量透露部分事實，逐漸演變成肆意扭曲現實，最後成了徹頭徹尾的謊言。

---

* 錢尼攻擊事件發生的一年後，達爾倫波上尉拯救了即將成為下一任美國副總統的喬瑟夫・拜登（Joseph Biden）。二〇〇八年二月，兩架黑鷹直升機載著三名美國參議院外交委員會的成員，拜登、約翰・凱瑞（John Kerry）和查克・赫格爾（Chuck Hagel）以及其他人員，因為遇上暴風雪而在距離巴格蘭十二英里（約十九公里）的地方緊急迫降。達爾倫波率領護送車隊，前去救援與陸軍少將大衛・羅德里格茲（David Rodriguez）一起深入戰區的三名參議員。五小時後，車隊將三位貴賓安全護送到巴格蘭。

對美國、北約和阿富汗的同盟而言，前一年算是糟糕透頂。二〇〇六年，自殺攻擊事件暴增了將近五倍，路邊炸彈的數量更是二〇〇五年的兩倍之多。塔利班跨越國境在巴基斯坦建立的避難所讓情況更加棘手，美國當局也愛莫能助。錢尼抵達巴格蘭之前，先跟巴基斯坦總統佩維茲．穆沙拉夫見面，催促他制裁塔利班。但巴基斯坦的鐵腕總統不願意幫忙，僅告知他們的政府已經「盡全力了」。

與此同時，美國在規模更大的伊拉克戰爭接連失利，深陷敵營的美軍人數高達十五萬名，這個數量是阿富汗兵力的六倍。二〇〇七年一月，小布希宣布要加派兩萬一千五百人的兵力到伊拉克，要求國會通過九百四十億美元的緊急戰爭支出。有鑑於在伊拉克付出的慘痛代價，小布希政府非常不希望留下美國在阿富汗也慘吞敗仗的印象。

因此，隨著新的一年到來，在阿富汗的美軍指揮官都對外發表更加樂觀的聲明。但他們的說法都毫無根據可言，原本該是闡述事實的聲明，硬生生變成混淆視聽的政治宣傳。

負責訓練阿富汗維安部隊的陸軍少將勞勃．德賓（Robert Durbin），在二〇〇七年一月九日告訴記者：「我們占了上風。」他更補充說道，阿富汗的軍隊和警察「每天都有長足的進步」。

幾週之後，指揮第十山地師的陸軍少將班傑明．弗瑞克利（Benjamin Freakley）發表了更樂觀的聲明。他在一月二十七日的記者會上表示：「我們正一步步邁向勝利。」儘管前一年爆炸事件頻傳，他依然表示美國和阿富汗軍方的合作「進展順利」，而且「總是可以打敗塔利班和其他反抗政府的恐怖份子」。弗瑞克利表示這群叛亂份子「完全沒有達到目標」，而且「他們的日子很快就到頭了」，他也認為自殺攻擊事件增加只是塔利班「狗急跳牆」的表現，根本不值得一提。

三天後，現已成為三星上將的艾江山，趁著二度駐紮阿富汗期間特地走訪柏林，鞏固歐洲各國對北約聯軍的支持。身為美國軍事指揮官，他在二〇〇七年說美國的盟友都「準備迎接勝利」，並且說塔利班一定十分焦急恐慌。「根據我們的推測，他們現在一定覺得時間對自己非常不利。」艾江山補充道。

高官將領各個歡欣鼓舞地發表聲明，否認了一整年來認為叛亂份子日漸茁壯的情報評估。美方以為塔利班是狗急跳牆，機密報告卻指出塔利班游擊隊認為氣勢和時間都對他們有利，兩種情況可說是南轅北轍。

二〇〇六年，駐阿富汗外交官羅納德・紐曼（Ronald Neumann），在機密外交電報中告訴華府的官員，有一位自負的塔利班領袖警告他們「你們自以為掌握時間，但時間其實站在我們這一邊。」[9]

自殺攻擊和路邊炸彈是從伊拉克傳進來的暴動戰術，而源源不絕的攻擊事件讓阿富汗的美國官員陷入恐慌，[10]擔心在阿富汗上演「坎達哈春節攻勢」（Tet Offensive in Kandahar），這個概念是一位不具名的小布希政府官員，在「記取教訓」計畫訪談時提出的，他舉北越軍隊一九六八年發動血腥攻擊為例，一般大眾因為這個事件扭轉了對越戰的觀感，他便以此類比阿富汗的戰況。「轉捩點是在二〇〇五年底、二〇〇六年初時，當時我們終於意識到，叛亂份子可能會讓我們以失敗收場。」[11]那名官員表示：「二〇〇五年底，所有事情都變調了。」

紐曼在二〇〇五年七月以美國高級外交官的身分抵達喀布爾，他父親是前美國駐阿富汗大使，他自己一九六七年夏天新婚時曾在中東度過愉快的假期，在和平的時代走訪各國、四處紮營，開心騎馬和犛牛。[12]但是三十八年後的阿富汗，卻已經飽受戰爭摧殘二十五年。他一抵達阿富汗便馬上通報華府的高層官員，此地的暴力衝凸顯然馬上就要升級了。

「二〇〇五年秋天，我和艾江山上將一起向華府彙報，我們明年，也就是二〇〇六年會面臨更大規模的暴亂，戰況會更加血腥、更加慘烈。」紐曼在外交口述歷史訪談中表示。[13]儘管他提出如此駭人聽聞的警告，華府還是猶豫不決，沒有立刻調派更多部隊和額外資源。紐曼說他曾要求提供阿富汗政府六億美元的額外經濟援助，但小布希政府只核准給予四千三百萬美元。

紐曼表示：「雖然沒有人告訴我『你拿不到這筆錢，是因為伊拉克戰爭需要』，但事實就是如此。」[14]

一開始，華府許多官員都不相信塔利班會成為多危險的勢力。有一些軍事將領甚至遠遠低估塔利班的能耐，認為他們雖然掌控了幾個鄉村地區，還是不足以對喀布爾造成威脅。二〇〇四至二〇〇五年間擔任美軍特遣部隊副指揮官的伯納德．尚普准將（Bernard Champoux），在陸軍口述歷史訪談中表示：「我們認為塔利班的勢力大不如前。」[15]

二〇〇五年在海曼德省服役的特種部隊隊長保羅．圖藍（Paul Toolan）表示，很多美國官員都誤以為這場戰爭是為了維持和平、重建國家。他一直很努力想告訴那些願意聽他解釋的人，這場衝突加劇了，塔利班得到火力支援了。「不趕快補救的話，這些傢伙就會把我們困在這裡煎熬好幾年。」他提出警告。[16]

但小布希政府遏止了內部的警告聲音，將虛假的樂觀戰況昭告天下。二〇〇五年十二月，在賴瑞金（Larry King）主持的有線電視新聞網（CNN）脫口秀上，倫斯斐表示情況一切順利，國防部很快就會讓兩千到三千名美軍士兵回家，大約是派駐在阿富汗的一成兵力。

倫斯斐宣稱：「這是我們在阿富汗耕耘多年最直接的成果。」[17]

但是在兩個月後，人在喀布爾的大使又傳了一封機密電報，警告倫斯斐和其他華府官員。在二〇〇六年二月二十一日紐曼傳來的電報中，他憂心忡忡地推測「接下來幾個月，暴力衝突會持續升級」，因為喀布爾和其他大城市又陸陸續續發生好幾起自殺炸彈客攻擊事件。[18]他認為塔利班在巴基斯坦的避難所是罪魁禍首，並且嚴正警告，如果遲遲不解決，他們就會「故技重施，重演四年前促使美國插手的戰略威脅」，也就是再次發動九一一事件。

紐曼在電報中擔憂地表示，如果戰況不如預期，他們可能會損失民意支持。[19]「我覺得必須讓美國民眾做好心理準備，他們才不會覺得太驚訝，認為情勢逆轉了。」紐曼在外交口述歷史訪談說道示。[20]但民眾完全聽不到小布希政府開誠布公說實話。大使發來電報沒多久，小布希總統就出訪阿富汗，但是對於逐漸加劇的衝突或塔利班復甦的消息隻字未提。他反而是大力吹捧美國在阿富汗的成就，例如建立民主社會、自由媒體和女子學校，以及創業者增加等等。

「貴國達到的成就讓我們非常佩服。」小布希在三月一日一場記者會上告訴卡賽。

兩週後，在巴格蘭空軍基地與五角大廈記者的遠距新聞簡報會上，弗瑞克利少將否認了塔利班和蓋達組織正逐漸茁壯的消息。少將表示戰事突然變激烈，是因為天氣漸漸變暖，他率領的部隊準備發動攻勢。

「我們會主動找尋和攻擊敵人。」指揮第十山地師的弗瑞克利少將表示：「如果發現接下來幾週和幾個月的衝突加劇，很有可能是因為阿富汗國民軍、阿富汗國家警察和聯軍部隊展開攻勢。」他又補充：「可以說阿富汗的情勢一直在穩定改善，你們可以親眼見識。」

五月，在另一場五角大廈媒體簡報會上，德賓少將針對阿富汗維安部隊的現狀，發表了充滿美好前景的彙報。他說他們一直「能夠有效擾亂和打擊敵人」，而且阿富汗陸軍的招募進度可說是「非常出色」。

二星少將德賓最後又盛讚阿富汗維安部隊的兵力，並邀請記者前往阿富汗親眼見識，為他的報告劃下樂觀的句點。「你們實際走一趟，就會跟我一樣佩服他們的進展。」德賓表示。

五月底，真有一個人親自走訪阿富汗。退休上將巴瑞・麥凱夫瑞是第一次波斯灣戰爭的英雄人物，還是柯林頓政府的毒品管制局局長。他已經十年沒有值勤了，美國軍方仍然請他去一趟阿富汗和巴基斯坦執行獨立評估任務，但任務內容並未公開。

麥凱夫瑞在一週內拜訪了大約五十名高階官員，在長度九頁的報告中讚揚美軍指揮官，點出他們達到的幾項成就，不過他也完全沒有遮掩粉飾自己觀察到的實情：塔利班一點都沒有快被擊潰的跡象，而且戰事「持續惡化」。[21]他指出塔利班軍隊訓練有素，「非常有侵略性，擅長使用戰術」，還配備了「精良的武器」。[22]他補充說道，叛亂份子一點也不驚慌，絲毫沒有感受到時間壓力，而且「很快就找到與我們耗下去的辦法」。

麥凱夫瑞也表示阿富汗陸軍「資源少得可憐」，他們的士兵擁有的彈藥寥寥無幾，武器等級遠遠不如塔利班。他更直言抨擊阿富汗警察一無是處：「他們簡直是災難，裝備極差、貪汙腐敗、庸碌無能、領導能力和訓練都一塌糊塗，還被毒品搞得烏煙瘴氣。」[23]麥凱夫瑞預測，就算是在最樂觀的情況下，還是要花十四年，也就是到二〇二〇年，阿富汗的維安部隊才有辦法脫離美國獨立運作。

這份報告一路往上送，最後到了倫斯斐和參謀首長聯席會議手中。「我們接下來二十四個月將面臨非常不樂見的驚喜。」[24]麥凱夫瑞在報告中警告：「阿富汗領導階層都很害怕接下來幾年我們會悄悄離開，讓北大西洋公約組織獨自承擔責任，屆時我們建立的一切就會崩塌，再次陷入混亂。」

麥凱夫瑞的報告結論已經有如當頭棒喝，倫斯斐後來收到的另一份報告，更是讓他飽嘗現實的殘酷。二〇〇六年八月十七日，深受國防部長信任的顧問馬林・史崔麥基（Marin Strmecki）送來一份長達四十頁的機密報告，標題是「站在十字路口的阿富汗人」。史崔麥基緊接在麥凱夫瑞之後深入戰區調查實情，得出許多相同的結論，他更進一步質疑美國在喀布爾的盟友不太可靠和可行。

他表示阿富汗政府狡詐不實、懦弱無能，造成全國上下許多地方陷入權力真空，才讓塔利班有機可乘。史崔麥基在報告中寫到：「不是因為敵人太強，是因為政府太弱。」反覆重申他此趟出行最常聽到的說法。[25]

同一時間，美國在喀布爾的大使館再次陷入悲觀低潮。駐阿富汗大使紐曼在八月二十九日，又發了一封措辭嚴厲的機密電報到華府，劈頭就是一句：「我們在阿富汗贏不了。」[26]

大使提出警告的兩週後，艾江山就在九一一事件五週年當天接受美國廣播公司（ABC News）專訪，公開發表與事實背道而馳的言論。艾江山上將表示：「我們步步邁向勝利。」接著又補充一句：

「但也必須說，我們還沒贏。」主持人問他美國有沒有輸的可能，艾江山則回應：「我們在阿富汗沒有落敗這個選項。」[27]

那年秋天，倫斯斐的演講稿撰寫團隊在名為「阿富汗：五年之後」（Afghanistan: Five Years Later）的政治宣傳報告中，提出許多新論點。[28]這份報告洋溢樂觀之情，點出超過五十項前景光明的資訊和觀點，例如接受「提升家禽管理能力」訓練的阿富汗女性超過一萬九千名，還有「大部分道路的平均車速」都提升了三倍。

「五年之後就會傳來很多好消息。」他在報告中如此斷言：「雖然某些圈子常常將阿富汗的戰事稱為『眾人遺忘的戰爭』，或說美國已經模糊焦點，謠言皆無法掩蓋事實。」[29]

倫斯斐覺得這份報告簡直妙極了。他在十月十六日的雪花備忘錄中寫道：「這份報告就是傑作。我們該怎麼運用呢？應該寫成報導嗎？專欄？傳單？媒體簡報會？全部都用？我想應該很多人都信這一套。」他送了一份副本到白宮，又派人送了另一個版本的報告給記者，發布在五角大廈的網站上。[30]

如果國防部官員，或者在喀布爾和巴格蘭的將領，願意聽聽最前線的士兵怎麼說，也許就能聽到截然不同的消息。二十六歲的約翰・畢克佛德上士（John Bickford）來自紐約寧靜湖（Lake Placid），二○○六年大半時間都在阿富汗東部的巴克迪卡省。他與第十山地師其他士兵一起駐紮在提爾曼火力基地（Firebase Tillman），這座基地的名稱取自派特・提爾曼（Pat Tillman），他本是國家美式足球聯盟球員，在九一一事件後入伍參軍，卻在兩年後被友軍誤殺身亡。提爾曼基地位於什金北方四十英里處

（約六十四公里），所在的位置宛如一根歪歪扭扭的手指，探進巴基斯坦的領土。這座獨立的火力基地，距離敵人從北瓦茲里斯坦進攻的邊境僅一英里遠。

畢克佛德表示，相較於他三年前第一次被派駐到阿富汗東部的情況，現在的戰況「糟糕了十倍」。[31]光是二〇〇六年夏天，他的小隊每個星期都會和叛亂份子發生四到五次衝突。對方集結了兩百多名戰士，試圖占領美軍觀測所。

「我們自稱打敗塔利班了，但他們一直都在巴基斯坦重新集結和擬定戰略。他們現在回來了，而且變得比以前更強。」[32]畢克佛德在陸軍口述歷史訪談中表示：「他們每次發動突襲和伏擊都規劃縝密，非常清楚自己在做什麼。」

二〇〇六年八月，畢克佛德搭著裝甲悍馬車巡邏時，遇上叛亂份子用火箭推進手榴彈突襲他的車隊。其中一顆手榴彈炸掉畢克佛德那輛車上的部分武器，接著又一顆擊中相同的位置，直接把悍馬車打穿。手榴彈碎片炸傷了畢克佛德右半身的大腿、小腿肚、腳踝和腳。他的小隊雖成功擊退敵人，他的步兵生涯卻結束了。

畢克佛德在華盛頓的華特黎德陸軍醫學中心（Walter Reed Army Medical Center）養傷，長達三個月的時間都坐著輪椅、拄著枴杖。他在療養期間，反覆思考美軍在阿富汗究竟面對了什麼樣的敵人，他表示：「他們非常聰明，雖然他們是敵人，還是值得受到尊敬，而且我們萬萬不能小看他們。」[33]

美軍加入戰局五年了，還是不了解自己的對手，也不知道他們開戰的動機是什麼。

在海曼德省服役的特種部隊隊長保羅．圖藍表示，美軍部隊常常搞不清楚是誰發動攻擊，以及對方開戰的意圖。某個地方發生的衝突，原因可能只是毒品走私客保護地盤。另一個地區的衝突，可能是「意志堅定的反政府主義者發動攻擊，反政府就是他們唯一的目標」。[34]再換一個地方，可能是受到當地腐敗官員指使的民兵在興風作浪。圖藍說：「這在阿富汗是個大問題：你究竟在跟誰打仗？你攻擊的敵人是正確的嗎？」

有些攻擊事件，是源自醞釀了好幾代，甚至好幾百年的仇恨。戴洛．施洛德少校（Darryl Schroeder）是來自加州雷丁（Redding）的心理作戰官，二〇〇六年擔任阿富汗警方的顧問。他說自己的部隊可以開車穿越坎達哈幾個地區，完全不會受到攻擊，但是英國部隊緊緊尾隨在後行駛一模一樣的路線，卻會遭到攻擊。

「我們問阿富汗人為什麼會這樣，他們說『因為英國人殺了我的祖父和曾祖父』。」[35]他在陸軍口述歷史訪談中表示：「這裡的人有太多原因可以開戰了。」

即使阿富汗人向他們解釋，美國人還是無法掌握叛亂份子背後的勢力，這個問題更導致他們年復一年陷入永無止境的戰爭中。

二〇〇六年派駐阿富汗的第十山地師副指揮官詹姆斯．泰瑞准將（James Terry），自認為他的成長背景或許能幫助他釐清阿富汗鄉村的複雜局勢。他出生在喬治亞州北部的山區，曾祖母是切羅基人（Cherokee），他的爺爺和外公一個是農夫，一個是酒品走私客。[36]他成長在騷亂的一九六〇和一九七〇年代，當時喬治亞州的州長是擅長煽動輿論的民粹主義者萊斯特．麥道斯（Lester Maddox）；阿拉巴馬州州長也是不折不扣的種族主義者，喬治・華萊士（George Wallace）。

泰瑞在陸軍口述歷史訪談中表示：「你們會覺得我很熟悉氏族、部落、違禁品走私和貪汙議題。」[37]

即便如此，泰瑞還是覺得敵人難以捉摸。有一天，他和阿富汗陸軍將領面對面長談，希望能得到一點啟發。「我請他跟我談談塔利班的事。」[38]泰瑞回憶：「他看著我，然後口譯員對我說『你是說哪個塔利班？』」

「就是那個塔利班，跟我說一下吧。」泰瑞又問一次。

阿富汗將領說：「有三種塔利班，你想聽誰的？」[39]

「三個都告訴我吧。」泰瑞回答：「告訴我他們是什麼樣子。」

阿富汗將領跟他解釋，其中一種塔利班是「激進的恐怖份子」，另一群是「只為了自己的利益」，其他的則是「又窮又無知，只是受到另外兩群人影響和煽動。」

「如果你想做有意義的事，就要讓貧窮無知的那一群塔利班，與另外兩群人切割。」阿富汗將領告訴他：「這樣一來阿富汗就會穩定繁榮。」

這是非常簡化的解釋，但泰瑞覺得這是他聽過最合理的說法了，「他是很有見地的人。」

第九章　顛三倒四的戰略

二〇〇六年十一月五日星期天，清晨五點鐘不到，一位曾於冷戰時期服役的老兵，起床準備執行他的機密任務。[1]六十三歲的德州農工大學（Texas A&M University）校長羅伯特·蓋茨，自十三年前卸下中情局局長一職之後，就再也沒為政府工作過。但這是來自白宮的親自請託，他自是義不容辭。出生美國中西部，擁有俄羅斯與蘇聯歷史博士學位的蓋茨，悄悄離開他在大學城校區住的磚造房屋，沒有引起任何人的注意。他往西北方開了兩小時的車，穿越德州中部，抵達一座平凡無奇的城鎮麥奎格（McGregor）。他按照指示把車停在布魯克郡兄弟雜貨店（Brookshire Brothers）的停車場，聯絡人在一輛貼著深色隔熱紙的白色道奇Durango裡等他。[2]蓋茨上了他的車，兩人驅車往北方開了十五英里（約二十四公里），抵達草原教堂牧場（Prairie Chapel Ranch），面見那位召喚他過來的人：小布希總統。

白色Durango通過安全檢查哨，開往與牧場主屋有一段距離的獨棟平房，讓蓋茨在那裡下車。小布希的夫人慶祝六十大壽，正在牧場宴請賓客，小布希可不想讓他們看見他的祕密訪客。[3]二〇〇六年十一月的國會期中選舉即將在兩天後舉行，總統擔心蓋茨來拜訪他的消息萬一走漏，會讓選民發現他打算改組內閣，從而把這件事解讀成戰況惡化。

小布希已經暗自打算解除唐納．倫斯斐的國防部長職務，改由其他人接手。由於倫斯斐對伊拉克問題的處理不當，導致國會和北約盟友離心離德，爭強好鬥的個性也使他逐漸失去大眾青睞。蓋茨曾經為他的父親老布希工作，小布希聽了不少誇他的好話，所以想聽聽看他怎麼解決伊拉克和阿富汗的戰爭。

他們長談了一小時，主要是討論伊拉克的問題。即便擴大戰爭規模可能會與民意背道而馳，蓋茨仍支持小布希派遣兩萬五千到四萬兵力到伊拉克的祕密計畫。[4]但蓋茨也告訴總統，他想在阿富汗達成的目標實在是好高騖遠，應該重新擬定戰略。

蓋茨在維吉尼亞大學的口述歷史訪談中表示：「我覺得我們在阿富汗的野心太大了，所有人都一直忽略這個問題，我們應該把目標縮小。」[5]他認為小布希政府想為阿富汗建立民主和建構國家的遠大目標只是「做白日夢」，那是需要好幾個世代才能完成的大業。

他認為應該縮小戰略目標，改成「打擊塔利班，盡可能削弱他們的力量，強化阿富汗的維安部隊，讓他們有辦法自行抵禦塔利班，不讓任何人再次把阿富汗當作與我們美國作對的跳板，就這樣。」[6]

會談結束後，蓋茨搭便車回到雜貨店，接著開車返回大學城。當天下午，他接到白宮幕僚長約書亞．博爾頓（Joshua Bolten）的電話，請他明天飛一趟到華府。[7]小布希總統想在選舉隔天舉辦記者會，宣布蓋茨成為新的國防部長。

沉默寡言的前情報頭子上任，象徵領導階層換血，倫斯斐魯莽極端的作風即將徹底改變。但蓋茨不久之後就會發現，讓美軍撤出阿富汗戰場也很不容易。事實上，他之後派去阿富汗作戰、最後戰死沙場的美軍數量，遠遠超過倫斯斐原先預期的數字。

儘管他們對外宣稱戰事進展順利，請民眾放心，小布希和國安團隊其實非常清楚，他們在阿富汗的戰略並不管用。沒人搞得清楚目標究竟是什麼，更別說擬訂出達成目標的時程或標準。

二〇〇六年，美國已經在伊拉克忙得焦頭爛額，只好仰仗北約的盟友在阿富汗多承擔一些責任。美軍持續掌控阿富汗東部，也就是與巴基斯坦交界處的軍事行動，北約則同意在塔利班養精蓄銳的南方擔任主導工作。英國把軍隊移往海曼德省的沙漠，荷蘭派遣部隊駐紮烏魯茲岡省，加拿大負責管理塔利班的誕生地坎達哈。

五月，英國中將大衛．李查茲抵達喀布爾，成為北約聯軍的新指揮官。幾個月後，他也成為阿富汗東邊美軍部隊的指揮官，這是美軍和北約盟友第一次在阿富汗聽命於同一位指揮官。這位參與過獅子山共和國、東帝汶和北愛爾蘭戰事的老將，負責監督三十七國組成的三萬五千兵力，看起來威風凜凜、令人敬畏。

表面上，李查茲欣然接受這個職位，在北約組織歐洲以外的頭號戰場擔任聯軍的指揮官。但事實上，聯盟缺乏像樣的作戰策略，對於戰事的目標又無法達成共識，著實把他嚇壞了。

「完全沒有條理清晰的長期策略。」[8]他在「記取教訓」計畫訪談中提到：「我們試著想出一個清楚的長期計畫，合宜的戰略，但我們最後只想出一堆零零星星的戰術。」

五十四歲的李查茲想擬訂反叛亂戰略，為阿富汗政府爭取民意支持。理想的情況是北約聯軍鎖定幾個地區掃蕩游擊隊，幫助阿富汗政府穩定局面，一邊展開重建計畫。但事實證明，情況沒有北約想得那麼容易。

二〇〇六年九月，加拿大軍和盟軍奉李查茲之命展開「梅杜莎行動」（Operation Medusa），進攻塔利班在坎達哈省的據點巴瓦益（Panjwai），企圖奪回控制權。但行動很快就偏離了原訂計畫。

加拿大軍隊在行動第一天就遭到塔利班伏擊，逼得他們不得不撤退。隔天，一架美國空軍A-10疣豬攻擊機（機頭畫著嚇人尖牙圖案的低空攻擊戰機），不小心用機關槍掃射一排加拿大軍隊，根據李查茲的說法，這樁意外把加拿大軍搞得「士氣一蹶不振」。[9]加拿大方想取消行動，但李查茲說取消的話會讓北約難堪，說服他們繼續行動。

兩星期後，加拿大率領的聯軍終於拿下勝利，殺死好幾百名塔利班戰士。但盟軍也付出慘痛的代價：十九支加拿大和英國聯軍部隊陣亡，受傷的士兵更是不計其數。更糟的是，盟軍沒有成功把守住巴瓦益，叛亂份子又東山再起。李查茲說加拿大軍隊「已經筋疲力盡」，而且他們還有更重要的任務，那就是保護坎達哈市的安全，實在是左支右絀。[10]李查茲表示：「加拿大軍隊打了一場硬仗，差一點點就輸了，他們才會全都氣力放盡。」[11]

為了成功執行反叛亂戰略，李查茲提到他需要更多部隊，重建計畫也需要更多金援和人力，但聯盟本身也捉襟見肘。

李查茲在「記取教訓」計畫訪談中憶及自己在巴瓦益行動一敗塗地時，曾與冷漠的倫斯斐有一次劍拔弩張的會面。當時擔任國防部長的倫斯斐，質問他為什麼南方的戰事惡化了。李查茲回答，因為缺錢和缺人手。「倫斯斐就說『上將，你什麼意思？』我回答『我們的部隊和資源不夠，況且我們的目標變得更大了。』然後他說『我不同意，上將。你們繼續行動。』」[12]

美國對自己的盟友失望透頂。每一個北約會員國，都為自己的部隊設定各式各樣的限制，以作為加入阿富汗戰爭盟軍的條件，其中一些規定近乎荒謬。

德國不允許士兵參加作戰任務、夜間巡邏，或離開大致還算安定的阿富汗北部，卻准許士兵暢飲酒精飲料。[13]二〇〇七年，德國政府送了二十六萬加侖的自釀啤酒，還有一萬八千加侖的紅酒到戰區，給三千五百名士兵享用。

相較之下，出力作戰的大多是美軍，可是他們幾乎喝不到酒。美軍主要是受到一般命令第一號（General Order Number 1）的限制，這道命令禁止士兵在美軍基地飲酒，以免觸犯阿富汗穆斯林滴酒不沾的戒律。

小布希的駐北約大使尼可拉斯・伯恩斯（Nicholas Burns），在一場「記取教訓」計畫訪談中表示：「我們覺得自己已經竭盡全力，但有些盟軍似乎不是這樣，所以這是北約組織內的一大難題。」[14]

北約率領的盟軍，也就是所謂的國際安全援助部隊（International Security Assistance Force，ISAF）的總部，是一棟巨大的黃色建築物，鄰近美國位在喀布爾阿克巴汗區（Wazir Akbar Khan）的大使館。在高聳水泥防爆牆後方的ISAF總部，宛如阿富汗首都裡的宜人綠洲，還有一座精心照料的花園。

但總部裡面可不是那麼平靜，盟軍必須與造成他們綁手綁腳的官僚體制搏鬥。來自三十七國的代表必須協調行動、決定人員配置，還要擺平政治紛爭，頻繁的人員流動使得事情更加棘手。盟軍成員都限制自己人的服役時間，通常只會停留三到六個月。新來的人好不容易跟上進度，旋即又被調走，只能繼續訓練前來接替的人。

美國空軍戰鬥機飛行員布萊恩・派特森少校（Brian Patterson），二〇〇七年時在ISAF總部服役四個月，負責空中支援行動中心的夜間工作。他可以動員英國的獵鷹戰鬥機（Harrier）、荷蘭的F-16戰鬥機、法國的幻象（Mirage）和飆風戰機（Rafale），還有美國的戰鬥噴射機和轟炸機。但這些戰機的能耐和限制各有不同，需要格外謹慎有耐心，才能妥善整合五花八門的資源。舉例而言，德國的旋風式戰鬥轟炸機（Tornado）只能在特定的緊急狀況使用。

派特森說ISAF總部就像「拼拼湊湊的科學怪人組織」，廣納所有資源卻缺乏效率。[15]「我們喜歡一直線的行事作風，但是到北約總部走一趟，會覺得他們像義大利麵一樣，彎彎繞繞、錯綜複雜。」他在陸軍口述歷史訪談中表示：「感覺就像幼稚園，人人有得玩、人人都有話語權。」（不過在北約工作的確有好處，美國人在這裡可以喝酒。派特森坦承：「基地裡面有幾間酒吧，待遇很不錯。」）

美國對盟軍的不滿很合理，其他盟友對美國也多多少少懷抱怨懟。九一一事件之後，加拿大和其他北約的歐洲成員就到阿富汗部署軍力，展現團結的精神。但盟軍覺得美國把他們的幫助視為理所當然，毫不尊重他們的貢獻，尤其是在戰爭變得永無止境，五角大廈又把重心全部放在伊拉克之後。

二〇〇六年十二月，英國國防大臣戴斯蒙・布朗（Desmond Browne）寄信給倫斯斐，點出目前他們缺乏戰略的問題，並要求聯盟首長們盡速開會，以期使這次軍事任務的「政治背景更明朗」。[16]倫斯斐當時任期將滿，影響力已大不如前，他回應布朗的想法「值得讚許」，[17]但他還是會遵照蓋茨的做法，即便蓋茨還要等待參議院認可才能走馬上任。兩個月後，北約各個首長召開會議，但一點成效也沒有。蓋茨後來回想，他當時最在意的三件事就是「伊拉克、伊拉克和伊拉克」。少了美國的領導，阿富汗軍事任務只能原地踏步。「我們沒有核心，沒有共同目標。」[18]一位不具名的北約官員在「記取教訓」計畫訪談中表示：「事實上，他們一點都不急著擬訂戰略。」

美軍將領都已經做好心理準備，迎接更棘手的二〇〇七年到來，因為他們知道逐漸擴大的叛亂活動將難以遏止。後援部隊人手不足，因為北約盟軍無視他們加派軍力的要求，而五角大廈則是被伊拉克戰爭搞得筋疲力竭。「套句軍中流行的說法，我當時已經『沒有啤酒了』，我無能為力。」[19]蓋茨在口述歷史訪談中表示。

面對大眾時，美軍將領都用自己的方式展現滿滿的自信。二〇〇七年二月，在保守派智庫美國企業研究院的一場演講上，小布希表示政府已經「徹底檢視我們的戰略」，然後宣布新的「邁向成功的戰略」。

除了多一項擴張阿富汗軍隊和警力規模的承諾，所謂的新戰略其實與舊戰略相去不遠。小布希明明三個月前在牧場與蓋茨祕密會面，接受他的建議縮小戰爭的目標，卻絲毫沒有照做的意思。他反而對外宣布自己野心勃勃的目標，不只要「打敗恐怖份子」，還要把阿富汗變成「尊重所有公民權利，局勢穩定、作風溫和的民主國家。」

「對某些人來說，這看起來是不可能的任務，但並非真的不可能。」小布希表示：「我們這五年來取得十足進展。」

即使是總統新任命的軍事指揮官，也搞不太懂所謂的「邁向成功的戰略」。

小布希發表智庫演講後幾天，陸軍上將丹・麥克尼爾便抵達喀布爾，接手指揮美軍和北約聯軍。這位來自北卡羅來納州、白髮蒼蒼的上將，是第二次在阿富汗擔任指揮官。如同前一任指揮官英國的李查茲上將，麥克尼爾很快就意識到美國和北約缺乏清晰的戰略。戰爭彷彿變成自動跟車系統，沒有照著地圖走，沒有目標，只是盲目地向前進。

「二〇〇七年的北約完全沒有作戰計畫，說了一堆空話，就是沒有計畫。」[20] 麥克尼爾在「記取教訓」計畫訪談中表示：「我們收到的指示是殺死恐怖份子，幫助建立阿富汗軍隊。還有不要分裂同盟，就這樣了。」

開戰六年後，各方對戰爭的目標還是沒有共識。有些官員認為目標應該包括改善貧窮和兒童死亡率，而包括小布希在內的其他人，則是把焦點放在自由民主化。如此高風亮節卻又不清不楚的目標，讓這位四星上將非常困惑。麥克尼爾表示：「早在我過去之前，就一直希望有人能告訴我打勝仗的意義，但沒有人說得出來。」[21]

位階比較低的前線士兵，也感受到他們毫無戰略可言。他們說自己非正式的任務，就是在美軍身陷伊拉克戰爭期間守好阿富汗，不要讓戰況失控。二〇〇七年在阿富汗東部掌管戰地醫院的理查・菲利浦斯中校（Richard Phillips），在陸軍口述歷史訪談中表示：「伊拉克戰爭占據了所有的資源和時間，吸走了所有的注意力。而阿富汗什麼都不是，對所有人而言只是背水一戰、力挽狂瀾的機會。」[22]

愛荷華州國民兵軍官史蒂芬・波森少校（Stephen Boesen），在二〇〇七年擔任阿富汗步兵團作戰顧問時，說美國打這場仗「只是白費我們的力氣」，而且「什麼戰略都沒有」，他還說高階將領完全沒辦法清楚說出戰役的目標或標準。[23]

他回家之後，精準猜到戰爭還會糊里糊塗、漫無目標地持續好幾年。「如果我們遲遲不達成共識，我只能悲觀地說，等我的孩子夠大了，還是會跟我進行一模一樣的任務。」[24]波森這麼告訴陸軍歷史學家。

二〇〇七年春天，白宮終於意識到他們需要更好的戰略建議。國家安全顧問史蒂芬・海德里說服小布希任命一位白宮「戰事權威」，負責統合伊拉克和阿富汗戰爭的戰略和政策。小布希選中了道格拉斯・魯特中將，五角大廈參謀首長聯席會議的作戰部長。魯特來自印第安納州，畢業於西點軍校，曾被派駐科索沃並參加過第一次伊拉克戰爭。

魯特配合小布希政府的一貫態度，預計投入百分之八十五的時間處理伊拉克問題，[25]只花百分之十五的精力關注阿富汗。在參議院的任命聽證會上，參議員只問了他一個跟阿富汗戰爭有關的問題，就是詢問他塔利班在巴基斯坦的庇護所。儘管小布希對外宣布了「邁向成功的戰略」，魯特卻發現白宮裡幾乎沒有人真正構思過阿富汗的戰略。

「我們缺乏對阿富汗的基本認識，根本不知道自己在做什麼。」[26]魯特回想當時的情景，在「記取教訓」計畫訪談中表示：「我們到底想達到什麼目標？我們對自己在做的事根本毫無頭緒。」魯特再三強調自己沒有誇大其詞：「真的比想像中糟糕太多了，對戰爭前線的理解不一、目標誇大不實、過度依賴軍隊，對必要資源也是一知半解。」[27]

隨著二〇〇七年進入尾聲，前線傳來的消息愈來愈令人沮喪。美軍的死亡人數創下年度新高，自殺炸彈造成的平民死傷增加五成。鴉片生產量更是創下紀錄，阿富汗生產的鴉片已達到全球供應量的九成。

但國會、白宮、記者和所有美國人都把焦點放在伊拉克，阿富汗發生了這麼多事卻無人聞問。阿富汗的消息終於浮上檯面之後，各軍事將領卻持續漠視和弱化塔利班復甦的嚴重性，彷彿只是可一笑置之的小事情。

二〇〇七年十二月，麥克尼爾上將接受公共電視服務網訪談，又把軍方以前的說詞搬出來，說衝突加劇不是因為塔利班變強了，而是因為美軍和北約聯軍的強勢追擊。他說：「我們只是不想再等了，決定追擊他們。」

公共電視服務網主播關·艾飛爾（Gwen Ifill）非常懷疑：「但我們以為，有人曾告訴我們，塔利班已經被消滅，被趕走了。」她詢問：「他們現在卻活得好好的？」[28]

「這話不是我說的。」[29]麥克尼爾回答：「他們只是逃到我們之前打不到的地方，我們現在就要去那裡打他們了。」

雖然伊拉克戰爭耗盡美軍可用的資源，五角大廈還是在二〇〇八年一月想辦法討來了一些「啤酒」。他們宣布增派三千兵力到阿富汗，美軍士兵總數達到兩萬八千人。

二月的新聞記者會上，麥克尼爾為了美化前線險峻的戰情，說得是天花亂墜。他告訴五角大廈的記者，之所以決定派出更多軍隊，是因為美國和北約正逐步邁向勝利，並不是快輸了。「我們在部隊裡常會說，勝券在握的時候一定要加強力道。」麥克尼爾表示：「我們將在二〇〇八年取得更多進展。」儘管情報評估一致回報叛亂份子其實只是轉移陣地，他仍堅稱叛亂行動都已經停滯了。

兩天後的政治演講中，這位總司令再次強調同一套說法。在保守政治行動會議上（Conservative Political Action Conference），面對那些說阿富汗戰爭陷入泥淖的批評，小布希又一次表現出嗤之以鼻的態度。「我們絕不讓步，也見到成果了。」小布希表示：「塔利班、蓋達組織和他們的同夥都落荒而逃。」

不過，小布希私底下其實非常擔憂。雖然他的第二個任期剩不到一年，他還是決定再審查一次戰略。二〇〇八年五月，他的「戰事權威」魯特和助理團隊前往阿富汗，為白宮執行評估工作。同一時間，國務院和五角大廈的參謀首長聯席會議，也分別提出了他們的戰略審查報告。

沒有任何一方覺得美軍在落敗邊緣。他們認為塔利班雖然谷底反彈了，但還是不夠強大，無法拿下大城市或進攻喀布爾。可是在魯特看來，情勢顯然對美國非常不利，而且是每下愈況。叛亂份子的攻擊規模、分散的位置和暴力程度，三年來節節攀升。

魯特在此行結束後彙整編寫了一份報告，將諸多失敗歸咎於盟軍根深柢固的「像義大利麵一樣」[30]的指揮鏈。他用一頁投影片解釋了他口中的「十種戰爭」問題。魯特的團隊走訪塔利班的據點坎達哈，在那裡發現好幾個盟軍勢力，包括美軍和北約傳統部隊、中情局、特種部隊、阿富汗陸軍、阿富汗警察、作戰顧問和訓練官，還有其他單位，但他們的目標都不盡相同。

「總共有十股勢力，問題在於他們完全不溝通。」魯特在維吉尼亞大學的口述歷史訪談中表示：「左手從來不跟右手對話。」[31]

他舉了一個例子，比如海軍海豹部隊或陸軍三角洲部隊的突擊隊「會連夜突襲某個地區，而陸軍卻整個被蒙在鼓裡。隔天太陽升起，現場只留下燒毀的斷垣殘壁。軍方只好派出步兵單位去了解情況，跟當地人道歉賠不是。這種情況只會一直發生、層出不窮。」[32]

更廣泛地說，二〇〇八年的戰略審查結論，跟二〇〇三年、二〇〇六年和二〇〇七年審查報告得出的結論，其實大同小異。這些報告都指出阿富汗戰爭因為伊拉克戰爭而受到忽視，建議美國政府投入更多時間、金錢和各項資源到阿富汗。

隨著戰略審查進行，各個軍事將領繼續對外發布安撫民心的報告。麥克尼爾十六個月的指揮官生涯，在二〇〇八年六月劃下句點，他對於美國和北約在他任期內達到的所有成就感到非常樂觀。他說可以看到「許多明顯的進展」，像是全新道路、醫療衛生改善，還有更大更好的學校。

「我只是想說，我們在阿富汗有很大的進展，維安方面頗有進展，重建也有所進展。」他在五角大廈的卸任新聞記者會上表示：「我再次強調，我認為未來充滿希望，而且進展還會持續下去。」

但幾個月後，他們仍然沒有明確戰略。軍事將領樂觀的說詞和令人喪氣的現實，兩者的矛盾讓人愈來愈難以忽視。

到了二〇〇八年夏天，派駐阿富汗的美國將領發現，當年稍早時加派的三千兵力顯然不夠，於是請求五角大廈派遣更多支援。總統選舉即將到來，小布希政府決定把這個燙手山芋丟給下一位入主白宮的人。

仍然沒有一位將領願意承認，自己無法打敗塔利班。

九月，阿富汗東部的美軍指揮官傑佛瑞．施洛瑟少將（Jeffrey Schloesser）舉辦一場記者會，強調他的部隊目前「進展非常穩定」。他的用字遣詞非常謹慎，他說「如果要持續在最適當的時機達到良好的進展」，就需要更多士兵。

一位記者直截了當地問他能不能打贏戰爭，施洛瑟遲疑了。「你們知道的，事實就是，我覺得，我們的進展很穩定。」他表示：「可以說是慢慢收下勝利，應該吧。」

九月下旬，國防部長蓋茨親臨喀布爾，與五十七歲的美軍和北約聯軍指揮官大衛．麥吉南上將（David McKiernan）見面。麥吉南來自喬治亞州，曾在五年前入侵伊拉克的戰爭中擔任美軍地面部隊指揮官。他現在如法炮製，要把更多部隊帶進阿富汗。

在記者會上，麥吉南說塔利班沒辦法贏下戰爭。但他說美國也不能保證獲勝，這點倒是坦率得出奇。他表示：「我們沒有輸，但是在某些地方贏得比較慢。」

幾週後，他的公開說詞變得更悲觀。「我們在阿富汗大部分地區，都沒有進展。」他十月前往華府時告訴記者：「我不會說事情都在正軌上……這是一場苦戰。所以情況變好之前，可能會繼續惡化，這非常有可能。」

麥吉南的態度轉變，讓許多事情不言自明。這是史上頭一遭，阿富汗戰爭的指揮官非常坦蕩蕩地將戰爭情勢的轉變公諸於眾。

這個位置他是坐不久了。

TO: Steve Cambone

FROM: Donald Rumsfeld

DATE: September 8, 2003

I have no visibility into who the bad guys are in Afghanistan or Iraq. I read all the intel from the community and it sounds as thought we know a great deal but in fact, when you push at it, you find out we haven't got anything that is actionable. We are woefully deficient in human intelligence.

Let's discuss it.

DHR/azn
090803.26b

Please respond by: 9/18

✓ 9/20

C 9/15

Response attached
V/r CDR Nosenzo
9/15

000.5

2 Sep 03

11-L-0559/OSD/18828 U21525 /03

國防部長倫斯斐在2001至2006年間寫下數千份簡短的備忘錄，部下將其稱作「雪花」（snowflakes）。「雪花」的措辭帶有倫斯斐的粗魯風格，許多與阿富汗相關的內容都預告了多年後仍將持續困擾美國軍方的問題。

2001 年 10 月 6 日，美國軍方開始轟炸的前一天，副總統錢尼與國防部長倫斯斐在華盛頓會晤。（© David Hume Kennerly/Getty Images）

2002 年 10 月，在阿富汗東南部的一次清晨突襲中，欲尋找武器藏匿處的第八十二空降師士兵正準備進入住宅區。儘管該組織領袖大都已逃離該國或被殺、被捕，仍有大約九千名美軍留在阿富汗追捕蓋達組織的成員。（© Chris Hondros/Getty Images）

2001 年 11 月 7 日，北方聯盟戰士與塔利班部隊發生小規模衝突，圖中為進入前線戰壕的北方聯盟戰士。接下來幾天，北方聯盟在美軍的協助下掌控了幾個主要城市，包括馬薩里沙利夫、赫拉特、喀布爾和查拉拉巴。（© Lois Raimondo/*The Washington Post*）

2001 年 12 月托拉波拉戰役期間，阿富汗戰士於白山山脈（White Mountains）附近與美國的軍演坦克結盟。蓋達組織領袖賓拉登在雙方酣戰幾天後逃離該地區。（© David Guttenfelder/AP）

2002 年 2 月，陸軍上將法蘭克斯（左）與一眾資深軍官於佛羅里達州坦帕中央司令部透過衛星與阿富汗的美軍召開每日會議。（© Christopher Morris/VII/Redux）

2003 年 3 月 21 日，美國入侵伊拉克之後，國防部長倫斯斐於五角大廈為美軍錄製了一段影片。小布希政府幾乎將所有重心轉移至伊拉克，冷落了阿富汗戰爭。（© David Hume Kennerly/Getty Images）

2004 年 10 月總統大選前，阿富汗巴達克珊省（Badakhshan）靠近塔吉克邊境的偏遠村落女孩們，她們正看著聯合國工作人員取出選票。投票進行得很順利，卡賽也贏得五年任期。當時小布希政府正努力應付伊拉克日益嚴重的叛亂和宗派血腥屠殺，投票結果對他們而言是個好消息。（© Emilio Morenatti/AP）

2004 年 10 月，帶著面紗的阿富汗女子行經卡賽位於喀布爾的肖像。卡賽是一位穿著優雅又有教養的普什圖領袖，他與小布希政府關係密切。但美國官員漸漸對他失去興趣，雙方的關係也開始失常。（© Emilio Morenatti/AP）

LESSONS LEARNED RECORD OF INTERVIEW

Project Title and Code:
LL-01 – Strategy and Planning
Interview Title:
Interview Ambassador Richard Boucher, former Assistant Secretary of State for South and Central Asian Affairs.
Interview Code:
LL-01-b9
Date/Time:
10/15/2015; 15:10-16:45
Location:
Providence, RI
Purpose:
To elicit his officials from his time serving as Assistant Secretary of State for South and Central Asian Affairs.
Interviewees:(Either list interviewees below, attach sign-in sheet to this document or hyperlink to a file)
SIGAR Attendees:
Matthew Sternenberger, Candace Rondeaux
Sourcing Conditions (On the Record/On Background/etc.): On the record.
Recorded: Yes [x] No [ ]
Recording File Record Number (if recorded):
Prepared By: (Name, title and date)
Matthew Sternenberger
Reviewed By: (Name, title and date)
Key Topics:

- **General Observations**
- **The State and DOD Struggle**
- **Building Security Forces**
- **Governance Expectations and Karzai**
- **Capable Actors**
- **Regional Economics and Cooperation**
- **General Comments on Syria & Iraq**
- **Lessons Learned**

General Observations

Let me approach this from two directions. The first question of did we know what we were doing? The second is what was wrong with how we did it? The first question of did we know what we were doing – I think the answer is no. First, we went in to get al-Qaeda, and to get al-Qaeda out of Afghanistan, and even without killing Bin Laden we did that. The Taliban was shooting back at us so we started shooting at them and they became the enemy. Ultimately, we kept expanding the mission. George W. [Bush], when he was running for president, said that the military should not be involved in nation building. In the end, I think he was right. **If there was ever a notion of mission creep it is Afghanistan.** We went from saying we will get rid of al-Qaeda so they can't threaten us

阿富汗重建特別督察長辦公室（SIGAR）為執行其「記取教訓」計畫，訪談了數百位在阿富汗戰爭扮演要角的人員。SIGAR原欲保密訪談筆記及逐字稿，但《華盛頓郵報》對該機構提出告訴，並依據《資訊自由法》取得了計畫文件。

第十章　軍閥

二〇〇六年十二月，人權組織人權觀察（Human Rights Watch）公開呼籲阿富汗正視過往混亂的歷史，成立特殊法庭調查一九九〇年代內戰期間涉嫌施暴的軍閥。[1]總部位於紐約的人權觀察組織列出一份名單，公開指責十位仍然逍遙法外的戰爭犯嫌疑人。

人權組織對正義和責任的訴求，揭露華府長久以來試圖遺忘的傷疤。名單上的幾位軍閥在阿富汗政府身居高位，與美國政府關係匪淺。他們的血腥歷史在阿富汗盡人皆知，因此這份名單讓小布希政府十分難堪，時時提醒著世人小布希政府為了打擊塔利班和蓋達組織，竟與這麼糟糕的人物結盟。

但美國官員沒有因為軍閥惡名遠播而疏遠他們，反而是去安撫討好。聖誕節前兩天，喀布爾美國大使館第二把交椅理查·諾蘭德（Richard Norland），私下拜訪名單上最臭名昭著的人物阿卜杜勒·拉希德·杜斯坦將軍（Abdul Rashid Dostum），說美國仍然很重視他這位朋友，請他放心。[2]

身材壯碩、冷酷無情，熱愛威士忌的杜斯坦，曾在一九九〇年代指揮一隊烏茲別克民兵在喀布爾燒殺擄掠，把喀布爾搞得一片狼藉。二〇〇一年，他手下的戰士把塔利班的囚犯關進貨櫃，活生生悶死了幾百個人，杜斯坦自己則被指控綁架和性侵政敵。但他同時聽命於中情局和五角大廈，因此美國的官員很想保住這位盟友。

杜斯坦住在喀布爾的謝普爾區（Sherpur），一個住滿靠著戰爭財成為爆發戶的富人社區。諾蘭德及其他美國外交人員抵達杜斯坦用大理石打造的新豪宅時，發現他的心情非常鬱悶不悅。[3]五十二歲的杜斯坦被人權觀察批評得體無完膚，他還抱怨對手也在散播謠言，說他與塔利班密謀政變推翻中央政府。

根據諾蘭德在機密外交電報中簡述的會面過程，杜斯坦告訴他們：「他們用各式各樣的話羞辱我，都罵到詞窮了。我的罪孽就是為國家奮鬥。」[4]

美國外交官諾蘭德坐進一張又軟又厚的扶手椅，竭盡所能地安撫快要妄想症發作的杜斯坦，告訴他「最好的方法就是在事件的發展過程中保持積極正向」。[5]不過，諾蘭德也在電報中告訴華府官員，杜斯坦跟以前一樣討人厭，然後說謠傳他最近強暴了一位年輕的幫傭，還指使侍衛毒打和性侵一名阿富汗議會成員。他在電報中更補充道：「他喝醉鬧事簡直是家常便飯。」

雖然杜斯坦否認這些指控，但這起事件讓阿富汗軍閥和美國政府之間拖泥帶水又不健康的依賴關係，產生了極度尷尬的轉變。

雙方的關係可追溯至一九八〇年代，當年中情局偷偷運送武器和補給品給聖戰士（mujahedin），也就是對抗蘇聯紅軍和阿富汗共產政權的穆斯林游擊隊。在中情局和聖戰士聯手抵抗之下，蘇聯被迫於一九八九年撤軍。一九九二年阿富汗分裂，國家從此陷入內戰。

聖戰士領袖開始互相攻擊，組成一個個武裝派系撕裂國家，陷入徹底的混亂。這些組織通常是以部落和種族劃分，而組織的領袖便成為軍閥，以獨裁者的身分統治當地。雖然中情局自一九九〇年代起逐漸減少與軍閥的聯繫，但九一一事件後，美國政府還是重新接納許多位軍閥，借助他們的力量對抗塔利班。

驅逐塔利班之後，小布希政府希望軍閥支持新的阿富汗政府，因此容忍了他們在道德與人權上的汙點。但華府對軍閥所作所為的姑息，激怒了許多認定軍閥是國家亂源、腐敗得無可救藥的阿富汗人。

而塔利班跟他們一樣殘忍暴虐。塔利班於一九九六年到二〇〇一年執政期間，屠殺了成千上萬的人民，把女人當作私人財產，甚至會把人當眾斬首。但是在許多阿富汗人眼中，軍閥還是比塔利班壞得多，而且他們對於塔利班的虔誠信仰和貫徹伊斯蘭教法的作為讚許有加，縱使他們的司法體制可說是十分嚴苛。

二〇〇〇年代住在坎達哈，之後成為美軍顧問的記者莎拉・雪斯（Sarah Chayes），說美國在九一一事件之後「太執著於追擊塔利班」，因此忽視了與杜斯坦這種惡徒結盟的壞處。「基於『敵人的敵人就是我的朋友』這個原則，我們決定仰賴軍閥，幫助他們獲取權力。」[6]她在「記取教訓」計畫訪談中表示：「我們不知道，事實上人民對於塔利班趕走軍閥感到歡欣鼓舞。」

小布希政府內部對軍閥的看法也呈現兩極化，雖然未必所有人皆如此，但許多外交人員都是硬著頭皮與軍閥打交道。比較不重視個人道德和人權問題的中情局，將軍閥視為不可或缺的夥伴，送上大把大把的鈔票鞏固他們對美國政府的忠誠。有的美軍指揮官十分讚賞那些十惡不赦的軍閥，因為他們在家鄉有非常強大的影響力，但是也有人主張這些軍閥應該坐牢或處死。

小布希政府國防部的毒品管制政策高階官員安德烈．霍利斯（Andre Hollis）表示，美國政府打從一開始對軍閥的態度就像是「精神分裂」，而且這個問題始終懸而未決。[7]他在「記取教訓」計畫訪談中表示：「各個單位之間和內部都沒有達成共識。」

在這一群軍閥中，杜斯坦占有舉足輕重的地位。他曾當過摔角選手，身材魁梧，有著凶狠的濃眉和厚厚的短髭，一九八〇年代曾與蘇聯和阿富汗共產黨一起對抗聖戰士。蘇聯撤離後，他繼續統領數萬名烏茲別克戰士，還有坦克車和一小隊戰機作為後盾。他在阿富汗北部的希比爾甘（Sheberghan）和馬薩里沙利夫擴張勢力，將自己的肖像印在大大小小的招牌上，創造他的個人崇拜。

一九九〇年代內戰期間，他斷斷續續與所有派系結盟，不過與所有人結盟就等於是蒙騙了所有人。他曾為了躲避塔利班的追捕，逃離阿富汗兩次。二〇〇一年五月，他返回阿富汗加入軍閥組成的北方聯盟，成為阻止塔利班繼續奪取阿富汗其他地區的最後一道防線。

事實證明，杜斯坦加入的正是時機。幾個月後，幾團中情局準軍事行動人員和特種部隊成員抵達阿富汗北部，準備為美國九一一劫機事件復仇。他們加入杜斯坦的圍攻部隊擔任作戰顧問，再加上聲勢浩大的美國空軍作為後盾，他們精心策劃了一場攻擊，逼迫塔利班棄守馬薩里沙利夫，以及另一座北方大城昆都茲（Kunduz）。

二〇〇一年十一月下旬，幾萬名塔利班戰士向杜斯坦的民兵投降，未料竟引發了新的問題。幾百名被杜斯坦關押在馬薩里沙利夫附近破舊碉堡的塔利班士兵，發起了為期多日的血腥反抗活動。杜斯坦的幾十個手下，還有一名中情局探員強尼．麥可．史潘（Johnny Micheal Spann）都在這場暴動中遇害，另外有至少兩百名塔利班成員喪命。

隨著暴動擴大，杜斯坦手下的指揮官又在昆都茲附近逮捕了兩千名塔利班成員，將他們關進密閉的貨櫃裡準備移送。車隊載著貨櫃開了兩百英里（約三百二十二公里），來到希比爾甘的另一座監獄。然而在貨櫃抵達時，大部分的囚犯不是早已窒息而死，就是被杜斯坦的手下開槍打死了。這件事一直沒有公開，直到二〇〇二年初，記者和人權組織發現這些囚犯被埋在希比爾甘附近沙漠的亂葬崗裡，他們死亡的真相才曝光。[8]社會運動組織催促阿富汗和美國政府著手調查戰爭犯罪，而美國政府一直等到小布希卸任才展開調查，但沒有人為自己的罪行付出代價。[9]

儘管中情局和特種部隊人員，擺明了與杜斯坦和他的手下往來密切，美國官員卻公開表示在媒體揭露之前，他們全然不知囚犯死亡的事情。但文件顯示小布希政府和杜斯坦為了維繫最高層級的軍事交流管道，可是做了很多努力。就在囚犯死亡的幾個星期後，杜斯坦從他的指揮所寄了一封佳節問候信到白宮。

「親愛的美國總統喬治．沃克．布希先生！」杜斯坦這封信是用電腦打字，回信地址寫的是美軍的郵遞區號。[10]「請收下我在新年佳節送上的祝福！阿富汗人民長期飽受痛苦，現在終於體驗到和平，他們非常感謝您在這方面的付出。」

「祝福您身體健康、事事順利，好運連連。」他補上一句。[11]

五角大廈並沒有攔截這封來自軍閥的信件，而是小心翼翼地將信件遞送上去。[12]一月九日，美國中央司令部司令湯米・法蘭克斯上將信件直接傳真給唐納・倫斯斐，倫斯斐接著寫了雪花備忘錄給下屬，確保杜斯坦的問候信送到小布希的桌上。「杜斯坦是一位北方聯盟的指揮官。」倫斯斐身邊的一位助理在雪花備忘錄上寫到：「他算是很有能力的戰士，我們的軍隊跟他配合得非常好。」[13]

二〇〇二和二〇〇三年時，阿富汗人想鞏固他們的新政府，杜斯坦卻與他們處處作對。為了爭奪北方諸省的統治權，他的軍隊與政敵的民兵打得不可開交。之後他拒絕服從國際勢力要求遣散部隊，反而是帶著重裝武器投靠阿富汗政府。

縱使杜斯坦的作風殘暴，美國對他的支持依然堅定不移。二〇〇三年四月，來自南加州的共和黨議員戴納・羅拉巴克（Dana Rohrabacher），前往阿富汗總統府拜會哈米德・卡賽，力勸他讓杜斯坦在新政府獲得更多權力。[14]根據一封簡述會面情況的機密外交電報，羅拉巴克非常突兀地叫卡賽別再稱呼杜斯坦和他的同夥為「軍閥」，建議他以比較不負面的「種族領袖」來稱呼。

卡賽簡直難以置信。[15]他說杜斯坦是「不法之徒」，而且他的手下前幾天才捲入一場槍戰，殺了十七個人。他提出警告，若杜斯坦和其他軍閥繼續殺人、強暴和搶劫，阿富汗人就會希望塔利班回來執政。「卡賽強調人民真正想要的是活在法治社會，已經有人開始抱怨現在的政府，並說塔利班執政時至少還有法可管。」電報的結尾這樣寫到。[16]

其他美國外交人員也幫忙勸說，但杜斯坦依然故我，爭強好鬥。會說達利語的湯瑪斯・哈特森，二〇〇三年和二〇〇四年在馬薩里沙利夫擔任政戰官，每兩個星期就會與杜斯坦見面，他會帶雪茄來攏絡他口中這個長得像「娃娃臉史達林風格狄托」的男子。[17]

哈特森希望說服杜斯坦自願離開阿富汗，所以他想了許多天馬行空的方案。[18]他想提議讓杜斯坦在外交官參與的電影擔任監製的工作，如果這個方案不管用，他會建議有疑心病的杜斯坦到格瑞那達島上接受治療，希望杜斯坦愛上加勒比海的宜人氣候，再也不回阿富汗。

不過哈特森最後還是說了重話，要杜斯坦想想看那些與他一樣曾跟美國結盟的人後來發生什麼事，比方說伊朗國王和海地總統尚貝坦·亞里斯第德（Jean-Bertrand Aristide）。[19]

「杜斯坦完全不知道亞里斯第德，連海地都沒聽說過。我告訴他既然跟美國做了交易，就會保證他活命。我接著建議杜斯坦再做一筆交易，讓他脫離軍閥的圈子。」[20]哈特森在外交口述歷史訪談中回想當時的談話：「我覺得他沒有認真考慮我的建議，但我一直告訴大使館的人，某種程度上也是告訴華府的人，要他們提出讓杜斯坦無法拒絕的條件。」

二〇〇四年四月，杜斯坦的民兵拒絕聽從阿富汗政府，接著迅速占領北方的法雅布省（Faryab），趕走卡賽任命的省長，此時美國官員終於對杜斯坦失去耐性。美軍指揮官派遣一架B-1轟炸機，在杜斯坦位於希比爾甘的住家上方低空盤旋幾趟，警告他越線的行為。[21]

但是過了幾個月，美國還是忍不住對老朋友伸出援手。二〇〇四年冬天，杜斯坦一名手下驚慌失措地打給大衛·拉姆上校（David Lamm），[22]時任喀布爾美軍總部參謀長。杜斯坦病得很重，醫生認為他時日不多了，美國可以幫忙嗎？

拉姆原本想拒絕，[23]他知道只要杜斯坦一死，就能解決很多問題。但他還是同意讓杜斯坦搭上飛機，從馬薩里沙利夫飛到巴格蘭空軍基地的美國醫療創傷中心接受診斷。巴格蘭基地的一名上校打電話給拉姆，告知他診斷結果：杜斯坦酗酒成性，肝臟嚴重受損，活不久了，唯一的希望是轉診到先進的醫院，巴格蘭基地的上校建議他去華盛頓的華特黎德陸軍醫學中心。

「我就說，他要去華盛頓？要華特黎德幫一位軍閥治療？大使不會同意的。」拉姆在陸軍口述歷史訪談中表示。[24]他們最後想出折衷的辦法，就是將他送去美國陸軍在德國最重要的醫院，蘭茲圖區域醫療中心（Landstuhl Regional Medical Center）。「我們把杜斯坦送去蘭茲圖，他們幫他治療，而且把他的病治好了，還給了他活命所需的設備。」

杜斯坦回家之後，邀請拉姆和其他美國官員到位在喀布爾的住家，舉辦了一場慶祝餐會，感謝他們的救命之恩。[25]但是不久之後，他又繼續那套令人頭痛的作風，接下來好幾年的時間一直讓阿富汗的政局動盪不安。*

在「記取教訓」計畫訪談中，小布希政府的高級官員為他們的軍閥政策背書，說他們已經盡全力處理這棘手的問題。

二〇〇一年擊敗塔利班之後，他們說最艱難的任務就是說服軍閥解散軍隊，宣誓效忠卡賽帶領的新政府。軍閥的軍隊和軍械庫就是他們的權力來源，更是他們能否存活的關鍵。

雖然裁軍行動大獲成功，但也是連哄帶騙，努力了好幾年才達成。小布希政府不想強迫軍閥裁

---

* 二〇一四年《華盛頓郵報》報導，杜斯坦每個月都會透過阿富汗總統府接受中情局提供的七萬美元資金。杜斯坦接受《華盛頓郵報》記者約書亞．帕特洛（Joshua Partlow）訪問時，極力否認收取資金，也否認其他指控，他說「這都是為了抹黑我」。

軍，因為那樣一來恐怕需要派駐更多美軍部隊才能達成，也可能會讓阿富汗分裂得更嚴重。

二〇〇二年至二〇〇三年的美國大使羅伯特・芬恩表示，這些軍閥「已經打了三十年的內戰，他們不會因為美國人說這樣很好，就乖乖放棄一切。」[26]

但這個做法招來了負面結果，美方和卡賽為了讓軍閥同意裁軍，不得不保證讓他們在新政府擔任職位，給予他們政治正當性。

倫斯斐的顧問馬林・史崔麥基表示，國防部和國務院非常明白這些軍閥有多可怕，也很清楚他們會「對我們協助建立的政權合法性造成道德上的瑕疵。」[27]

史崔麥基表示：「有些人忽視了我們在這個階段達成的成就，我覺得有點不公平。消滅私人軍隊是非常重要的政治里程碑，可以幫助國家的政局恢復正常。」[28]他也強調杜斯坦和其他軍閥「擁有許多強大的軍械」，包括蘇聯建造的短程飛彈。「他們沒了私人軍隊，本身就是件好事，如果他們一直不肯聽話，我們就能解決掉他們。」

但是美國讓軍閥加入政府，等同於讓他們在新的政治體制中保有一席之地，成為永遠無法擺脫的問題。許多軍閥靠著非法手段牟取暴利，例如走私毒品和收取賄賂，晉升高級官員後更是變本加厲，其後果就是致使「貪汙腐敗」成為政府的代名詞。

直到二〇〇五年，幾位美國官員才逐漸意識到，他們這麼做就像是在幫弗蘭肯斯坦創造怪物。同年九月，美國大使羅納德・紐曼發了一封機密電報到華府，警告他們阿富汗現在面臨「貪腐危機」，將會「嚴重威脅國家的未來」。[29]紐曼承認美國政府必須負起一部分責任，因為他們與一些「聲名狼藉的人物往來」，但他還是希望卡賽「站在道德制高點」，趕走政府裡「最惡名昭彰的腐敗官員」。

紐曼點名的惡名昭彰官員包括阿邁德・瓦利・卡賽（Ahmed Wali Karzai），他不僅是坎達哈的政治掮客，更是卡賽總統同父異母的弟弟。還有一位是古爾・阿賈・謝爾扎伊（Gul Agha Sherzai），綽號「推土機」的前聖戰士指揮官。

但是這兩人的政治地位都無法動搖。[30]阿邁德・瓦利・卡賽除了是總統的親兄弟，還與中情局密切合作，跟美軍簽下好幾份有利可圖的合約。*

謝爾扎伊在二〇〇一年幫助美軍攻克坎達哈，之後擔任南加哈省（Nangahar）首長，治理包括查拉拉巴在內的重要城市。他擔任省長期間，靠著盜取稅金和收取回扣攢下大筆財富，他在美國政府內還有牢靠的人脈與支持者。

他的支持者包括紐曼在國務院的上司，曾經擔任過發言人，之後成為南亞和中亞事務助理國務卿的包潤石。包潤石十分讚賞謝爾扎伊為了政局穩定，而廣派政治工作和政府合約的做法。[31]他還記得有一次出訪查拉拉巴時，他詢問謝爾扎伊需不需要更多建設協助。「他說『我需要五間學校、五間大學、五座水壩，還有五條高速公路。』」包潤石在「記取教訓」計畫的訪談中回想那次會面：「我說，沒問題，但為什麼都是五個？他說『我要給這個部落、這個部落、這個部落、這個部落，還有一個給其他人。』我當時覺得真是妙極了，現在想想，這實在是我聽過最聰明的作法。」[32]

*二〇一一年七月，阿邁德・瓦利・卡賽在坎達哈被他的保鑣暗殺身亡。

包潤石說與其把錢給「一群薪水高昂的美國專家」，將八到九成的資金浪費在營運成本和盈利上，不如給「可能會拿走兩成款項收歸己用，或分給其他親朋好友」[33]的阿富汗承包商。「我寧可把錢丟到阿富汗，也不想給那些靠裙帶關係的人。」[34]包潤石又說：「也許最後還能確保會有更多錢進到村民的口袋，雖然中間可能經過五位貪官汙吏之手，但村民至少還能拿到一點。」

但其他人認為是美國和他們的盟友太愚蠢，才會把謝爾扎伊這種軍閥捧在手心上，鼓勵他們的貪腐行為。在阿富汗工作的瑞典反貪腐專家尼爾斯．塔克賽（Nils Taxell）在「記取教訓」計畫訪談中，便嘲諷那些只因為謝爾扎伊「不會獨占所有好處，會留一些給別人」，就替他辯解，說他是「仁慈的混蛋」的外國官員。*[35]

如同與謝爾扎伊的複雜關係，美國官員對另一名軍閥也是又愛又恨，那就是二〇〇一年至二〇〇五年擔任海曼德省長的謝爾．穆罕默德．阿坤札達（Sher Mohammad Akhundzada），美國人都簡稱他為「SMA」。他以嚴厲無情的作風聞名，而他在海曼德省蓬勃發展的鴉片產業界名聲更是響亮。

二〇〇四年至二〇〇五年在海曼德省服役的陸戰隊中校尤金．奧古斯丁（Eugene Augustine）懷疑，就是因為SMA和他的高階維安人員涉入毒品貿易，才會讓美國資助的重建計畫窒礙難行。「貪腐的問題始終存在，因為海曼德省生產毒品和罌粟花，所以不免讓人懷疑他們和貪腐與毒品有關係，不光是

* 謝爾扎伊持續活躍於阿富汗政壇，並在二〇一四年角逐總統大位時否認所有不法行為，不過他最後仍競選失利。「沒有證據證明我有罪。」他告訴美國國家廣播公司的記者：「如果我真的有貪汙，早就會在杜拜買下摩天大樓，還會在海外帳戶存幾億元！」

我，更上層的單位和情報機構也都相當懷疑。」[36]奧古斯丁在陸軍口述歷史訪談中表示：「大家總是在問『這些人有涉獵毒品貿易嗎？』每次對話的背後都是在推測，誰會在這場無止盡的貪腐遊戲中賺到錢。」

二〇〇五年，美國和阿富汗的緝毒探員突襲阿坤札達的辦公室，發現他藏了高達九噸的鴉片。他極力否認自己的罪行，但在各國施壓之下，卡賽還是解除了他的省長職位。少了SMA的鐵腕治理，海曼德省很快就成為叛亂份子的溫床，毒品走私問題更是遍地開花，因此有些美國官員很後悔趕走他。

兩度擔任美軍阿富汗總指揮官的麥克尼爾，稱SMA是個「頭腦簡單的暴君」，但是當省長當得很好，因為他可以「壓制其他壞蛋」。[37]他在一次「記取教訓」計畫訪談中，提到把阿坤札達趕下台是個「天大的錯誤」。他說是英國要求趕走SMA，如此他們才肯加入北約新的指揮結構，負責海曼德省的維安。

「雖然SMA做了不少骯髒事，但他能讓政局保持穩定，因為大家都很怕他。」麥克尼爾表示。[38]「這不是好事，我也不想鼓勵助紂為虐，但也許能跟他的追隨者打交道，SMA就是這樣的人。」*

而美國政府遇過最強大也最棘手的軍閥，也許就是塔吉克民兵指揮官，穆罕默德．卡辛．法希姆。法希姆身為北方聯盟的高階將領，也是二〇〇一年協助美軍推翻塔利班政權的大功臣，因此鞏固

---

* 阿坤札達之後成為省參議員，對於自己冷血無情的手段毫無悔意。他接受英國《每日電訊報》（*Telegraph*）訪問時，說他被解除省長職位的時候，有三千名他的支持者都轉而投靠塔利班，因為他們「對政府失去尊敬」。

他在阿富汗新政府的國防部長一職。

小布希政府表面上視法希姆為重要人物，還以正式的三軍儀仗隊歡迎他造訪五角大廈，但是美國官員其實私底下都認為他是破壞政局穩定的腐敗份子，更害怕他會發動暴力政變。

這位蓄著黑色鬍鬚的軍閥，跟卡賽有一段不愉快的往事。[39]一九九四年，負責監督阿富汗政府祕密警察的法希姆，曾經下令逮捕當時擔任外交次長的卡賽，理由是懷疑他是間諜。卡賽被捕下獄、接受審問，眼看即將命喪黃泉，沒想到天外飛來一枚火箭彈正好砸中關押他的建築物，讓他幸運逃脫。

法希姆在二〇〇一年至二〇〇四年間擔任國防部長，在阿富汗陸軍培養了不少忠誠的支持者，還掌控了喀布爾的維安部隊。美國官員非常擔心他會推翻沒有民兵作為後盾的卡賽，因此派了美國保鑣去保護卡賽。

法希姆對自己令人畏懼的惡名沾沾自喜，也絲毫不遮掩自己涉入毒品走私。二〇〇三年至二〇〇四年間在喀布爾擔任北約聯軍情報首長的美國陸軍退休上將羅素・賽登（Russell Thaden），說到美軍和英軍有一次聯手炸毀阿富汗北部的大型毒品工廠，法希姆知道後大發雷霆。[40]

「法希姆怒不可遏，一直到他打聽到是哪間毒品工廠被炸毀，心情才平復下來。」[41]賽登在陸軍口述歷史訪談中提到：「炸掉的不是他的工廠，所以他無所謂。」

二〇〇二年初擔任代理駐阿富汗美國大使的萊恩・克勞可，回想自己與法希姆令人毛骨悚然的交手過程。法希姆當時很冷漠地通知他，有一位阿富汗的部長在喀布爾機場慘遭暴民殺害。

「他跟我說這件事時還在竊笑。」[42]克勞可在「記取教訓」計畫訪談中表示：「事後回想，我不確定這件事是否得到證實，但看起來就是法希姆派人殺害那位部長。我在那段時間裡真切感受到，即使是以阿富汗人的標準來看，他就是個全然邪惡的人物。」

克勞可多年後回到阿富汗，在歐巴馬執政期間再次擔任美國駐阿富汗大使。那時的法希姆也重返權力核心，坐上阿富汗副總統之位，而他仍然讓克勞可覺得寒毛直豎。「我回來之後，就發現他沒有直接參與重大策略或行動決策，反而是對於賺取非法暴利更有興趣，而卡賽必須很謹慎地對付他，因為他會是非常危險的人物，這點無庸置疑，他會是非常危險的人物。」克勞可表示：「我覺得他什麼事都幹得出來。」[43]

法希姆在二〇一四年自然死亡。但是克勞可在兩年後的「記取教訓」計畫訪談中表示，跟這位軍閥有關的回憶至今仍是他的噩夢。

「我每隔一陣子就要確認一次，而就我目前所知，現在他依然是死的。」[44]

第十一章 鴉片戰役

二〇〇六年三月，在海曼德省乾旱的平原上，一整隊麥西牌（Massey Ferguson）曳引機呈扇形散開，[1]因為這裡有全世界最肥沃的罌粟花田。曳引機拖著沉重的金屬長橇，壓毀一排排嬌嫩的罌粟花。雖然罌粟花已經長到一頭小牛的高度，但還需要幾個星期才能採收。一小群手持棍棒的工人走到麥西牌曳引機開不到的地方，踩進運河灌溉的田地，把花梗一支支打倒。

摧毀罌粟花田正是河舞行動（Operation River Dance）的開端，這個由美國發起的行動，象徵著鴉片戰役全面升級。這場長達兩個月的鴉片剷除行動，名義上是由美國和阿富汗政府共同執行，但雙方並沒有平分工作量和花費。阿富汗維安部隊和私人承包商親自下田剷除罌粟花，美軍顧問和國務院及美國緝毒局（DEA）的探員站在一旁給予建議指導，行動支出則由美國納稅人買單。

可以從中提煉鴉片製作海洛因的阿富汗罌粟花，已經主宰全球毒品市場數十載，然而美國在二〇〇一年帶頭入侵阿富汗之後，罌粟花產量又創下新高。農地貧瘠的農夫趁著塔利班政權倒台之際，開始拚命種植屬於經濟作物的罌粟花。到了二〇〇六年，美國官員預估罌粟花占了阿富汗整體經濟輸出的三分之一，供應全球八成到九成的鴉片。毒品爆炸成長與塔利班的復甦同時發生，小布希政府便做出結論，認定就是毒品收入支持叛亂份子東山再起。小布希政府因此在南部的海曼德省展開打擊鴉片行動，因為那裡是阿富汗罌粟花最主要的種植地點。

打從河舞行動一開始，美國和阿富汗官員就對外宣布這場行動空前成功。甫上任的海曼德省長穆罕默德・達奧德（Mohammed Daud）保證，兩個月內「這個省將不會再有鴉片」。[2]第十山地師指揮官班傑明・弗瑞克利少將，說河舞行動「非常鼓舞人心」，而且是「非常好的預兆」。

小布希政府的毒品管制局局長約翰・瓦特斯（John Walters），在河舞行動進行期間造訪阿富汗。回到華府之後，他告訴國務院的記者「阿富汗有長足的進步」，而且「每天的情況都愈來愈好」。他大力稱讚海曼德省長在鴉片之戰「親上火線」，並宣稱當地所有農民、宗教領袖和官員都支持這個剷除活動。

他所說的沒有一句屬實。

不論從哪個角度來看，河舞行動都適得其反。不論是在外交電報或陸軍口述歷史訪談，美國官員都說這場行動是規劃不周密的災難，打從一開始就舉步維艱。在行動期間擔任阿富汗軍隊顧問的肯塔基州國民兵軍官麥可・史勒雪中校直言：「他們說行動很成功，我覺得根本就是胡扯。」[3]他還補充說整場行動「一點用都沒有」。

曳引機卡在溝渠裡，在田野間動彈不得，推土機和軍用車則是頻頻故障。用棍棒打倒罌粟花非常沒有效率，負責人很快就放棄這種毫無建樹的做法。四月二十四日，河舞行動又遭遇另一個打擊。國務院租用了一架飛機，上面載著的十六個人大多是美國緝毒局的官員，沒想到飛機卻失事，砸毀海曼德省一整排的泥磚房屋。當時美國和北約官員宣布，只有兩名烏克蘭飛行員不幸身亡，新聞報導則補充地面上還有兩名阿富汗少女罹難。

幫忙協調河舞行動的美國陸軍上校麥克・溫斯泰德（Mike Winstead）表示，這場空難造成的傷亡嚴重多了。他在陸軍口述歷史訪談中提到，自己趕往現場幫忙善後，從斷垣殘壁中抬出大約十五具阿富汗人的遺體。[4]他還從支離破碎的飛機中找到裝滿機密文件的公事包，以及一整包二十五萬元的現金，是國務院送來的反罌粟花行動費用。[5]

這場空難凸顯出河舞行動的徒勞無功。「我不確定行動結束後，到底能達到多少效果。」溫斯泰德表示：「過程真的很掙扎。」[6]

更糟的是，隨著生長季節開始，粉白相間的罌粟花綻放，形成壯麗的花海，而剷除大隊中的阿富汗人卻一個個開溜。

根據美國外交電報表示，大部分的阿富汗人發現，比起幫政府剷除植物，幫農民收割罌粟花可以賺更多錢，因此紛紛「拋下自己的工作」。[7]農民提供的薪水比政府給的高出五倍，而且可以領現金或換成毒品。河舞行動來到尾聲時，剷除罌粟花的隊伍人數，已經從五百隊下滑到低於一百隊。[8]

為了隱瞞淒慘的事實，阿富汗官員在公開的報告中造假了他們夷平的罌粟花田畝數，而且是誇張地乘了好幾倍。[9]在五月發到華府的兩封外交電報中，駐喀布爾大使承認他們剷平的罌粟花田「不多」，質疑阿富汗官方提出的統計數字。[10]國務院卻告訴國會這個數字正確無誤，[11]以作為這場行動大獲成功的證據。

河舞行動確實成功激怒了海曼德省的罌粟花農民。為了破壞剷除行動，他們把自製炸彈和詭雷埋進土裡，還在田地裡放水，讓曳引機動彈不得。許多人責怪美國人破壞他們的生計，最令他們憤慨的是，美國人千方百計想摧毀的鴉片，最大宗的消費者正是西方國家。「好多村民問我『上校，這明明是你們同胞在使用而且很想要的東西，為什麼要摧毀？』他們完全不能理解。」[12]溫斯泰德表示。

美國官員後來逐漸發現，阿富汗政府從海曼德省的鴉片產業中撈了不少油水，甚至利用河舞行動制裁毒品貿易中的競爭對手，他們此時才恍然大悟，原來自己被利用了，因此感到非常不快。

美國大使羅納德・紐曼在五月三日發出的外交電報中，特別提到海曼德省的副省長和警察局長，說他們是「腐敗至極的人物」。[13]他在電報裡承認，海曼德省主要的罌粟花種植地幾乎毫髮無損，因為掌握土地的人都是「權勢滔天的部族領袖」，以及「利益和影響力都十分驚人」的官員。阿富汗警方也會向農民索取賄賂，作為田地不受剷除行動波及的交換條件。種種作為都極有可能把美國拖下水，讓他們看起來像是勒索行賄的幫兇。

擔任阿富汗軍隊美軍顧問的道格拉斯・羅斯少校（Douglas Ross），說河舞行動是「非法的」，擔心這場行動會引發人民大規模反抗美國和阿富汗軍隊。「如果有人在敲詐人民，我們還保護他，就會傳達錯誤的訊息給民眾。」他在陸軍口述歷史訪談中表示：「相信我，等這場行動結束，我的頭髮一定全白了。」[14]剷除行動最主要的受害者，就是缺乏後台或沒錢賄賂的貧窮農民。他們孤立無援又一貧如洗，正是塔利班最理想的招募對象。

威斯康辛州國民兵軍官多明尼克・卡利耶洛上校（Dominic Cariello），曾在河舞行動期間擔任阿富汗陸軍顧問，他在陸軍口述歷史訪談中表示：「海曼德省居民九成的收入都來自賣罌粟花，我們卻奪走他們的生計來源。他們當然會拿起武器攻擊你，因為他們沒有收入了，可是還得養家餬口。」[15]反正這些農民就算不是自願加入反叛軍，最後也還是會被徵召進去。許多農民在種植罌粟花之前，會先與毒品走私販簽下合約，答應在種植季過後，賣給他們固定數量的乾鴉片脂，或稱作鴉片膠。現在田地被夷為平地，他們就陷入付不出欠款的窘境。

阿富汗美軍副指揮官的副官約翰・貝茲少校，在陸軍口述歷史訪談中提到：「藥頭不在乎鴉片膠是哪來的，只說『我去年冬天給你兩千元，你還欠我十八公斤的鴉片膠。你交不出來的話，我就會殺了你，殺了你老婆，殺了你的孩子。或者你可以選擇拿起這把槍，幫我打跑美國人。』」[16]他補充：「整個海曼德省都非常不高興，民怨爆炸了。」[17]

河舞行動開始之前，攻打塔利班的戰爭鮮少波及到海德曼省。但這項行動展開之後，叛亂份子便蜂擁而入。紐曼在五月三日的電報中寫道：「剷除活動看來吸引了更多塔利班戰士來到海曼德省，或許是為了保護他們的財產，順便想靠著『保護』罌粟花田得到當地人的支持。」[18]兩週後，紐曼大使在另一封電報中回報海德曼省首府拉什卡加（Lashkar Gah）的治安「糟糕透頂，而且持續惡化」。[19]

為配合先前計劃好的北約聯軍崗位調整，英國軍隊在五月抵達海曼德省，恰好遇上當地暴力衝突加劇。英軍被殺個措手不及，慌亂得手足無措。「我們才剛跟英國人交接不到一週，他們就有好多人在戰亂中陣亡和受傷。」[20]肯塔基州國民兵史勒雪提到英軍死傷慘重的慘況：「毒梟加入戰局，塔利班加入戰局，情勢變得非常棘手。」

儘管美國和阿富汗官員都公開讚揚，但河舞行動最終還是成為阿富汗戰爭中一項嚴重的戰略失策。二〇〇六年的海曼德省罌粟花剷除活動，沒有為阿富汗政府建立威信，也沒有切斷塔利班的金流，反倒是把海曼德省變成極其危險的叛亂份子據點。

在接下來的戰爭中，美國、北約和阿富汗將為這個錯誤付出慘痛的代價。

阿富汗的農民種植種類不同的罌粟花已經好幾代。罌粟花只需要一點點水分，就能在溫暖乾燥的氣候下繁茂生長，海曼德河谷的罌粟花尤其茂盛，因為那裡有用美國人納稅錢建造的，密密麻麻遍布各地的運河。一九六〇年代冷戰期間，美國國際開發總署在阿富汗南部建了許多運河，提升棉花和其他作物的產量。

盛開季節的罌粟花海格外壯麗，耀眼的白色、粉色、紅色和紫色花朵競相綻放。花瓣凋謝之後，花梗上會長出跟雞蛋差不多大的豆莢。收成的時候要劃開豆莢，取出裡面的乳白色汁液，乾燥之後做成鴉片脂。對阿富汗而言，罌粟花是最理想的經濟作物。鴉片脂跟水果、蔬菜和穀物不一樣，不會腐爛也不會吸引害蟲，而且容易保存，可以運送到很遠的地方。

毒品走私販會把鴉片脂拿去毒品工廠或精煉廠，加工製成嗎啡和海洛因。阿富汗鴉片供應了歐洲、伊朗和亞洲其他地區的海洛因需求。美國是少數不以阿富汗鴉片為主流的市場，因為美國的海洛因大多從墨西哥輸入。

諷刺的是，唯一有辦法削弱阿富汗毒品產業的政權竟是塔利班。

二〇〇〇年七月，塔利班幾乎掌控整個阿富汗，形跡隱密的獨眼領袖穆拉・穆罕默德・歐瑪宣布鴉片不符合伊斯蘭教義，下令禁止種植罌粟花。這道禁令居然奏效，令世界各國倍感震驚。阿富汗農民深怕惹怒塔利班，便立刻停止種植罌粟花。聯合國預估在二〇〇〇年至二〇〇一年間，罌粟花的栽種量暴跌了九成。

罌粟花禁令為全球海洛因市場投下震撼彈，也打亂了阿富汗的經濟。幾年後，阿富汗人都帶著敬畏的心情回想當時的情況，而且說這使得美國和阿富汗政府在對抗鴉片的戰爭中顯得更無能。「塔利班下令禁止種植罌粟花，穆拉・歐瑪就算是用那隻盲眼，也有辦法推動禁令。法令通過之後，就沒有人種罌粟花了。」[21]前坎達哈省長托里亞萊・韋薩（Tooryalai Wesa）在「記取教訓」計畫訪談中表示：「現在阿富汗禁毒事務部拿了幾十億元，不但什麼都沒減少，罌粟花的數量還增加了。」

塔利班希望二〇〇〇年的鴉片禁令能贏得美國的青睞，提供阿富汗人道救援，但是受塔利班庇護的蓋達組織發動九一一攻擊後，這些希望也隨之落空。

美軍出兵攻打阿富汗，在二〇〇一年趕走塔利班政權後，阿富汗農民便繼續種植罌粟花。美國官員和盟友發現這個問題會像雪球一樣愈滾愈大，但是對於解決方法遲遲無法達成共識。

美軍把重心放在追殺蓋達組織領袖，國務院為了鞏固新的阿富汗政府而忙得不可開交。雖然罌粟花與美國宣戰的原因無關，國會議員還是向小布希內閣施壓，希望他們把鴉片問題視為首要之務。

在伊朗人質危機中生還的美國外交官麥克・梅翠克提到，國會議員在二〇〇二年造訪喀布爾美國大使館時，「幾乎每位議員都馬上提到這個議題。」[22]他在外交口述歷史訪談中，回想起自己與某位緊咬毒品議題不放的議員之間的談話：「我看著議員，然後說『議員，我們大使館裡沒有一個堪用的馬桶，甚至要跟大概一百個人共用，你還指望我去剷除阿富汗另一邊的罌粟花到什麼程度？』」[23]

小布希總統說服聯合國和歐洲的盟友，構思打擊鴉片的戰略，二〇〇二年春天，同意負責戰略的英國官員便提出令人無法抗拒的條件。阿富汗罌粟花農只要有一畝田地被摧毀，就可以得到七百美元的獎金，[24]這在飽受戰爭摧殘又窮困潦倒的阿富汗算是非常可觀的價碼。

預計花費三千萬美元的計畫消息一出，立刻引發罌粟花種植熱潮。農民開始盡全力栽種罌粟花，種得愈多好處愈多，一部分的田地交給英國銷毀，剩下的罌粟花全拿去市場賣掉。也有人搶在花田摧毀前採收鴉片汁液，還是照樣領到獎金。「阿富汗人跟大部分的人一樣樂得收下鉅款，一口答應所有事情，因為他們知道根本不會有人管。」[25]梅翠克表示：「英國人給他們一大筆錢，阿富汗人說『好的，沒問題，我們馬上就燒掉。』結果英國人一走，農民就靠著同一塊地賺雙倍收入。」

英國農業專家安東尼・費茲赫伯特（Anthony Fitzherbert）在「記取教訓」計畫訪談中，說這個「以錢換花」的計畫就是「糟糕透頂的天真想法」，[26]負責計畫的人「一點概念都沒有，不知道有沒有真的把這件事放在心上」。

二〇〇四年，阿富汗農民又種了更多的罌粟花，英國束手無策，小布希政府則開始重新考量該不該介入，但美國政府對解決問題的方法與方向缺乏共識。負責監督美國這項政策的，應該是國務院的國際毒品暨執法局（INL）。但是二〇〇三年至二〇〇五年擔任美軍指揮官的中將大衛・巴諾表示，國際毒品暨執法局當時只派了一個人到喀布爾的美國大使館。[27]

美軍擁有的資源是國務院的好幾倍，但軍方指揮官都遲遲不敢碰毒品議題。他們不覺得對抗毒品走私販是自己的職責，又擔心把矛頭指向農民會對部隊不利。中情局非常不樂意為了毒品破壞與軍閥的關係，北約方面也無法針對實際措施達成共識。

二〇〇四年至二〇〇五年擔任巴諾副指揮官的英國少將彼得．蓋克里斯，在陸軍口述歷史訪談中提到：「真的完全沒有協調配合，還有許多單位之間存在衝突，不只是你們自己的單位，還有你們跟我們英國單位的衝突。」[28]他還說：「功能完全失調了，根本無法運作，總之就是得不到支持。」

二〇〇四年十一月，國防部長唐納．倫斯斐發了一封雪花給政策次長道格拉斯．費特，抱怨小布希政府像無頭蒼蠅一般的做法。他寫道：「以阿富汗的毒品政策來說，他們的做法完全不同步，根本沒人負責。」[29]

二〇〇四年至二〇〇六年間，自殺炸彈和其他攻擊事件發生的次數逐年攀升，國會議員、美國緝毒局及國際毒品暨執法局的探員，都主張鴉片收入就是叛亂份子的資金來源。其他美國官員則反駁，說叛亂份子背後的資金來源和動機複雜得多，但很可惜沒能說服任何人。小布希政府決定以更強硬的手段對付阿富汗的罌粟花農，並且撥了一年十億美元的預算執行類似河舞行動的計畫。

美國宣布打擊鴉片，事實上就等於在阿富汗戰爭中開啟第二道戰線。

阿富汗研究專家與前聯合國顧問巴奈特．魯賓表示，小布希政府誤解了塔利班復甦的原因。他在「記取教訓」計畫訪談中提到：「我們不知為何得出的結論是因為毒品——塔利班透過毒品獲利，因此是毒品造成塔利班復甦。」[30]

但事實上，是塔利班以外的人因為毒品貿易致富。省長、軍閥，還有理論上與華府結盟的阿富汗高官，都會向自己勢力範圍內的農民和毒品走私販抽成，沉醉在鴉片貿易帶來的大筆財富中無法自拔。隔了非常久之後，美國和北約官員才意識到牽涉毒品的貪腐行為會大幅破壞戰情，很可能把阿富汗變成所謂的「毒梟大國」。

二〇〇四年十月的雪花備忘錄中，倫斯斐向幾名五角大廈高階官員報告，說法國國防部長蜜雪樂・艾利歐馬利（Michèle Alliot-Marie）很擔心鴉片產業會削弱哈米德・卡賽總統的政治勢力。倫斯斐寫道：「她認為務必盡快採取行動，以免阿富汗議會被毒品賺來的髒錢收買之後，處處與卡賽作對，政府將會愈來愈腐敗。」[31]

一年後，紐曼也提出類似的警告：「我們許多線人都很擔心愈來愈興盛的毒品產業，會讓阿富汗政府的腐敗愈發失控。」紐曼在二〇〇五年九月的機密電報中告訴華府官員：「他們擔心種植、加工和走私鴉片賺取的龐大非法財富，會讓合法的阿富汗政府直接夭折。」[32]

但是美國官員對於接下來應該採取的措施，依舊沒有共識。

河舞行動顯示了用曳引機和棍棒摧毀罌粟花田是多麼愚蠢的想法，因此某些官員和國會議員催促政府採取更強硬的手段，例如效仿打擊哥倫比亞古柯鹼走私的做法。「哥倫比亞計畫」的核心就是用飛機噴灑除草劑消滅古柯樹，儘管有人擔憂除草劑可能致癌，小布希政府依然歡欣鼓舞，認為哥倫比亞計畫非常成功。

有些美國官員很懷疑這個方法在阿富汗能否奏效，原因有好幾個。小布希政府的國家安全會議成員約翰・伍德（John Wood）在「記取教訓」計畫訪談提到，哥倫比亞時任總統艾勒瓦洛・烏力貝（Alvaro Uribe）是可靠的盟友，非常支持飛機灑藥措施。「烏力貝是值得信任的領袖，認為叛亂和毒品絕對有關聯，哥倫比亞軍隊也非常能幹。」[33]

相較之下，阿富汗維安部隊差強人意，而阿富汗總統卡賽也沒那麼堅定。卡賽表面上宣布對罌粟花發動「聖戰」，並且說鴉片「比恐怖主義危險得多」，但他私底下其實對這項措施充滿質疑。

卡賽和他的內閣成員都反對美國提出的除草劑噴灑計畫，他們擔心除草劑會汙染水源和糧食，而且如果政府允許外國人從天上灑下不明物質，可能會引發阿富汗鄉村居民的不滿，因而反抗政府。二〇〇三年至二〇〇五年的美國駐喀布爾大使薩爾梅・哈里札德，在「記取教訓」計畫訪談中表示：「卡賽認為阿富汗人民會把噴灑除草劑當成化學作戰。」[34]

另一方面，阿富汗官員很清楚如果噴灑除草劑的方法奏效，將會摧毀正在蓬勃發展的經濟來源，讓居住鄉村的阿富汗人與政府更疏離。

「督促卡賽執行更有效率的禁毒活動，就像是要求美國總統停止密西西比河以西所有的經濟活動。」[35]國際毒品暨執法局阿富汗和巴基斯坦辦公室主任羅納德・麥克瑪倫（Ronald McMullen），在外交口述歷史訪談中提到：「我們叫阿富汗政府做的就是這麼嚴重的事。」

儘管小布希政府全力支持，美軍將領也不太信任噴灑除草劑的做法。大部分的指揮官都將鴉片視為執法單位該處理的問題，他們也擔心除草劑會對部隊的健康造成不利影響，更想起越戰時期不愉快的回憶，當時美軍部隊就是對著熱帶雨林灑了有毒的落葉劑「橙劑」。

軍方的保留態度讓國會議員非常惱怒。從政治的角度來看，政府很難向美國選民解釋，為什麼他們要發動戰爭拯救世界上生產最多鴉片的國家。尤其是在報紙刊登了美國士兵徒步巡邏，穿越一片盛開的罌粟花田的照片之後（大部分的美軍單位都接到不得干擾耕作的命令），更是有口難辯。

河舞行動在二〇〇六年三月展開後不久，密西根共和黨眾議員彼得．胡克斯特拉（Peter Hoekstra）便率領國會代表團造訪阿富汗，與美國、阿富汗和英國官員討論剷除行動事宜，國際毒品暨執法局也安排幾位議員搭乘直升機參觀海曼德省中部。

根據簡述這趟參訪的機密外交電報所述，國會議員發現罌粟花種得到處都是，住宅附近、泥牆建築區內，甚至是首府拉什卡加周圍，全部都是罌粟花，讓議員們看得目瞪口呆。[36]電報寫到：「罌粟花田真的無所不在，從直昇機上可以清清楚楚看見好幾百個大型罌粟花田，各個處於不同的生長階段，有好幾片田地都盛開著罌粟花。」

但有些美國資深外交人員說，他們理解為什麼軍方不願意與罌粟花農交惡。「我可以理解部隊的心情，如果是我穿著防彈背心看到罌粟花，我只會說那是漂亮的花朵。」[37]二〇〇四年至二〇〇八年擔任南亞和中亞事務助理國務卿的包潤石表示：「他們不應該在那裡砍倒罌粟花，還要被人拿槍掃射。」

紐曼在二〇〇五年至二〇〇七年擔任大使期間，他和喀布爾美國大使館其他官員一直想說服來參訪的國會議員，告訴他們美國必須採取長期措施。他覺得阿富汗人應該要花很多年才能從鄉村經濟轉型，找到更實際的經濟來源替代罌粟花。

在「記取教訓」計畫訪談中，紐曼說「他們為了看見短期成果，承受了令人絕望的壓力」。[38]他補充說到，地面剷除和空中灑藥都是由「想要看到實際成效的國會推動」，即使大家都明白這個問題不可能輕而易舉解決。「華府一點都不瞭解，禁毒活動想要成功，必然會牽扯到龐大的鄉村發展。」

到了二〇〇六年底，就能明顯看出河舞行動的效果有限。根據聯合國估計，那一年阿富汗採收的鴉片數量創下新高，收成的田地畝數提高百分之五十九。隔年也是大豐收的一年，採收數量又成長百分之十六。

二〇〇七年，白宮任命威廉・伍德（William Wood）成為新的駐阿富汗大使，他曾經擔任美國駐哥倫比亞高級外交人員，是空投除草劑計畫的擁護者。綽號「化學家比爾」的伍德向卡賽施壓，希望他接受噴灑除草劑的計畫。但卡賽那時候對美國政府非常不信任，對華府信誓旦旦保證除草劑很安全的說法十分懷疑。就算小布希親自懇求，卡賽依然斬釘截鐵地拒絕。他心意已決。

二〇〇八年一月，前美國駐聯合國大使理查・郝爾布魯克（Richard Holbrooke）在《華盛頓郵報》的社論專欄，痛批小布希政府對鴉片發動的戰役，他說剷除行動「應該是美國外交政策史上最沒效率的計畫」。[39]

郝爾布魯克寫道：「不只是浪費錢而已，還讓塔利班和蓋達組織更強大。」[40]他還呼籲美國政府重新檢視在阿富汗實施的「慘不忍睹的反毒政策」。

而解決毒品問題的任務，很快就會交到他手中。

第四部分

歐巴馬好高騖遠
2009–2010

PART. 4

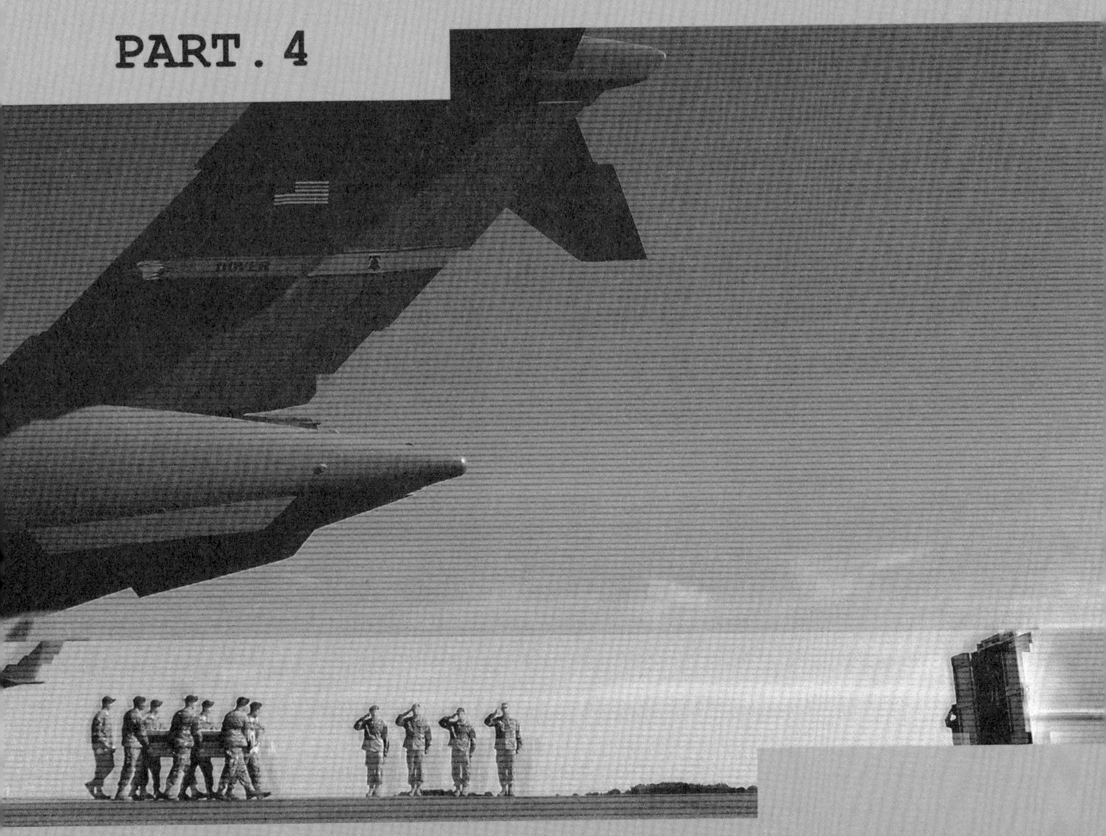

第十二章　加倍投入

二〇〇九年五月十一日，羅伯特・蓋茨板著他的招牌撲克臉，堅定地大步走進五角大廈簡報室，出席一場匆促安排的記者會。他左手拿著一份四頁聲明，為了不讓旁邊的人窺視而摺得好好的。他坐下來，旁邊是參謀首長聯席會議主席海軍上將麥克・穆倫（Mike Mullen），面前是大約三十位完全不知道為何召開記者會的記者。整間簡報室鴉雀無聲，只聽得見相機快門聲。

從來不寒暄多說廢話的國防部長，立刻開門見山說正事。他簡潔扼要地報告今天的新聞：一位美國陸軍中士在伊拉克的診所對五位同袍開槍，原因不明。蓋茨依舊沉重地板著臉，開始唸他的聲明稿。他巨細靡遺回顧所有在阿富汗的行動後，提出結論說美軍「有能力也必須做得更好」，打這場戰爭需要「新的想法和作法」。

接著他拋出頭條大新聞：他五天前開除了阿富汗美軍和北約聯軍指揮官大衛・麥吉南上將。雖然五角大廈一直背負容易洩露機密的惡名，蓋茨卻把這個震撼彈藏得非常好。即使有數名記者上個星期才隨同蓋茨造訪阿富汗，甚至與麥吉南見過面，他們也毫不知情。

蓋茨就任國防部長兩年半來，便以不感情用事、總是讓高官負責任的作風聞名，但開除軍事指揮官完全是另一回事。上一次發生類似的大事是在一九五一年，杜魯門總統因為道格拉斯．麥克阿瑟將軍在韓戰期間不服從指令，而解除他的統帥職務。

但蓋茨在解釋自己為何採取如此激烈的手段時，將真正的原因隱藏得非常好。他說麥吉南沒有不服從指令，也沒有做錯事，他只說：「沒有什麼特別的原因，只是該換換新的領袖和新的觀點。」

穆倫上將同樣沒有透露玄機。他說雖然阿富汗某些地方的進展「非常激勵人心」，但還是覺得「現在是改變的好時機」。

所有記者都用懷疑的眼光看著蓋茨和穆倫。常駐五角大廈有線電視新聞網記者芭芭拉．史塔爾（Barbara Starr）不肯善罷甘休，催促他們給出更完整的說法。「是因為失去信心了嗎？」她問：「很抱歉，我還是不明白為什麼你們都覺得他無法勝任這項工作。」

蓋茨再次重申，全是因為現在該改變了。他提到新入主白宮的巴拉克．歐巴馬總統早在六週前就提出他針對戰爭的「全面戰略」，同意加派兩萬一千兵力前往阿富汗，美軍的部隊總數將增加到六萬人。情勢即將出現轉變，蓋茨說他和穆倫都想指派新的軍事指揮官，而新的人選就是史丹利．麥克里斯托上將，曾在參謀首長聯席會議為穆倫工作的特種部隊軍官。

從表面上來看，麥吉南突然被開除非常不合理，因為蓋茨和穆倫正是十一個月前指派他上任的人。麥吉南一抵達阿富汗，就一直要求增派部隊和裝備，現在支援兵力終於要來了，他卻被開除了。

事實上，麥吉南違反了一條潛規則。在小布希政府的任期尾聲，麥吉南成為第一位公開承認阿富汗戰事每下愈況的上將。他跟其他指揮官不一樣，沒有用模稜兩可的說法欺騙大眾，而是從頭到尾都十分坦率。

如今回首前塵，就會發現二〇〇九年五月六日是麥吉南擔任指揮官的最後一場記者會，他在那場記者會上說南邊的戰況「十分膠著」，而東邊「打得非常辛苦」。幾小時後，蓋茨在美軍總部與他私下見面時，告訴他該走人了。

不管蓋茨或穆倫是否有這個意圖，他們都把訊息傳達給其他美軍單位了，意味著他們會把說出真相的指揮官解職。

被開除的前一天，麥吉南向其他阿富汗官員吐露，提到他坦率的戰情評估和不斷要求增派部隊的行為，惹怒了五角大廈高層。坎達哈地區指揮官約翰・尼柯森准將（John Nicholson）的屬下弗雷德・譚納少校（Fred Tanner）表示，麥吉南與尼柯森見面時告訴他：「如果我們的工作是解釋這裡的狀況有多糟，那我們真是做得太好了。」[1]

譚納在陸軍口述歷史訪談中表示，如今回想起來，麥吉南當時一定早就知道自己的命運。「他說這番話的口吻非常專業，一點也沒動氣，但現在回想起來就明白，他想必已經聽到風聲。」[2]

撤換指揮官的消息立刻登上頭條，但這個做法沒有解決潛在的問題，反而讓外界對美國難以捉摸的戰略產生更多懷疑與疑惑。

歐巴馬承諾會讓眾人撻伐的伊拉克戰爭劃下句點，並加倍關注阿富汗戰爭，接著就在二〇〇八年贏得總統大選。當時，大部分的美國人都還是將阿富汗戰爭視為九一一事件後的正當反擊。

歐巴馬入主白宮之後，續用共和黨的蓋茨擔任國防部長，讓他負責所謂的全新阿富汗「全面戰略」。歐巴馬說他會更積極與巴基斯坦建立外交關係，因為巴基斯坦是塔利班和蓋達組織領袖藏匿和重整旗鼓的庇護所。但所謂的新戰略其實與舊戰略相去不遠，歐巴馬還是延續小布希的計畫，把重心放在控制住叛亂份子和強化阿富汗政府，直到他們有辦法獨當一面。

前線的美軍部隊，仍然要面對從二〇〇一年開始便懸而未決的基本問題：他們明確的目標、標準和意圖是什麼？換言之，他們究竟為何而戰？

二〇〇九年，許多士兵、飛官、海軍士兵和陸戰隊成員，已經前前後後到阿富汗服役好過幾趟。他們每一次重返阿富汗，戰事都變得更沒有意義。他們耗費好幾年的心力追蹤潛在的恐怖份子疑犯，卻一無所獲，塔利班仍然屹立不搖。

在阿富汗服役六次的特種部隊指揮官小愛德華・瑞德少將（Edward Reeder, Jr.），在「記取教訓」計畫訪談中表示：「我當時看著阿富汗的情勢，心想一定有比殺人更好的解決方式，因為我們總是在殺人，我每次回到阿富汗，治安都愈來愈糟。」[3]

出生於緬因州卡里布的喬治・拉奇科特少校（George Lachicotte），二〇〇四年第一次被派駐到阿富汗時，是步兵軍官的身分。五年後，他以第七特種部隊隊長之姿重返阿富汗，在瑞德麾下服役。「情況複雜多了，更難分辨到底誰是敵人，誰又不是。」[4]他在陸軍口述歷史訪談中提到：「甚至可能前一天還是敵人，隔一天就不是了。」

拉奇科特二〇〇九年服役的時候，美軍將部隊調派到阿富汗南部支援被圍攻的北約聯軍，拉奇科特的特種部隊小隊突然接到調派命令，要他們從海曼德省前往鄰近的坎達哈，卻沒有得到任何解釋。

「戰略非常不明確。」[5]他只能這麼說。

阿拉巴馬州出生的喬瑟夫・克萊柏恩（Joseph Claburn），第一次被派駐到戰區是二〇〇一年，當時還很年輕的他是第一百〇一空降師的陸軍中尉。他的小隊在二〇〇二年三月參與了森蚺行動（Operation Anaconda），那是最後一場與蓋達組織交火的大型戰役。六年後他重返阿富汗，升官成為少校。他以旅長的身分和英軍一起駐守坎達哈，發現實在很難想像這場戰爭會在什麼時間，以什麼方式結束。

「我們該離開的時候，究竟會是什麼樣子？」克萊柏恩在陸軍口述歷史訪談中提出這個疑問。「如果我現在給你一張紙，然後告訴你『阿富汗必須變成這個樣子，我們才能離開』，那我們可能要在那裡待非常久。」[6]

歐巴馬的新戰略只維持了幾個月。二〇〇九年六月，麥克克里斯托在接任軍事指揮官後就提出一套新的戰略，擺明了表示戰爭惡化，他覺得總統的戰略已經不堪用了。

麥克克里斯托身為二星上將之子，先前已在阿富汗服役過，但他是在伊拉克闖出名號的。當年他率領一支特種部隊，追殺剿滅數百名叛亂份子領袖。爾後他跟大衛・裴卓斯上將愈走愈近，當時裴卓斯不但是伊拉克的美軍指揮官，也是國防部伊拉克反叛亂戰略的制定者。後來裴卓斯升官，成為美國中央司令部指揮官，負責監督中東和阿富汗的軍事行動，而正是他舉薦麥克克里斯托擔任阿富汗軍事指揮官。

兩位將軍都把自己的公眾形象，塑造為理性睿智、十項全能又勤奮工作的超人。

五十六歲的裴卓斯擁有普林斯頓大學的博士學位，喜歡跟記者挑戰做伏地挺身。他每天都會跑五英里（約八公里）健身，只要記者能追上他，他就會回答問題。

五十四歲的麥克克里斯托說自己像苦行僧一般嚴格，每天跑八英里（約十三公里），運動時都會一邊聽有聲書，還常常忙到沒空吃早餐或午餐。「他鞭策自己的時候毫不心軟，每天只睡四到五小時，而且只吃一餐。」[7]這是《紐約時報雜誌》一篇文章對他的介紹。

剛離開伊拉克的麥克克里斯托和裴卓斯，想在阿富汗採用反叛亂戰略。早從二〇〇四年開始，其他將領就想在阿富汗採取類似的策略，不過麥克克里斯托和裴卓斯認為只有一小部分的部隊是必要的。

有些駐紮阿富汗多年的陸軍軍官，認為麥克克里斯托、裴卓斯和他們的副官實在太自負，認為自己的反叛亂戰略一定行得通，而忽略了先前幾位指揮官學到的教訓。「我在二〇〇九年回到阿富汗，聽那些陶醉於伊拉克豐功偉業的人說『我要來解決阿富汗問題』，真的很令人失望。」[8]約翰・帕皮耶克少校（John Popiak）在陸軍口述歷史訪談中提到。他是美國國家安全局（NSA）的情報官，二〇〇五年至二〇一〇年間曾被派駐阿富汗三次。「我覺得說什麼麥克克里斯托上將抵達阿富汗後，才開始出現好的反叛亂戰略，這個說法實在不太對。」

麥克克里斯托在二〇〇九年八月完成戰略評估，他在長達六十六頁的機密報告中呼籲，他們需要「資源充足」的反叛亂行動，因此他需要加派六萬兵力，幾乎是現有部隊的兩倍。[9]這位新上任的軍事指揮官還希望挹注大量資源，以協助建立阿富汗政府，擴充阿富汗陸軍和警察的兵力規模。他同一時間還推動限制美軍的交戰規則，限制空襲和突襲造成的平民傷亡數量，因為這種慘劇太常發生，已經惹怒許多阿富汗人。

但麥克里斯托的新戰略，並沒有解決其他造成阿富汗戰爭失利的基本問題。美國和盟友在一場會談中不歡而散，因為他們對於究竟要在阿富汗打一場仗、執行維護和平的行動、領導訓練任務，還是做其他事情，遲遲無法達成共識。分清楚這些任務可是非常重要，因為某些北約盟國得到的授權只是參與自衛戰役。

「稱之為戰爭會產生很大的影響。」[10]一名協助麥克里斯托評估戰略的不具名北約資深官員，在「記取教訓」訪談中表示：「在國際法的框架下會產生非常大的影響，所以我們與法律團隊確認過，他們同意這不是戰爭。」為了掩蓋這個問題，麥克里斯托在報告中加了一句話，說這場衝突「不是傳統意義上的戰爭」。[11]

美國和北約正式提出的聲明甚至更加繁複，他們說目標是「削弱叛亂份子的能力和毅力，協助增長阿富汗國家安全部隊（ANSF）的規模和能力，加速改善政府治理和社會經濟開發，打造利於永久穩定的安全環境，而且讓人民感受得到。」

然而麥克里斯托的戰略，掩蓋了另一個最基本的問題：誰才是敵人？

根據協助撰寫報告的北約官員表示，麥克里斯托的報告初稿對於蓋達組織隻字未提，因為他們當時已經在阿富汗銷聲匿跡。「二〇〇九年，我們普遍認為蓋達組織已經不成氣候。」[12]該名北約官員表示：「但我們在阿富汗做了這麼多事畢竟是為了蓋達組織，所以第二份草稿就把他們寫進去了。」

美國反覆無常的戰略背後的思考邏輯，連阿富汗總統都覺得難以捉摸。「我很困惑。」哈米德．卡賽在希拉蕊．柯林頓二〇〇九年造訪喀布爾時告訴她：「我知道我們在二〇〇一年到二〇〇五年該做什麼事，就是反恐戰爭。但我突然聽到你們政府的人說，我們不需要殺賓拉登和穆拉．歐瑪，我不明白你們是什麼意思。」

麥克克里斯托的新反叛亂戰略，是建立在令人頗有疑慮的假設上。他假設大部分的阿富汗人都認為塔利班是暴君，只要阿富汗政府提供安全又可靠的公共服務，人民就會與政府站在同一陣線。

但其實非常多的阿富汗人，尤其是南方和東方的普什圖族人，都很支持塔利班。許多加入叛亂份子的人皆是因為視美國人為異教徒入侵者，而阿富汗政府只是美國的傀儡。

「塔利班的存在就像個病徵，只是我們沒有試著去了解這個國家究竟生了什麼病。」[13]一位不具名的美國國際開發總署官員在「記取教訓」訪談中表示。美國和阿富汗軍隊攻打叛亂份子的據點時，經常「把狀況變得更糟，因為我們根本不知道塔利班為什麼出現在那裡。」

麥克克里斯托在戰略評估報告中，還淡化了巴基斯坦對這場戰爭的重要性。雖然他在報告中指出塔利班的巢穴在巴基斯坦，但是最後做出的結論卻是：即便塔利班得到巴基斯坦情報組織的庇護和援助，美國和北約還是可以拿下勝利。

這個判斷讓麥克克里斯托與其他美國高級官員產生嚴重分歧，其中一位反對者就是理查．郝爾布魯克，那位曾經痛批小布希政府鴉片戰爭的資深外交官員。總統大選結束後，歐巴馬任命郝爾布魯克擔任阿富汗和巴基斯坦特使。

郝爾布魯克曾被派駐越南，因此得以觀察出越南與阿富汗兩場戰事的相似之處。「最重要的相似點是，兩場戰爭的敵人都在鄰國有安全庇護所。」他告訴美國公共廣播電台記者。

除了巴基斯坦的問題，郝爾布魯克也質疑麥克克里斯托的戰略能否奏效。曾經是郝爾布魯克國務院團隊一員的阿富汗專家巴奈特・魯賓，在「記取教訓」計畫訪談中表示：「他不相信那一套反叛亂戰略，但他知道只要自己一說出口就會招來麻煩。」[14]

新上任的駐阿富汗大使，也對麥克克里斯托戰略的成效充滿懷疑。中文流利的艾江山上將，二〇〇九年春天從陸軍退役後，成為歐巴馬政府派駐阿富汗的高階官員。兩度前往戰區服役的艾江山，對於美國能夠在阿富汗達成的目標感到十分悲觀。

二〇〇九年十一月，艾江山發了兩封機密電報到華府，強烈建議歐巴馬政府否決麥克克里斯托的反叛亂計畫。艾江山在電報中警告：「只要兩國邊界的庇護所還在，巴基斯坦就會是阿富汗政局不穩的最大原因。」[15]他還預言，如果歐巴馬批准麥克克里斯托增派上萬兵力的要求，只會引發更多暴力衝突「讓我們愈陷愈深」[16]。

面對自己人的內鬨，身為三軍總司令的美國總統必須想出辦法。二〇〇九年十二月在西點軍校的演講上，歐巴馬宣布加派三萬兵力到阿富汗。再加上他和小布希先前已授權派駐的軍隊，現在麥克克里斯托麾下的美軍部隊總計十萬人。除此之外，北約成員和其他盟軍也同意增加兵力，部隊員數增加到五萬人。

與此同時，歐巴馬拋出了一個新想法。他為這項任務訂出嚴格的時程表，表示加派的部隊十八個月後就要陸陸續續回到美國。突如其來的時程表，讓五角大廈和國務院許多高階官員驚訝得目瞪口呆，他們覺得這麼早就公開撤回部隊的時間點，是個天大的戰略失誤。現在塔利班只需要低調行事，等美國和北約增派的部隊離開就行了。

「那個時程安排讓我們嚇一大跳。」[17]裴卓斯在「記取教訓」計畫訪談中表示：「總統發表演說的前兩天，也就是星期日時，我們都接到電話通知要我們當晚去橢圓辦公室一趟，總統要告訴我們兩天後將宣布的內容。他也跟我們說了。」裴卓斯補充一句：「但是他當時沒告訴我們這件事。」

「他之後問我們，這個時間點你們都能接受嗎？他繞著房間走一圈，每個人都說好。我們根本沒得選擇。」

在郝爾布魯克手下做事的阿富汗專家巴奈特．魯賓，通常都跟各個將軍意見相左。但他跟裴卓斯一樣，一聽到歐巴馬在西點軍校的演講上公開說出時程表，也是嚇到「目瞪口呆」。[18]魯賓明白歐巴馬是想警告阿富汗政府和五角大廈，這場仗美國不會永遠打下去。「但他提出的最後期限和戰略完全無法配合。」[19]魯賓在「記取教訓」計畫訪談中表示：「如果要配合這個時間點，就無法使用那套戰略。」

歐巴馬政府官員並沒有解決固有的矛盾，而是把種種疑慮擱置在一旁，向大眾展現團結的一面。他們承諾，美國不會在阿富汗陷入僵局，有些人還保證他們很快就會大獲全勝。

「接下來十八個月非常關鍵，最終一定會成功。」二〇〇九年十二月，麥克克里斯托在參議院聽證會上振振有詞地表示：「事實上，我們會贏的。我們和阿富汗政府會贏的。」
但前線的部隊依然心存懷疑。
陸軍軍需官傑瑞米．史密斯少校的小隊，是開戰後第一批在巴格蘭空軍基地安裝蓮蓬頭的單位。他在二〇一〇年重返阿富汗服役一年時，差點認不出已經變成中型城市的巴格蘭，雖然空氣中瀰漫的「獨特」氣味一點也沒變。「那種味道真的難以言喻，一定要在那裡才聞得到。」他在陸軍口述歷史訪談中表示。[20]
但是在戰爭打了將近十年後，史密斯仍舊沒有看到任何戰略成效。「我已經做過一模一樣的事。」他說當時心裡這麼想。[21]「我從一開始就在了，現在我又回到這裡，天啊。整件事應該要有所進展了，而不是停在這個階段。」
陸軍情報官傑森．利戴爾少校（Jason Liddell），二〇〇九年十一月至二〇一〇年六月在巴格蘭服役。他說自己和麾下的士兵都聽從指令辦事，絲毫不會猶豫退縮。但他說不論是自己或美軍高階指揮官，都無法提出令人信服的說法，解釋他們為什麼要讓同胞冒這麼大的生命危險，以及他們到底想達到什麼目標。
利戴爾在陸軍口述歷史訪談中表示：「我有幸和一群士兵共事，他們都是很棒的美國人，這些年輕人最常問我『長官，我們到底為什麼要做這些事？』」[22]
「我實在不知道該怎麼回答，我可以告訴他們標準答案，但我看著這個答案，用理智想了一想，就覺得並不是很有道理。」[23]他補充：「我身為一位領導人，如果我非常認真嚴肅地反省和用邏輯思考之後，依然覺得沒有道理，那我不免要合理懷疑，我們的領導階層沒有用邏輯思考過。」

歐巴馬政府官員起初一直勸導部隊要有耐心，說至少會花一年的時間來判斷增派兵力和麥克克里斯托的戰略是否奏效。但幾個月後，他們就忍不住對外宣布自己的戰略成功。

歐巴馬的國防部政策次長蜜雪兒．佛洛諾伊（Michèle Flournoy），在二〇一〇年五月告訴眾議院軍事委員會：「證據顯示我們的新作法已經開始見效了。」她說阿富汗維安部隊已有「明顯的進展」，她還說自己對於未來的情勢「還算樂觀」，她更補充說叛亂份子「已經失勢了」。

擔任委員會主席的密蘇里州民主黨眾議員艾克．史凱爾頓（Ike Skelton）問她：「我們什麼時候宣布戰勝？」

「我相信我們正一步步邁向成功。」佛洛諾伊回答：「這麼久以來，我們是第一次走在正確的道路上。」

如此樂觀的聲明實在是言之過早。美軍傷亡人數直線上升，很快就攀上高峰，光是二〇一〇年就有四百九十六名美軍陣亡，比前兩年陣亡人數加總還要多。

二〇一〇年春天，部隊人數高達一萬五千人的美國、北約和阿富汗聯軍，發動大規模攻勢，攻打海曼德省的毒品走私中樞馬佳（Marja）奪取控制權，沒想到遇上一隊規模雖然小很多，卻來勢洶洶的塔利班戰士頑強抵抗。麥克克里斯托說這場曠日廢時的戰役是「流著血的潰爛傷口」。他們原本想奪下歷史悠久的塔利班據點坎達哈，沒想到日程卻一再拖延。

二〇一〇年六月，佛洛諾伊回到國會接受參議院軍事委員會質詢。她承認戰事遇到一點「瓶頸」，但她依然堅定地保持樂觀：「我們已經一步步開創重大的進展。」

當時一起在參議院備詢的還有裴卓斯。擔任委員會副主席的亞利桑納州共和黨參議員約翰·馬侃（John McCain），咄咄逼人地質問裴卓斯，他是否贊同歐巴馬十八個月後撤軍的決定。裴卓斯正要開口回答，卻突然身子一軟往前癱倒，一頭撞上證人席的桌子。

「我的天啊！」馬侃倒抽一口氣。

裴卓斯短暫陷入昏迷，但沒多久就醒過來了。他說自己只是脫水，隔天就回來參議院繼續接受質詢，但這起意外似乎暗示了真正的戰況。

一星期後，又一位上將把自己搞得鼻青臉腫。

《滾石雜誌》發表了一篇介紹麥克克里斯托的長文，標題是〈落跑上將〉（The Runaway General），內文引述了麥克克里斯托和他的手下背後中傷歐巴馬、郝爾布魯克及其他高級官員的尖酸刻薄之詞。[24]一位匿名的麥克克里斯托副官嘲諷副總統喬·拜登，故意把他的名字唸成「咬我啊」（Bite me與Biden發音相近）。歐巴馬因為麥克克里斯托不服從而解除他的職位，成為十三個月內第二個丟掉工作的軍事指揮官。

歐巴馬任命裴卓斯取代他的位置。裴卓斯在兩星期內第三度站上參議院軍事委員會的證人席，回答與戰爭相關的問題，但這次他出席的是自己成為阿富汗美軍和北約聯軍新任指揮官的任命聽證會。

裴卓斯說他仍然堅信他們有所進展，但他一談到最近遭遇到的挫折，聲音就變得有點悶：「就像坐雲霄飛車一樣。」

第十三章　「吞噬金錢的無底黑洞」

巴拉克．歐巴馬知道他在二〇〇九年十二月一日針對阿富汗的演講，會是他總統任期中最重要的一場演說。經過數月焦慮萬分的深思熟慮之後，他決定把美國派駐到戰區的部隊提升到十萬人，比他甫上任時多了三倍。他需要一個嚴肅的場合來公開這項決定，因此他選擇在西點軍校，這間在紐約上州有兩百〇七年歷史的陸軍軍官訓練學校公開演說。

吃過晚餐之後，大約四千名穿著灰色羊毛制服的學員，魚貫走入燈光昏暗的艾森豪劇院（Eisenhower Hall），一間位在哈德遜河西岸的表演藝術中心，準備聆聽三軍統帥的演說。歐巴馬在三十分鐘的演講中，宣告將增派部隊，他想盡可能地坦誠以對，又不希望聽起來太希望渺茫。

「我們在阿富汗沒有輸，只是這幾年來在開倒車。」他告訴台下的軍校學員：「我知道這項決定會讓你們付出更多，你們和家人都已經肩負最沉重的重擔。」

同一時間，歐巴馬還要向另一群人傳達別的訊息，就是數千萬名用電視收看演講直播的美國人民。當時的美國，還在從一九三〇年代慘痛的經濟衰退中慢慢復甦，經濟仍然很脆弱。失業率在那年秋天攀上高峰，來到百分之十。歐巴馬要擴大戰事，但他還是想消弭人民的疑慮，表示自己沒有忘記戰爭的代價。

「我們不能輕易忽視這些戰爭的代價。」歐巴馬提到小布希政府在伊拉克和阿富汗花了一兆美元。「我們理解美國人民最看重的是重建經濟，以及讓人民可以在家鄉工作。」

歐巴馬說自己反對在阿富汗曠日廢時的「國家建構計畫」，並保證會盡快結束花錢如流水的戰爭支出。「一直給空白支票的日子結束了。」歐巴馬宣布：「我們的部隊不能沒完沒了地投入阿富汗戰爭，因為我最想建設的國家就是我們美國。」

話雖如此，美國仍然簽下一張又一張的空白支票。

歐巴馬政府反叛亂政策的基石，就是強化阿富汗的政府和經濟。歐巴馬和他手下的軍事將領，都希望阿富汗人民相信哈米德·卡賽率領的政府能保護他們、提供基本公共服務，這樣一來就不會再有那麼多人支持塔利班。

但他們面臨兩個非常大的阻礙。首先，反叛亂戰略不太可能在十八個月內開花結果。其二，阿富汗政府在全國大多數地方仍然沒什麼影響力。歐巴馬政府和國會便命令軍隊、國務院、國際開發總署和他們的承包商，盡快提升和擴張阿富汗政府的勢力。部隊和救援隊成員因此興建了學校、醫院、道路和足球場等等所有能獲得群眾青睞的建設，而且一點也不在意花了多少錢。

他們在這個一貧如洗的國家撒下的錢，暴漲到前所未有的新高度。短短兩年內，美國提供阿富汗的重建援助金額就漲了三倍，二〇〇八年是六十億美元，二〇一〇年則暴增到一百七十億美元。當時美國政府投入阿富汗的錢，幾乎等於這個未開發國家自己賺的錢。

如今回顧起來，救援隊成員和軍官都覺得這是天大的誤判。美國政府太急著花錢，把白花花的鈔票一股腦兒投進阿富汗，遠遠超出他們所能負擔的數量。「這段時間內有非常大量的人流和金流進出阿富汗。」前國際開發總署官員大衛・馬斯登（David Marsden）在「記取教訓」訪談中表示：「就像是把很多水倒進漏斗，如果倒得太快，水就會從漏斗裡溢出來流到地上，而我們的情況是地上都淹水了。」[1]

美國官員浪費了大把鈔票在阿富汗人不需要，或不想要的建設上。大部分的錢最後都落入定價太高的承包商或阿富汗貪官汙吏的口袋，美國贊助興建完成的學校、診所和道路，則是因為工程品質太差或疏於保養，最後變得殘破不堪。

一位不具名的國際開發總署官員預估，他們九成的花費都是多出來的，根本沒必要。他在「記取教訓」計畫訪談中表示：「我們失去公正客觀了。上頭給錢叫我們花掉，我們就花掉，完全不需要任何理由。」[2]

另一個援助承包商表示，華府官員要他每天發放約三百萬美元的資金用於阿富汗某一區的建設，而那一區只有美國一個郡的大小。[3]他在「記取教訓」計畫訪談中回想起，有一次他詢問來訪的國會議員：「委員，在美國有沒有辦法合情合理地像這樣花錢。」「他說當然不行。我告訴他『先生，可是你們就是這樣強迫我們花錢，而且我是為那些住在泥屋裡面、連窗戶都沒有的人做這些事。』」[4]

擔任歐巴馬「戰事權威」的道格拉斯・魯特中將，說美國出手闊綽地蓋水壩和高速公路，[5]只是為了「告訴所有人我們花得起這個錢」，卻完全沒想到教育程度不高又貧窮的阿富汗人，根本沒辦法維護這些龐大的建設。

「每隔一陣子就會想，好，我們可以超支沒關係。」魯特在「記取教訓」計畫訪談中表示：「我們國家很有錢，可以把錢丟進一個無底洞裡，對我們也沒什麼影響。但我們應該這樣做嗎？我們不能更理智一點嗎？」[6]

他記得自己有一次拿著巨大的剪刀剪綵，慶祝美國出資蓋的華麗新警察分局總部落成，而警察局所在的地方是「某個死氣沉沉的省份」。[7]這棟有著中庭的玻璃帷幕大樓，由美國陸軍工兵署監督建造，但大家很快就發現，美國人顯然完全沒問過阿富汗人對建築設計有什麼想法。

「警察局長連大門都打不開。」[8]魯特表示：「他從來沒看過這種門把。在我看來，這件事就是阿富汗所有問題的縮影。」

美國政府核准了太多工程，因此無法一一追蹤監督。美國國際開發總署人員和承包商的流動率非常高，當初草擬設計圖的人，幾乎都沒辦法留下來看著計畫完成。後續的勘查工作也是斷斷續續的，其中一個原因是平民救援隊成員必須有軍隊陪同才能在阿富汗國內走動。

在經濟方面，美國總是把阿富汗當作實踐理論的研究個案，而沒有用常識去思考判斷。政府捐贈機構堅持投入大量資金支援教育工作，根本沒考慮到阿富汗是以農為本的國家，高學歷份子的工作機會少之又少。

一位不具名的特種部隊顧問在「記取教訓」訪談中表示：「我們一直在空蕩蕩的學校旁邊繼續蓋校舍，一點也不合理。」他說當地的阿富汗人表達得很清楚，「他們沒有很想要興建學校，他們希望孩子去牧羊。」[9]

另外一種情況是，美國的執行單位把錢浪費在不存在的工程上。

二〇〇九年十月，海軍預備役的提姆．葛瑞切斯基上尉（Tim Graczewski）辭掉他在矽谷軟體公司Intuit的全職工作，被派駐到坎達哈機場，監督阿富汗南部的經濟發展建設。他的任務之一是找出一個占地三十七英畝（約十五萬平方公尺），卻只存在於藍圖上的工程。

早在他前往勘查之前，美國政府就已簽下八百萬美元左右的合約，預計在坎達哈附近建設含括四十八家企業的工業園區。但葛瑞切斯基瀏覽完資料之後，卻完全看不懂工業園區究竟在哪裡，甚至不確定到底存不存在。

「我們展開工程之前，對這個工業園區一無所知，讓我大開眼界。」[10]他在「記取教訓」計畫訪談中表示：「根本找不到任何相關資訊，連地點在哪都不知道。就是一片空白，沒有人知道是怎麼一回事。」他花了幾個月終於找到園區的位置，實際走訪一趟才發現，那裡連一棟建築物也沒有，只有空蕩蕩的街道和汙水管。

葛瑞切斯基回憶當時的情景：「不知道是誰蓋的，但既然都在那了，就用用看吧。」[11]儘管他們努力重啟建設，他二〇一〇年離開後，工程還是「分崩離析」了。美國的審計人員四年後重訪工地現場，發現那裡已經差不多變成沙漠，只有一間冰淇淋包裝公司在營業。[12]

美國政府原本預期，這座工業園區能受惠於目標更宏大的國家建設計畫，也就是阿富汗第二大城坎達哈及其周邊地區的電氣化工程。

坎達哈的電力網系統非常原始，因此長年飽受電力缺乏之苦。美軍將領認為這是天大的好機會，他們的理論是只要能穩定供電，心懷感激的坎達哈居民就會支持阿富汗政府，轉而對抗塔利班。

為了達成這個目標，美軍想要重建位在坎達哈北方一百英里處（約一百六十公里），卡賈基水庫（Kajaki Dam）的老舊水力發電站。美國國際開發總署在一九五〇年代興建了這座水庫，並在一九七〇年代裝設了渦輪發電機，但因為長年打仗和疏於保養，發電站已經破敗不堪。

從二〇〇四年開始，美國政府就試著推動建設計畫以增加發電量，但進度十分緩慢。塔利班控制了水庫周邊的區域和幾條交通要道，維修團隊必須在裝甲車或直昇機護送下才能抵達水庫。

截至二〇一〇年為止，儘管風險很高，美軍將領還是成功說服政府，額外投資好幾億美元在水庫工程上，並稱這是反叛亂戰略至關重要的一環。有些發展專家認為，在敵方領土投資如此龐大的建設計畫根本不合理，他們指出阿富汗人缺乏相關的技術專業，無法長期維護水庫。此外，阿富汗人早已習慣沒有中央供電系統的生活，因此專家也質疑這項投資能否真正贏得阿富汗人的支持。

「坎達哈的居民對供電系統一點概念也沒有，我們怎麼會覺得供電給他們，會讓他們願意放棄支持塔利班？」[13]一名美國國際開發總署高階官員在「記取教訓」訪談中表示。

最後是軍事將領在辯論中取得勝利。小布希剛上任時短暫被派駐阿富汗的萊恩·克勞可，在二〇一一年以美國大使身分重返阿富汗。他非常擔心水庫建設工程，[14]但他還是核准了一部分計畫。「我決定繼續建設，即便我很清楚這根本行不通。」[15]克勞可在「記取教訓」計畫訪談中提到：「我學到的最大教訓就是，不要做大型基礎建設。」

然而，這可不是軍事將領們想要學到的教訓。事實上，水庫工程還只是起頭而已。修理水庫的渦輪發電機和發電站都要花上好幾年，但是反叛亂戰略分秒必爭，美軍將領希望馬上供電給坎達哈的居民。所以他們想到臨時的權宜之計，那就是購買幾個月內就能開始運轉的龐大柴油發電機，這樣一來就不必等上好幾年。但是用柴油發電機供電給整座城市，其效率之差、成本之高令人不敢恭維。發電機運作五年的支出就高達兩億五千六百萬美元，而且大多是花在柴油上，這個計畫因為不合邏輯而飽受批評。

一位不具名的北約官員在「記取教訓」訪談中提到，上頭指示他想辦法遊說國際捐贈者繼續投資發電機，但最終他毫無進展。「只要仔細想想，就會發現結果根本不合理，一切都荒謬絕倫。」[16]官員表示：「我們去找世界銀行，他們碰都不想碰……在所有人眼中都像瘋了一樣。」

根據聯邦審計部門統計，截至二〇一八年十二月，卡賈基水庫、柴油發電機，還有坎達哈和海曼德省的其他電氣化工程，已經讓美國政府花了七億七千五百萬美元。[17]

雖然水庫的發電量提升了將近三倍，但這項工程始終沒有任何經濟效益。二〇一八年，美國國際開發總署承認，坎達哈的公共設施一直仰賴外國資金補貼。

曾在阿富汗服役，之後在小布希和歐巴馬政府任職的海豹隊員傑佛瑞・埃格斯談到，這一類的工程都沒有達成目標。他在「記取教訓」計畫訪談中提到他所謂的「更大」問題：「為什麼美國要做超出自己能力範圍的事？」[18]他非常疑惑。「這個問題牽涉到戰略和心理學，是非常難回答的問題。」[19]

不論是小布希還是歐巴馬政府的官員，都堅定一致地避開「國家建構」一詞。大家都知道他們在做這件事，但一直存在著不讓他們公開談論的潛規則。

大衛・裴卓斯上將是少數敢公開談論的人之一。

歐巴馬在西點軍校演講的六個月後，裴卓斯接受眾議院軍事委員會質詢，回答與戰情相關的問題。民主黨的新罕布夏州眾議員卡蘿・席亞伯特（Carol Shea-Porter）一針見血地質問裴卓斯，美國是不是在幫阿富汗建設國家。

裴卓斯回答：「確實沒錯。」

他的坦率似乎讓議員嚇了一跳，她繼續說：「好，我一直聽到有人否認我們在建設國家，說我們在阿富汗是另有原因。」

而裴卓斯堅持他的說法，他說戰略的其中一個關鍵部分「顯然可以說成是國家建構，我不會逃避這件事，跟你們玩文字遊戲。」

美軍的反戰略教條，就是把國家建構最重要的要素「金錢」當作強而有力的戰爭武器。戰爭指揮官認為他們可以透過資助公共建設，或是雇用當地人的方式，贏得阿富汗民心。

二〇〇九年，美國陸軍出版一本手冊，標題是《將金錢作為武器系統的指揮官指南》（*Commander's Guide to Money as a Weapons System*）。前言引述了當時在伊拉克服役，還是二星上將的裴卓斯所說的話：「金錢是我在這場戰爭中最重要的火藥。」

從指揮官的觀點來看，與其明智又謹慎地花用這些彈藥，不如趕快花光。一般來說，美國國際開發總署會研究討論計畫提案好幾個月，甚至好幾年，以確保建設帶來長期效益。但美軍等不了那麼久，他們只想打贏戰爭。「裴卓斯已經下定決心用砸錢解決問題。」[20]一位不具名的美軍軍官在「記取教訓」訪談中表示：「只要裴卓斯在，就是一直花錢，他想讓阿富汗自立自強。」

裴卓斯在「記取教訓」訪談中，承認自己的戰略揮霍無度，但他說美軍別無選擇，因為歐巴馬下令十八個月後就要開始撤回增派的部隊。

「之所以會花這麼多錢，是因為我們知道時間非常緊迫，我們要竭盡所能鞏固成果。」[21]他表示：「如果我們覺得時間足夠，花錢的速度也不會這麼快。」

國家建設計畫仰賴美國軍方，以及平民身分的政府人員和私人承包商，所有人齊心合作協調建設工程。但實際上，不同的單位經常發生衝突。

堅持加速進行的五角大廈，與國際開發總署和其他國務院人員意見相左，尤其政府單位一直湊不齊願意到阿富汗協助的人員。在建設工程現場，軍事將領通常都認為國際開發總署人員和承包商是慢吞吞的官僚份子，他們開開心心地領薪水，大部分的工作卻是由軍隊完成。

在阿富汗東邊的霍斯特省（Khost），布萊恩・寇普斯上校（Brian Copes）率領印第安納州國民警衛隊士兵，負責執行農企業計畫和教導村民現代的修剪果樹技巧。他說阿富汗農民的技術落後了一百年，但美國救援隊成員的抗拒、反對和批評才是最讓他心力交瘁的。[22]

他在陸軍口述歷史訪談中表示：「有些人就是帶著菁英主義者的偏見瞧不起軍人，認為我們是一群原始野蠻的尼安德塔人。」[23]

身為平民的救助隊員則抱怨軍方對他們的刻板印象，認為他們是膽小又沒用的小職員，一點都不了解任務的急迫性。一位不具名的國際開發總署資深官員在「記取教訓」訪談中表示：「在軍方眼中，我們永遠都跟不上他們的腳步，永遠都不夠好。」[24]

他們也抱怨，軍方完全不理會他們對某些工程的價值提出的看法。一位不具名的前國務院官員表示，自己曾質疑在坎達哈敵方地區建造高速公路是不是明智的選擇，結果「被狠狠修理一頓」。[25]「我們搭飛機到那裡去，然後就被開槍攻擊。」他在「記取教訓」計畫訪談中表示：「想想看，一個危險到連美軍武裝直昇機都降落不了的地方，我們卻還要在那裡鋪路。」

根據阿富汗官員表示，美軍將領堅持在難以深入的塔利班勢力範圍內進行建設，也讓他們非常困擾。

阿富汗前地方治理事務次長巴爾納・卡利米（Barna Karimi）提到，在美國海軍陸戰隊趕走海曼德省加姆塞爾區（Garmsir）的叛亂份子後，美國人一直要求他派幾團阿富汗公務員過去，他說海軍陸戰隊一點也不在乎塔利班當時還掌控著通往加姆塞爾區的主要道路。

「他們開始大聲嚷嚷『我們掃蕩了加姆塞爾區，快來建立政府！』」[26]卡利米在「記取教訓」計畫訪談中表示：「我之前已經說過我無法過去，因為沒辦法走陸路，一定要搭直昇機去，但沒辦法讓所有人員都搭飛機。我手下的職員要怎麼過去？他們過去的路上可是會被綁架的。」

在美國國際開發總署擔任工程專案經理的阿富汗人薩非烏拉・巴然（Safiullah Baran）表示，美國人一意孤行就是想建設，完全不關心究竟誰能受惠。[27]他說塔利班曾在阿富汗東部鄉村的拉格曼省（Laghman）破壞一座橋，而美國官員急於建造新橋，所以在一週內就雇用一間阿富汗建築公司著手蓋橋。

但那間建築公司的老闆有一個兄弟加入當地的塔利班，[28]他們一起想出賺錢的好方式，就是讓在塔利班的兄弟炸毀美國人的建設，美國人必然會在毫不知情的情況下付錢給他的手足重新建設。

國際開發總署官員怪罪美軍太過心急，導致整個計畫都在開倒車。他們說合理的作法是把重心放在比較安定的省份，鞏固他們對中央政府的擁護，再逐漸推進到較為動盪不安的地區。

「為什麼不打造一個安定的地區，讓其他地方羨慕就好？」一位不具名的美國官員在「記取教訓」訪談中問到。「阿富汗人是我見過最容易嫉妒的人，但我們完全沒利用這個特點，反而是在危險到不適合小孩離家的地區興建學校。」[29]

龐大的市政工程是國家建設計畫失敗的一大原因，但小型工程也讓他們發瘋似地花了不少錢。許多工程都來自一項軍事計畫，稱作「指揮官緊急應變計畫」（Commanders' Emergency Response Program），簡稱CERP。

由國會授權的CERP允許前線的軍事將領跳過一般的合約規定，可用於基礎建設的資金高達一百萬美元，儘管大部分的工程支出都不到五萬美元。

指揮官為了花這筆錢而承受偌大壓力，所以他們撰寫文件時都只是盲目抄寫CERP以前的計畫資料，因為他們知道根本沒人會仔細審視。一位軍官說同一張診所的相片，已經重複出現在阿富汗全國一百多個診所建設計畫的報告中。

一位在阿富汗東部服役的陸軍民事軍官，在「記取教訓」訪談中說他常常看到CERP的計畫提案中出現「sheikh」（意指酋長）這個詞，代表這些內容是直接抄自伊拉克重建計畫的報告，[30]因為「sheikh」是阿拉伯語的頭銜稱謂，阿富汗人鮮少使用。

這位陸軍軍官回想起，有一次他告訴旅上的士兵，如果他們覺得CERP計畫實在毫無益處，「那最明智的做法就是什麼都別做。」[31]他說：「士兵們聽完都陷入沉默，他們說『我們不能什麼都不蓋。』我告訴他們，我們最後可能還是會浪費錢。」

印第安納州國民警衛隊軍官寇普斯，在阿富汗東部的霍斯特省擔任民事指揮官，他把源源不絕的救援金比擬為「快克古柯鹼」，[32]說這是「每個單位都染上的毒癮」。他在「記取教訓」計畫訪談中，說自己看過美方蓋了一間成本三萬美元的溫室，最後卻因為阿富汗人不懂得維護而荒廢。他的單位用鋼筋蓋了一間替代溫室，不但更好用，成本還只要五十五美元——雖然理論上他們應該花更多錢。[33]

「國會撥錢給我們花，而且預期我們會全部花光。」[34]寇普斯表示：「他們的態度變成『不管你們怎麼用這筆錢都沒關係，用完就對了』。」

根據國防部的圖表顯示，國會提供了三十七億美元的資金給CERP，雖然美軍已經竭盡所能花用，最終還是只花了三分之二。[35]根據二〇一五年的審計報告，實際花費的二十三億美元中，五角大廈能提供工程花費細項的只有其中八億九千萬元。

參與「記取教訓」訪談的其他單位官員，對於這樣的鋪張浪費和管理不善都感到驚駭不已。「CERP就是花錢買票的政策。」[36]二〇一一年至二〇一四年擔任國際開發總署阿富汗事務長的山下謙（Ken Yamashita），用政治操作比喻這項計畫。一位不具名的北約官員說CERP就是「吞噬金錢的無底黑洞，而且沒有人可以負起責任」。[37]

阿富汗國家建設計畫漏洞百出，充斥著浪費、效率不彰、想法草率的問題，但最令美國官員困惑的是，他們根本不明白這些計畫究竟能否幫他們打贏戰爭。

一名增派到喀布爾美軍總部的陸軍軍官表示，他們真的很難追蹤CERP各項工程是否真的建造起來。「我們想要可靠的量化指標告訴我們，某項工程有沒有產出預期的效益，但我們想不出來。」[38]他在「記取教訓」計畫訪談中表示：「我們完全不知道該如何衡量蓋了一間醫院後，能不能減少人民對塔利班的支持，這最後一哩路總是走不到。」

美國政府實在太不了解阿富汗的文化，因此即便是立意良善的計畫仍然注定失敗收場。二〇〇八年至二〇一五年擔任坎達哈省長的托里亞萊・韋薩，說美國救援隊成員堅持實行一項公共衛生計畫，教導阿富汗人正確的洗手方式。「這非常侮辱人，阿富汗人一天祈禱五次，每次都會洗手。」[39]韋薩在「記取教訓」計畫訪談中表示：「再說，洗手教學計畫根本沒必要。」

他說提供工作機會或傳授賺錢技巧的計畫比較理想，但這一類計畫也可能收到反效果。曾任教於海軍研究院（Naval Postgraduate School），後來擔任加拿大反叛亂顧問的阿富汗專家湯瑪斯・強森（Thomas Johnson）提到，美軍和加拿大部隊在坎達哈執行一項計畫，每個月給當地村民九十到一百美元工資，雇請他們清理灌溉用的運河。

最後軍方卻發現，他們的計畫間接擾亂了當地的學校運作。由於當地老師的收入很少，月薪只有六十到八十美元。「所以當地老師紛紛辭去教職，加入挖溝渠的行列。」[40]強森在「記取教訓」計畫訪談中提到。

在阿富汗東部，有一旅陸軍士兵懷著滿腔熱血想改善公立教育，因此承諾建造五十所學校，但根據某位參與計畫的官員表示，這番美意卻意外幫助了塔利班。「當地師資不足，所以學校都荒廢了。」[41]一位不具名的美軍官員在「記取教訓」訪談中表示：「有些學校甚至變成炸彈製造工廠。」

第十四章　化友為敵

二〇〇九年十一月十九日，哈米德．卡賽在喀布爾總統府，出席他自己的就職典禮，他身穿藍綠相間的烏茲別克斗篷，頭戴灰色羔羊皮帽，看起來容光煥發一如往常。相較於他五年前第一次宣誓就職時的樣貌，精心剃整的鬍鬚變得灰白許多。當年五十一歲的卡賽在就職演說中，盛讚阿富汗的治理良善、女權提升，與美國的深厚友誼，看起來跟以往那個模範政治家沒什麼兩樣。

「阿富汗的人民永遠不會忘記，美國士兵為了阿富汗的和平做出的犧牲奉獻。」他表示：「在全能真主的幫助下，阿富汗接下來五年將擁有堅強的民主秩序。」

大約八百名外交人員和其他貴賓齊聚總統府，為這歷史性的一刻鼓掌叫好。數百萬名阿富汗人又一次成功抵抗暴力威脅，投票選出民主的政府。

美國國務卿希拉蕊．柯林頓坐在第一排，穿著她在阿富汗購買的黑底紅邊刺繡花朵外套，看起來優雅從容。卡賽結束演說向她彎腰致意時，她露出燦爛的微笑點點頭表示回應。柯林頓事後接受訪談，說卡賽的演說讓她「深受鼓舞」。她表示：「很多勇敢的美國人來這裡服役，因為我們相信可以做出貢獻。」

但他們的微笑與友善都只是逢場作戲。事實上，卡賽和美國人都在怒氣沖沖地指責對方。所有參與就職典禮的人都心知肚明，卡賽三個月前是用不光彩的方式贏得選舉。雖然美國政府曾盛讚卡賽是自主與自由的典範，但他的支持者卻做出作票和竄改投票總數這種嚴重的舞弊行為。一個聯合國調查小組認定卡賽拿到約一百萬張違法選票，占總投票數的四分之一。

卡賽與美國撕破臉危及兩國的盟友關係，而且偏偏發生在最不恰當的時刻——歐巴馬準備加派三萬美軍兵力到阿富汗的時候。

戰爭打了八年，為衝突規模擴大找到合理的解釋已經夠困難，如今阿富汗總統捲入利用選舉舞弊連任的風波，歐巴馬卻要美軍部隊和美國納稅人為他做更多犧牲。

然而，歐巴馬和他的政府官員也正是這場失敗選舉的推手。

二〇〇九年一月歐巴馬就職後，許多民主黨和共和黨官員都表達他們對卡賽的反感。他們批評卡賽縱容貪汙行為，說他既軟弱又優柔寡斷，十分瞧不起他。

歐巴馬的阿富汗和巴基斯坦特使理查・郝爾布魯克尤其討厭卡賽，而且他自始至終都不打算隱瞞這件事。郝爾布魯克聘請來擔任顧問的阿富汗專家巴奈特・魯賓，在「記取教訓」計畫訪談中表示：「理查・郝爾布魯克痛恨哈米德・卡賽，他覺得卡賽貪汙腐敗到了極點。」[1]

卡賽在阿富汗仍然獲得許多人支持，連任總統勢在必得。郝爾布魯克和其他美國官員卻公開與卡賽的政敵會面，鼓勵他們參選總統，挑起了雙方的戰火。郝爾布魯克希望多一點參選人瓜分選票，阻止卡賽壓倒性勝利，在第二輪選舉面對單一對手會讓卡賽處於劣勢。

美國的盤算激怒了卡賽，認為美國背信棄義。卡賽發現自己沒辦法再相信美國人了，便開始搶先一步擴張自己的政治基礎，跟不同種族的舊敵人談條件。

卡賽欽點塔吉克軍閥穆罕默德・法希姆將軍擔任副總統候選人，這讓人權團體大失所望。卡賽又與阿卜杜勒・拉希德・杜斯坦將軍協商並得到他的支持，這位戰爭罪嫌疑犯手中掌握著數量可觀的烏茲別克族選票。已經勝券在握的卡賽為了鞏固勝選，還在阿富汗選舉監督委員會裡安插自己的親信。

有些美國官員說歐巴馬政府應該要知道，卡賽這些小動作總有一天會適得其反。國防部長羅伯特・蓋茨在維吉尼亞大學的口述歷史訪談中表示：「卡賽與軍閥打交道又選舉舞弊，是因為這次選舉跟上次不一樣，我們上次支持他。他知道我們放棄他了，所以徹底與我們撕破臉。」[2]

卡賽就職後一個月，蓋茨到布魯塞爾參加北約的國防部長會議。他隔壁坐的是挪威外交官凱・艾德（Kai Eide），他當時擔任聯合國祕書長的阿富汗特使。蓋茨和艾德兩人是相識多年的朋友，艾德發表他的阿富汗情勢報告之前，傾身在蓋茨旁邊耳語了一句：「我會告訴其他部長，有外國勢力明目張膽地介入阿富汗總統選舉。」[3]艾德又說：「但我不會說那股勢力就是美國和理查・郝爾布魯克。」[4]

一開始，美國政府對卡賽的親切友善，似乎會一直持續下去永無休止。

卡賽出生於位在坎達哈省灌叢地的波帕爾扎伊部落（Popalzai），是一位阿富汗議員的兒子。一九七〇年代，他與其他阿富汗菁英一起前往喀布爾上高中，接著去印度求學，在那裡精進自己的英文能力。一九九〇年代初期，他開始參與政治，短暫擔任外交次長一職，但這位瘦弱、禿頭又愛讀詩的高知識份子，幾乎沒有參與到阿富汗內戰。

九一一事變發生時，卡賽正在巴基斯坦流亡。因為卡賽反對塔利班，所以中情局一開始與他並沒什麼交情，不過內戰之後兩者間的交集逐漸增加。

雖然身為游擊隊員的卡賽沒有證件，中情局還是鼓勵他在二〇〇一年十月潛入阿富汗南部，趁美國空軍投擲炸彈時發動反抗塔利班的暴動。[5]幾星期後，卡賽在一場小規模衝突中遭到圍困，中情局還派出直昇機救援。從此以後，他身旁隨時都有一名中情局準軍事行動官員，還有一支特種部隊待命。

那年冬天塔利班垮台，阿富汗急需一位領導人，把四分五裂的各方人馬統一起來。不論是國內或國外勢力，都一致認可卡賽是最佳人選。雖然他是普什圖族人，但北方聯盟的塔吉克、烏茲別克和哈扎拉軍閥都接受他。

在德國波昂召開會議協助阿富汗規劃未來的幾個國家，也都支持卡賽。主導高峰會的美國外交官詹姆斯．杜賓斯表示，是巴基斯坦三軍情報局率先提議讓卡賽擔任總統。[6]俄羅斯、伊朗和美國也同意，幾個宿敵難得達成共識。

「卡賽很有媒體魅力，既合群又溫和，而且非常受歡迎。」[7]杜賓斯在外交口述歷史訪談中提到：「他有種特殊的能力，能贏得各式各樣的政府和人的信任。」

他對美國人的依賴也愈來愈深。波昂會議的內容曝光時，卡賽仍然待在阿富汗南部，協助執行掃蕩塔利班的行動。二〇〇一年十二月五日，一架美國空軍B-52戰機在坎達哈上空扔下炸彈，誤擊卡賽的營地。

綽號「蜘蛛」的中情局官員葛雷格・沃戈（Greg Vogle）立刻撲到卡賽身上，替他擋下爆炸攻擊。[8]他們兩人都活下來了，但還是有三名美軍士兵和五個阿富汗人不幸罹難。

爆炸發生幾小時後，卡賽的衛星電話響了起來。[9]來電者是英國廣播公司的駐喀布爾記者萊絲・杜賽（Lyse Doucet），他們已經認識好幾年了。英國廣播公司發布新聞快報，報導波昂會議的代表選定了卡賽成為阿富汗臨時政府的總統。

「哈米德，你知道自己成為新總統後有什麼反應？」[10]衛星電話收訊不穩，杜賽只能對著聽筒大喊。

卡賽直到此刻才知道這個消息。他問：「你確定嗎？」而杜賽十分肯定。

「很好啊。」卡賽回答，他沒有說自己剛剛才從鬼門關前回來。

幾星期後，卡賽進了總統府，他知道自己得完全仰仗美國。他現在統治的是個殘破的國家，沒有維安部隊、沒有行政體制，也沒有資源。

二〇〇二年初擔任美國駐阿富汗大使的萊恩・克勞可，在維吉尼亞大學的口述歷史訪談中表示：「總統府就是一座寒冷漏風的宮殿，掙扎著想掌握政局。」[11]

卡賽幾乎每天都邀請克勞可到總統府共進早餐，請他吃新鮮現烤的麵包、乳酪、蜂蜜和橄欖。克勞可不會放棄吃現做料理的好機會，因為美國大使館只有一包包放不壞的軍用口糧可以吃。[12]他也知道卡賽現在要決定好幾千件大大小小的事情，一定很渴望有人為他指點迷津。

一天早上，卡賽提出一個出乎意料的問題。

「我們需要國旗。」[13]他問克勞可：「你覺得應該要長什麼樣子？」

克勞可回答：「由你決定。」[14]

卡賽拿出一張餐巾紙，畫出一面由黑色、紅色和綠色組成的國旗，正中央是清真寺圖案的國徽。

「這個傳統配色對人民而言很有意義。」卡賽一邊畫一邊解釋。「我們要明白自己的國家是阿富汗伊斯蘭共和國，所以一定要放上真主的意象。」

大功告成！一個重生國家的新國旗，在餐巾紙上誕生了。

克勞可很讚賞卡賽把阿富汗當作國家來治理，而不是一群個世代交惡的部族，這一點需要勇氣和決心，但他很懷疑卡賽有沒有足以有效治理國家的政治敏銳度和能耐。

卡賽有許多職責，其中一項是為全國三十四個省份挑選新省長。「他會問我『應該選誰當加茲尼省長？』，好像我該知道答案一樣。」[15]克勞可說：「他有幾個選擇真的很糟。」

卡賽把自己的命運完全託付在美國人手中。一九九九年，塔利班的槍手在巴基斯坦奎達市（Quetta）一間清真寺暗殺了他父親。他知道塔利班會用兩倍的心力殺害他，但他自己沒有可靠的維安部隊。他就任總統的頭幾年，美國政府便指派一支護衛小組全天候保護他的安全。

他的敵人始終虎視眈眈地想對付他。二〇〇二年九月，一名穿著阿富汗警察制服的塔利班臥底，趁著卡賽在坎達哈下車與支持者見面時，拿槍瞄準他。刺客開了四槍，最後被美國特種部隊擊斃。雖然卡賽沒有受傷，但也是險象環生。

二〇〇四年十月，阿富汗政局漸趨穩定，終於能舉辦第一場全國總統大選。超過八百萬位阿富汗人民，勇敢地冒著被塔利班威脅的風險，不畏侵襲喀布爾的巨大沙塵暴，到投票所投下神聖的一票。卡賽輕輕鬆鬆贏得百分之五十五的選票，擊敗多達十七名候選人。

國際觀察家都認為這是一場自由公正的選舉，而從美國的觀點來看，三年前發動戰爭的小布希政府，十分樂見這樣的政治局勢。曾經是共產國家附庸國，命運多舛的阿富汗如今成為民主國家，卡賽對美國滿懷感激。

二〇〇四年十二月，倫斯斐和錢尼飛到喀布爾參加卡賽的就職典禮。之後，倫斯斐在給小布希的雪花備忘錄中大力讚揚這場典禮。「我絕對忘不了這一天。」[16]倫斯斐在備忘錄中寫到他和錢尼在典禮開始前，遇到欣喜若狂的卡賽。「他說『一切都步上正軌了，美國人到阿富汗來之前，我們就像一幅靜物畫。你們來之後，一切都活過來了。有你們的幫忙，我們才能走這麼遠。』」

小布希政府的阿富汗裔美國大使薩爾梅．哈里札德，深受卡賽喜愛與信任。他跟卡賽一樣都是普什圖族人，兩人早在一九九〇年代就相識了。小布希在二〇〇二年指派哈里札德擔任阿富汗特使，一年後任命他為美國大使，讓他和卡賽的交情愈來愈緊密。

哈里札德每天都會與卡賽聯絡好幾次，幾乎每晚都到總統府與他共進晚餐。卡賽跟大部分的阿富汗人不一樣，他非常準時。晚餐準時在七點半開始，他希望賓客三十分鐘前就抵達。菜單幾乎不會換，總是雞肉或羊肉配飯，再加兩種蔬菜。[17]吃完後，他們還會長談好幾小時。哈里札德回到大使館的時候，通常都已經過午夜了。

二〇〇五年，小布希政府決定派哈里札德前往巴格達，以美國駐伊拉克大使的身分擺平動蕩的局勢。卡賽親自請求白宮官員讓哈里札德留在阿富汗，但不論他怎麼說都無濟於事。當時美國官員都對卡賽充滿信心，認為他就是國家領導人的典範。

哈里札德在「記取教訓」計畫訪談中回憶：「我被派到伊拉克的那時候，卡賽真的很受歡迎。」[18]他說白宮官員會半開玩笑地問他：「你能不能在伊拉克找到卡賽那樣的人？」

但卡賽覺得自己被拋棄了，他已經很習慣一直得到美國的安撫與保證。小布希政府則希望讓兩國的關係恢復正常，指派一位不用天天去跟卡賽吃晚餐的新大使。雙方都努力地做出調整。

國防部顧問馬林．史崔麥基表示，卡賽總要花好幾個小時細細討論決策上遇到的兩難，才有辦法做出艱難的決定。[19]他需要不斷地讓自己安心。

哈里札德的繼任者不像他那麼有耐心，有時會提出不太恰當的要求。二〇〇五年，羅納德．紐曼以美國大使身分抵達阿富汗時，催促卡賽趕緊撤換貪汙的官員，其中包括他同父異母的弟弟阿邁德．瓦利．卡賽，他當時是坎達哈省議會的議長。

二〇〇六年一月，《新聞週刊》（*Newsweek*）刊登了一則報導，指控阿邁德．瓦利．卡賽掌控阿富汗南部的毒品貿易。[20]哈米德．卡賽一怒之下，把紐曼和英國大使都召喚到總統府。他威脅說要告他們誹謗，並要求美國或英國官員拿出他弟弟犯法的鐵證。

美國大使館副館長理查．諾蘭德在送到華府的機密電報中表示：「我們都說我們掌握了大量的傳言和指控，指出他的弟弟不但貪汙還走私毒品，但我們始終未握有在法庭上有利的明顯證據。」[21]但

2005 年，蘇聯建造的電影院只剩破敗磚瓦，一位小女孩在裡面耍弄著晾衣繩。阿富汗極為貧窮，基礎建設也被嚴重破壞。自 1979 年蘇聯入侵起，這個國家就一直飽受戰火摧殘。（© David Guttenfelder/AP）

2004 年 5 月，阿富汗實習警察走往他們在喀布爾警察學院的房間。美國及北約原打算建立國家警察部隊，卻很早就搞砸了這項計畫。倫斯斐在一份 2005 年寫下的備忘錄中稱此訓練計畫是一團糟，還說自己已經「準備好要放棄了」。（© Emilio Morenatti/AP）

2006 年 5 月，阿富汗禁毒小組駕駛直升機在阿富汗東部南加哈省的一次軍事行動中降落。2001 年戰爭開始後，鴉片產量急遽增長。美國花費九十億美元執行各種令人眼花撩亂的計畫，欲阻止阿富汗輸出海洛因至世界各地，卻只是徒勞。(© Paolo Pellegrin/Magnum Photos)

2007 年 3 月，英國海軍陸戰隊襲擊卡賈基水庫附近一處由塔利班佔領的村莊，軍人在爆破牆面的同時也尋找掩護。美國及其北約盟國花費了數億美元來修復和升級水庫，希望能為海曼德省和坎達哈省供電，但以失敗告終。(© John Moore/Getty Images)

2006 年 6 月，一名農民看著阿富汗警察剷除巴達克珊省的罌粟田。美國與北約盟國英國曾嘗試各種策略來減少鴉片生產。他們付錢阻止農民種植罌粟、聘僱傭兵來破壞作物，還制定計畫要從空中噴灑落葉劑。但沒有一個方法奏效。（© Paolo Pellegrin/ Magnum Photos）

2007 年 9 月阿富汗東部的科倫加山谷（Korengal Valley），陸軍上等兵布蘭登・歐爾森（Brandon Olson）斜倚在芮斯特瑞波哨站（Outpost Restrepo）碉堡的堤防上。美國士兵於 2005 年抵達科倫加，欲剷除蓋達組織和塔利班武裝分子。在這一小片土地上，曾上演過戰爭中最危險的交戰與埋伏。（© Tim A. Hetherington/Magnum Photos）

2010 年 3 月，阿富汗安全部隊於庫納爾省（Kunar）楚內克村（Tsunek）附近中了塔利班埋伏，部隊將一名傷兵抬上美國救護直升機。美國的傷亡人數在 2010 年達到頂峰，當時有四百九十六名士兵喪生。（© Moises Saman/Magnum Photos）

2009 年 12 月 1 日，美國西點軍校軍校學員於艾森豪劇院聆聽歐巴馬總統宣布擴大戰爭的計畫。歐巴馬下令再部署三萬名士兵，將美軍規模擴大至十萬人。（© Christopher Morris/VII/Redux）

2009年8月，阿富汗總統候選人阿布杜拉（Abdullah Abdullah）的支持者於喀布爾一處體育場的政治集會上歡呼雀躍，同時間競選傳單也從直升機上落下。卡賽贏得連任，但大規模作票使得選票可信度大打折扣。由聯合國支援的調查小組判斷卡賽收到約一百萬張非法選票，佔所有投票數的四分之一。（© David Guttenfelder/AP）

2010 年 3 月，美國海軍從塔利班手中奪下海曼德省馬佳鎮（Marja）後，該地區的一位官員哈吉・扎西（Hagi Zahir）與當地長老會面。本次軍事行動及阿富汗政府的後續作業起初被認為很成功，之後卻未能穩定該地區。叛軍又重新佔領了海曼德省的大部分區域。（© Moises Saman/Magnum Photos）

2009 年 5 月，阿富汗貨幣交易員在喀布爾的貨幣市場上兌換成堆的現金。歐巴馬政府依援助及國防契約為阿富汗提供了數百億美元，又加劇了本就相當驚人的貪腐現象。（© Benjamin Lowy/Getty Images）

2009 年 10 月，陸軍上等兵克里斯多夫・葛里芬（Christopher Griffin）的遺體以轉運箱送抵德拉瓦州（Delaware）的多佛空軍基地，葛里芬來自密西根州的金契洛（Kincheloe）。先前，大批塔利班武裝分子襲擊紐里斯坦省（Nuristan）的吉亭作戰哨（Combat Outpost Keating），導致八名士兵身亡，二十四歲的葛里芬便是其一。（© Jonathan Newton/*The Washington Post*）

美國人並未打退堂鼓，他們告訴卡賽那些事情都是真的，他必須想辦法解決問題。

然而實際情況，是美國政府在要求卡賽清理美國自己留下的爛攤子。其實中情局私底下早與阿邁德・瓦利・卡賽密切合作，幫助他成為當地的政治掮客。這幾年來，中情局一直提供他資金，讓他招募和援助祕密準軍事快速行動部隊。[22]想必哈米德・卡賽很清楚這件事。由於這層關係一直存在，美國大使館真的是吃了熊心豹子膽，才敢以模稜兩可的犯罪指控，要求阿富汗總統懲罰自己的兄弟。卡賽永遠忘不了這件事。

「以他為目標就是在破壞兩國的交情。」[23]在阿富汗任職數年的外事官員陶德・格林翠，在外交口述歷史訪談中表示：「這個做法是否明智有待商榷。」

隨著叛亂份子愈來愈囂張，小布希政府官員開始批評卡賽這種跟臨時政府一樣的治理方式。他們抱怨卡賽的作風比較像部落領袖，而不是現代國家的總統。因為政府太腐敗又無能，他們也擔心塔利班藉此煽動人民對政府的不滿。

美國官員一直很努力地幫助卡賽削弱阿富汗軍閥的影響力，所以當卡賽把幾個飽受冷落的軍閥找回來組織聯盟時，美國官員真的氣壞了。在白宮官員眼中，他們曾經的民主看板人物正在失去光芒。「卡賽從來沒有真正接受民主，也沒有倚靠民主體制，他仰賴的是政治恩惠。」[24]小布希第二任期的國家安全顧問史蒂芬・海德里，在「記取教訓」計畫訪談中表示：「我的感覺是軍閥之所以回來，是因為卡賽想要他們回來。」

不過，卡賽對美國的怨氣也是合情合理。

美軍用好幾中隊的戰機、戰鬥直昇機和武裝無人機，牢牢掌控阿富汗的領空。但即使配備先進的攝影機和感測器，想藉以鎖定地面上的單一目標仍然十分困難。叛亂份子會以小單位移動或躲在村莊裡，隱匿他們的行蹤。

隨著與塔利班的衝突升級，美軍發動空襲時誤殺或誤傷的無辜平民人數也不斷攀升。美軍指揮官經常直覺地把誤殺的平民冠上恐怖份子的名號，而事實顯然不是如此，這種態度反而讓情況更棘手。卡賽已經針對頻頻出錯的空襲，向美國政府抗議好幾年。二〇〇八年，美國想掩蓋接二連三發生的災難讓卡賽忍無可忍，公開大肆抨擊。

七月六日，證人回報美軍戰機在阿富汗東部南加哈省一座偏遠村莊附近，誤擲炸彈擊中婚禮派對現場，炸死數十名婦孺。美軍立刻公開否認這件事，說他們是「精準」攻擊了山中的「一大群敵方戰士」。

「每次我們發動空襲，他們一定會嚷嚷著『空襲誤殺平民』，但事實上，飛彈打中的是我們一開始瞄準的激進極端份子。」[25]擔任軍方發言人的陸軍中尉奈森・派瑞（Nathan Perry）當時這麼告訴美聯社記者的。

卡賽命令一個政府委員會徹底調查，確認美軍擊中的確實是婚禮派對。總共四十七人不幸罹難，死者大多是孩童與婦女，新娘本人也難逃死劫。美軍軍官的態度這才緩和了一點，他們表示對平民死傷的慘況深感遺憾，並承諾他們自己也會展開調查。但他們從未公開調查結果。

一個月後，另一場軍事行動失誤讓卡賽更加不信任美國。美軍和阿富汗地面部隊，協同一架低空飛行的AC-130空中砲艇和一架死神無人機（Reaper），一同摧毀了阿富汗西部赫拉特省的小村莊阿茲扎巴德（Azizabad）。

美軍表示這場行動的目標是具有「高價值」的塔利班領袖，還說行動中完全沒有平民死亡。但外界很快就發現，這場軍事行動顯然出了大錯。才隔不到一天，軍方就改變說法，承認有五位平民死亡。但事實證明，這個數字遠遠低估了。

證人回報在這場延續好幾小時的攻勢中，至少有六十名孩童死亡，被埋在斷垣殘壁下。[26]聯合國、阿富汗政府和一個阿富汗人權組織根據照片、影片和生還者的證詞，各自展開調查。他們的結論是大約七十八到九十二名平民在攻擊中不幸罹難，其中大部分是孩童。

怒不可遏的卡賽走訪阿茲扎巴德一趟，然後抨擊美國政府草菅人命，不重視阿富汗人的性命。「我五年來日以繼夜地努力避免這種事情發生，但我失敗了。」卡賽說：「如果我成功了，阿茲扎巴德就不會血流成河。」

但美軍仍舊為這場行動辯護，指控阿富汗官員散播塔利班的抹黑言論。五角大廈接著也自己展開調查，幾週後調查結果出爐，結論是二十二名叛亂份子和三十三位平民死亡，但他們還是認定這場攻擊行動十分合理，是「為了自衛，有其必要且合乎比例」。[27]

美方的調查報告草率地指控阿富汗和聯合國蒐集的證據未經證實，或受到「有經濟、政治和／或生存目的」的人操弄，因此完全不予採用。[28]然而軍方調查報告的基礎，是來自阿茲扎巴德攻擊行動中隨行的福斯新聞團隊拍攝的影片，而且團隊負責人還是以「伊朗門事件」（Iran-Contra）出名的奧利佛·諾斯（Oliver North）。*

除了不分青紅皂白的空襲，卡賽還痛斥美國和北約軍隊在搜捕叛亂份子的行動中，對阿富汗平民住宅發動夜間突襲不下數百次。夜間突襲跟空襲一樣有時會出錯，特種部隊也會殺錯目標。

在「記取教訓」計畫訪談中，一位不具名的美軍軍官說他們實在太常出錯了，所以有些陸軍單位「著重在災後處理，給予阿富汗人破壞賠償金和慰問金。」該名軍官二〇〇八年在阿富汗東部的霍斯特省服役，他想起有一次陸軍遊騎兵誤襲一名阿富汗陸軍上校的家，殺了上校和他擔任老師的妻子。「我們殺了自己的盟友。」[29] 該名美軍軍官說。

表面上，小布希政府官員為平民傷亡深感遺憾後悔。私底下，他們對卡賽的猛烈抨擊非常不滿，甚至向他施壓，叫他別再發表如此尖酸的批評。

但卡賽想表現自己的獨立，一部分是因為他很清楚塔利班會嘲笑他是美國的走狗，所以他愈來愈常公開談論其他被美軍淡化或忽視的議題。

例如指責華府對巴基斯坦採取溫和的態度，因此沒有摧毀塔利班在巴基斯坦的巢穴。雖然他的批評都是有憑有據，但這樣公開大肆批評仍惹惱了美國官員。

「我們每次與卡賽大吵一架，或是他大發雷霆地公開指責我們，他所說的都是與我們私下談了好

---

* 美軍一直沒有公開完整的調查報告，直到《今日美國報》在二〇一八年控告國防部，才終於取得將近一千頁的檔案，並在二〇一九年十二月揭露阿茲扎巴德攻擊行動的真相。

幾個月的問題。」[30]蓋茨表示：「我們都沒有太留心……如果我們能好好聽他說，很多事情都可以避免。」

美國官員一方面期待卡賽成為自立自強又堅毅果敢的領袖，另一方面又希望他是一個卑躬屈膝，而且對他們言聽計從的夥伴。「我已經三番兩次告訴他們這件事。」蓋茨補充：「他們就是看不起卡賽：『他是個瘋子。』『他什麼都要靠我們。』『他是糟糕的盟友。』但我認為，我們也不是什麼優秀的盟友。我們如果是優秀的盟友，就應該好好聽他說，因為他一直在告訴我們這些事。」[31]

歐巴馬入主白宮之後，他們決定向阿富汗總統採取強硬手段。

二〇〇九年一月上旬，當選副總統的喬・拜登造訪喀布爾，在總統府與卡賽及他的內閣官員共進晚餐。拜登和其他美國官員一直刺激卡賽，不斷提起他不可靠的政治任命、失控的政府腐敗問題，還有他弟弟與黑社會的往來。卡賽則是不甘示弱地還以顏色，提起夜間突襲事件和平民死傷指責對方。拜登氣得扔下餐巾，晚宴就在尖酸毒辣的唇槍舌戰中落幕。[32]

一個月後，郝爾布魯克飛到喀布爾，與卡賽在總統府二樓的辦公室會面。郝爾布魯克沒有為拜登那場劍拔弩張的晚宴緩頰，而是暗示卡賽有人非常不悅。卡賽的滿腔怨恨一洩而出，郝爾布魯克一走，卡賽立刻打電話叫聯合國外交官凱・艾德到他的辦公室來，然後告訴他：他想擺脫掉我和你。[33]認為卡賽不再稱職的美國外交官，不僅僅只有郝爾布魯克一個。二〇〇九年七月，新任美國大使艾江山發了一封電報到華府，提到卡賽「兩種截然不同的面貌」，但不論是何者都預告著麻煩將近。[34]「第一種是多疑又懦弱的個性，對國家建構的基礎非常不清楚，而且知道自己在國際舞台上備受讚譽的時代已經過去，為此感到過度侷促不安。」[35]艾江山這樣寫道。「另一種面貌是自詡為國族英雄，自始至終是精明幹練的政治家。」

醞釀已久的仇恨，很快就如洪水猛獸爆發開來。二〇〇九年八月二十日，阿富汗人又來到投票所，為國家史上第二次總統選舉投下神聖的一票。但投票人數大幅下跌，投票的可靠度也馬上引起質疑。不到幾小時，卡賽的支持者總動員作票的新聞就傳得滿天飛。全國各地紛紛爆發流血衝突，超過二十位平民不幸喪生。

選舉結束隔天，郝爾布魯克與卡賽會面，在票選結果出爐前就暗示卡賽可能要舉辦第二輪選舉。卡賽指責郝爾布魯克企圖削弱他的威信，[36]語畢便轉身離開。

兩個月後，阿富汗選舉委員會才公告最終票數統計。卡賽以百分之四十九點六七的得票率遙遙領先，只差一點點就達到百分之五十，也就是不必二輪選舉的門檻。

但沒什麼人相信這個數字。卡賽宣布自己獲得多數民意支持，拒絕舉辦第二輪選舉，對手指控他大動作舞弊，美國官員則要絞盡腦汁想辦法解決這項危機。最後，他的頭號政敵退出選舉，卡賽不戰而勝。

但憤怒的情緒並沒有因此消失。

十一月正式就職之前，卡賽邀請公共電視服務網到總統府對他進行電視直播採訪。他指控一九八九年蘇聯撤離之後，美國就對阿富汗不聞不問，他很擔心這個情況會再次上演。「美國人向我們再三保證，但我們有一點感到，一朝被蛇咬，十年怕草繩。我們必須很謹慎，非常小心。」[37]

差不多同一時候，艾江山發了一封電報給希拉蕊・柯林頓，更加質疑依賴卡賽作為戰略夥伴是不是明智的決定。艾江山寫道：「我們幾乎不能指望卡賽在人生這個階段，或是在兩國的關係中做出根本上的改變。」[38]雖然是機密電報，還是有人把內容洩漏給《紐約時報》。

卡賽公開批評的言論開始變得更加煽動，更有陰謀論的味道。在二〇一〇年四月的一場演說中，他把充滿舞弊疑雲的總統選舉怪罪到「外國人」頭上，指控是外國人想破壞他的聲譽。幾天後他與阿富汗的立法委員會面，他威脅說若外界勢力繼續對他施壓，他就要加入塔利班。

二〇一一年至二〇一二年擔任阿富汗和巴基斯坦特使的馬克・葛羅斯曼（Marc Grossman）談到，卡賽多次情緒失控只是想滿足一己之私，卻把歐巴馬政府逼瘋了。「他把陰晴不定的舉止當作手段。」[39]葛羅斯曼在外交口述歷史訪談中表示：「這就是他讓所有人亂了陣腳的方式。這一招非常有效，我們有好幾次真的非常焦慮。」

第十五章　貪腐之城

哈米德・卡賽（Hamid Karzai）在二〇〇九年阿富汗總統選舉中涉嫌舞弊行為，這無疑助長了二〇〇九年至二〇一〇年間阿富汗政府腐敗的風氣，全國上下頓時湧入了大量的「黑錢」。許多洗錢份子都拖著裝滿金錢的行李箱離開喀布爾（Kabul），箱子裡的錢都是一百萬美元起跳，而這些不義之財最終都會落入一些奸商和政客手中並藏在海外。大部分的黑錢都流入杜拜（Dubai），[1]因為阿富汗人可以在那裡用現金購買波斯灣附近的豪華別墅，根本不會有人過問。

在阿富汗國內，原本是遍地廢墟的喀布爾漸漸冒出一棟棟皇宮般的豪宅，[2]這些俗稱「罌粟宮殿」（poppy palace）的豪宅實為鴉片毒梟與大亨的棲身之所，一棟棟色彩絢麗的建築裡到處可見粉紅色的花崗岩和鮮綠色的大理石，室內有溫水遊泳池，屋頂上還有噴泉，看上去華麗鮮艷，卻也讓人覺得俗氣。建築師在設計這些罌粟宮殿時還特別把室內酒吧藏在地下室以避開宗教領袖們的視線。這些罌粟宮殿每月租金可高達一萬兩千美元，對那些三餐不繼的貧困阿富汗人民而言，這可是一筆天大的巨款。

到了二〇一〇年八月，阿富汗最大的私人銀行已成為詐欺的溫床，那一年銀行假貸款金額竟高達十億美元，相當於阿富汗同年經濟產值的十二分之一，全落入那些有政治關係的銀行投資者口袋裡。在他們的經營下，喀布爾銀行就跟老鼠會沒兩樣，阿富汗民眾一窩蜂地湧入各銀行分行提取存款，導致民間恐慌。

阿富汗政府貪汙成風的問題一直都是美國華府的心頭大患，隨著問題日益嚴重，歐巴馬政權也開始擔心阿富汗政府如此腐敗會嚴重影響美國的作戰策略，不巧那時候美國軍隊正大量湧入阿富汗，阿富汗政府的貪汙行為很有可能破壞美國的好事。華府官員對外承諾將根治阿富汗政府貪汙的歪風並讓阿富汗領袖們負起該負的責任。

歐巴馬在二〇〇九年三月宣布將在阿富汗增兵時也說道：「在此聲明，阿富汗的腐敗風氣已讓人民對政府失去信心，我們不能袖手旁觀，而是打算與阿富汗政府達成協議，剷除該國的貪汙歪風。」過了幾天，時任美國國務卿的希拉蕊·柯林頓（Hilary Clinton）表示：「以長期來看，貪汙風氣對於阿富汗日後的成功所造成的阻撓不亞於塔利班（Taliban）或蓋達組織（al-Qaeda）。」二〇〇九年八月，退伍將軍史丹利·麥克克里斯托（Stanley McChrystal）警告道：「阿富汗人民對政府失去信心無非是拜政治掮客惡搞以及全國上下的貪汙風氣所賜。」[3]

然而時間證明華府對外的承諾皆為紙上談兵，面對阿富汗的日益腐敗，美國官員都視若無睹，任由貪汙份子繼續作惡，根本不敢碰阿富汗的政客、軍閥、毒販、國防承包商等最腐敗的群體一根汗毛，只因華府視他們為美國的盟友。最後華府甚至認為阿富汗的權力階級的貪汙風氣已經病入膏肓，根本無藥可救了。

小布希政權並未正視這個令人擔憂的問題，到了歐巴馬當家亦是如此。自二〇〇一年開戰以來美國便不斷撥出巨款保護和重建阿富汗，根本不在乎這種行為會帶來什麼後果才會助長阿富汗的腐敗風氣。美國政府花費在救援行動與國防契約上的錢，對阿富汗這種貧困國家而言簡直是可遇而不可求的巨款，也因此在阿富汗釀成了賄賂與詐欺行為的溫床。

前美國國務院（State Department）顧問巴奈特．魯賓（Barnett Rubin）曾在一次「記取教訓」計畫（Lessons Learned）採訪中表示：「一般人都認為阿富汗的貪汙腐敗是他們國內的問題，而美國則扮演著一劑良藥的角色。但貪汙問題最離不開的就是金錢，而錢都在我們手上啊。」[4]此外，之前在小布希與歐巴馬政權底下擔任美國駐阿富汗最高外交大使的萊恩．克勞可（Ryan Crocker）也表示，駐阿富汗的美軍和北約軍隊從不缺金主，國防契約接二連三找上門，最後都變成滋生勒索、賄賂、「抽佣金」等行為的養分。克勞可還說，阿富汗貪腐成風，對美方構成的威脅甚至比塔利班還要大。

克勞可在一次「記取教訓」計畫的採訪中坦言：「很遺憾的，我們無意間促成了阿富汗的大規模貪腐，前面的努力就這麼功歸一簣。」[5]

美國人民時常怪罪阿富汗人貪汙受賄，但美國政府也並非聖賢，二〇〇一年阿富汗戰爭一爆發，美方便為了自己利益使用賄賂等手段來達到目的。

美國中情局（CIA）為拉攏人心、掌握情報，時常往阿富汗軍閥、州長、議員甚至是宗教領袖的口袋裡塞錢。美國軍方與其他單位還會把錢發放給道德淪喪的政治掮客或是將一些案子外包給他們。美方誤以為這麼做有助於穩定局勢，實際上卻助長了阿富汗的貪腐風氣。

二〇〇二年至二〇〇三年間，阿富汗領導層召開了一場傳統首領大會編寫新憲法，據一名當時還在喀布爾做事的德國官員匿名透露，那時候只要有會議代表願意在人權與女權議題上支持華府的立場，美方便會為那人準備「厚禮」，[6]也就是一把把的鈔票。那名德國官員在一次「記取教訓」計畫的採訪中表示：「那時候才剛形成這樣的論調：反正都要投票支持華府的立場了，不收下他們的厚禮真的是跟自己過不去。」[7]

德國官員還表示，到了二〇〇五年的阿富汗國會議員選舉，這種論調已蔚然成風，國會議員紛紛意識到美方願意出高價買下他們手中的投票權，因此面對原先不支持的法案他們也願意回心轉意。「議員之間都會討論說，誰才剛去美國大使館領了一筆錢，自己也該去一趟才行。因此對他們而言，打從一開始與民主體制交手就無法與金錢撇清關係了。」[8]德國官員還說道。

克里斯多福・柯倫達（Christopher Kolenda）是一名陸軍上校，在戰爭爆發後曾擔任許多美國軍官的顧問。據他透露，到了二〇〇六年，阿富汗政府已經「自發性形成盜賊統治體制」，[9]有權有勢的人可以肆無忌憚地掏空經濟資源。

柯倫達在一次「記取教訓」計畫的採訪中表示：「阿富汗政府的盜賊統治政權日益強大，政府為維持這個體制不惜忽略治理好國家的任務。或許是我們天真，或許是我們粗心，反正這個體制能建立起來，我們都是幫兇。」[10]

柯倫達還說，美方沒意識到貪腐問題對其戰略所構成的致命威脅，他坦言：「我常用癌症來比喻貪汙的嚴重性，例如輕度貪汙就好比皮膚癌，不難處理也不會死人，若是內閣或高階層涉及貪汙，那就像大腸癌一樣更嚴重，但及時發現的話也不會怎麼樣，可盜賊統治體制就不一樣了，那就像腦癌一樣，是要人命的。」[11]

阿富汗政府在人民心中的地位本就不穩，美方拼了命地想幫助阿富汗政府扭轉局面，然而他們默許阿富汗的貪腐風氣肆虐，反而成為摧毀阿富汗政府正統性的幫兇。就連法官、警察局長和公務員都開口敲詐、收取賄賂，難怪阿富汗人民會對民主體制失去信心，希望塔利班可以維持社會秩序。

二〇〇九年，為響應國防部最新的反叛亂政策，美國軍官們總算發起了一場剷除貪腐且整頓阿富汗政府的運動。軍官們的後知後覺讓華府的其他官員深感無奈，因為在他們看來，打從戰爭爆發以來，美國軍方在面對阿富汗的貪腐問題向來都是選擇大事化小，小事化無。

一名前美國國家安全委員會（National Security Council）幕僚在一次「記取教訓」計畫的採訪中匿名表示：「他們彷彿突然意識到貪腐行為有多惡劣。」[12]他還透露多年來，「軍方屢屢妥協並與貪汙份子合作的行為已多次掀起抗議聲浪，但每一次都遭軍方打壓。」

美國政府將一群反貪腐律師、顧問、調查員與會計師所組成的小隊伍派遣到喀布爾進行調查，調查結果令他們非常震撼。

與美軍合作的供應商不勝枚舉，整個供應系統可謂最大的貪腐溫床。華府每個月都會請阿富汗國內外的承包商將燃料、飲用水、軍火、糧食等物資運送到戰區裡，每一次須動用六千到八千輛貨車才行。[13]

運輸成本實在是高得破天荒。大多數車隊要到達位於托克哈姆（Torkham）邊境的開伯爾山口

（Khyber Pass）[14]就必須從距離最近的巴基斯坦喀拉蚩（Karachi）海港行駛九百英里（約一千四百四十八公里），在通關進入阿富汗後還需面對層層的敵意才能到達分散在全國各地的美軍基地。

一般來說，一支三百輛貨車的車隊需要五百名武裝人士護送，[15]這還是最基本的裝備。此外，貨車公司還需向軍閥、警察局長及塔利班軍官繳交高昂的保護費才能安全通過他們的地盤。一份二〇一〇年的美國國會報告指出，這個體系根本就是個「龐大的保護費制度」，而繳費的正是美國的納稅人。

蓋爾特・伯特霍爾德（Gert Berthold）曾於二〇一〇年至二〇一二年間在美軍駐阿富汗的一個特遣部隊擔任鑑識會計師，期間他幫忙分析了三千份總價值一千零六十億元的國防部契約以判斷有誰因撈肥水而從中獲利。特遣部隊最後判斷，約百分之十八的錢都流入塔利班等叛亂份子的手中。[16]「而且實際比例往往更高，」[17]伯特霍爾德在一次「記取教訓」計畫的訪談中透露：「我們曾與多位前阿富汗內閣成員交談過，他們都說我們『估算的金額太低了』。」

特遣部隊估計，另外還有百分之十五的錢已遭腐敗的阿富汗官員與犯罪集團所竊取。[18]伯特霍爾德表示，他們所掌握的證據實在太令人難堪，跟本沒幾個美國官員願意出面。「沒人願意負起這個責任，」他說：「若要推動反貪腐運動的話就必須有人出面承擔這個責任，但根本沒有人願意這麼做。」

特遣部隊裡的另一名鑑識會計師湯瑪斯・柯睿歐（Thomas Creal）表示，美國各單位不採取行動的原因都各有說辭，像是中情局不願得罪阿富汗的承包商與情報員，而軍中長官們則在面對不正直的阿富汗盟友時不太願意找碴惹事。

柯睿歐透露他曾將這些貪汙事件稟報美國駐喀布爾大使館，希望司法部能提出民事訴訟查扣涉及貪汙的國防承包商資產，但每一次都不了了之。他在一次「記取教訓」計畫採訪中提到：「金錢的流向我們算是看清楚了，但重點是下一步該怎麼走？政治因素害得我們寸步難移。」[19]

就連想要稍微給那些涉及貪汙的人使臉色也遭到阻撓。美國大使館每年都會舉辦「美國獨立日派對」，在歐巴馬第一任期裡的某一年，外交人員擬定了一份「阿富汗惡意份子」名單並建議政府取消這些人的赴宴資格，[20]然而這項建議卻遭一些官員抗議。一名美國官員在一次「記取教訓」計畫採訪中表示：「他們總有藉口不讓某人列入黑名單。」最後僅有一人遭取消赴宴資格。

「但為時已晚，我們早已陷得太深了。」[21]一名美國高級外交人員在另一次「記取教訓」計畫的採訪中說道。

二〇一〇年一月，由美方培訓的阿富汗反貪汙人員針對該國最大的金融機構之一「新安薩里金錢交易所」（New Ansari Money Exchange）進行突襲並順利帶走成千上萬份文件。

美方懷疑這個具有政治關聯的組織將大把鈔票移動至杜拜等國外定點，從而幫助毒販與叛亂份子洗錢。調查人員估算新安薩里所聘用的金錢快遞員在二〇〇七至二〇一〇年間所移動到國外的現金高達二十七億八千萬元。

美國陸軍中將麥可．佛林（Michael Flynn）當時在阿富汗擔任美軍與北約軍的軍事情報局長，他坦言，美方在那次突襲行動中扮演了至關重要的角色，事後還針對被沒收的文件與資料進行仔細研究。

「我們就真的到現場把銀行包圍住，在僵持很久後我們把資料都帶走了，」[22]佛林在一次「記取教訓」採訪中表示：「那次行動真是勞師動眾，但我們贏得很漂亮。我們在突襲銀行的三天內用盡各種手段在阿富汗各地悄悄逮捕了約四十五個人。」

「『新安薩里』簡直是黑到骨子裡，」[23]他說：「他們作假帳把我們的錢都偷光了。」美方以為查扣了那麼多新安薩里的犯罪證據就足以定了他們的罪，殊不知調查行動很快就碰壁了。「有追究誰的責任嗎？不，完全沒有。」[24]佛林自問自答道。

而所謂碰壁，正是來自總統府的阻撓。*

那場突襲行動結束幾個月後，調查人員透過監聽的方式得知一個名叫穆罕默德・吉亞・沙列西（*Mohammad Zia Salehi*）的總統高級助理涉嫌收下賄賂阻擋新安薩里案件的調查。二〇一〇年七月，阿富汗執法人員將這名助理繩之以法，不到幾個小時卡賽卻親自出面命令當局釋放沙列西，並稱調查人員的行為已構成越權。隨後阿富汗政府便撤銷了所有指控，歐巴馬政權又再次退縮，而美國帶領的反貪汙運動也日益動搖。

「沙列西案件是我們合作關係的轉捩點。」[25]一名司法部官員在一次「記取教訓」計畫採訪中匿名透露，並表示美方逮捕沙列西的行為就跟攻擊虎頭蜂一樣引起阿富汗總統的反彈，事後總統府下令

---

* 佛林於二〇一四年退役，兩年後川普當選美國總統，佛林便擔任川普總統的國家安全顧問，在短暫的任期內捲入不少法律糾紛，而且發表許多極端的政治主張。後來佛林在「通俄門」事件的調查中向聯邦調查局（FBI）提供不實情報並表示認罪，最終於二〇二〇年獲得川普總統特赦。

終止阿富汗執法人員與美方的合作關係。鑑識會計師蓋爾特·伯特霍爾德（Gert Berthold）也表示：「沙列西事件爆發後，阿富汗政府對我們就沒以前那麼熱情了。」[26]

但最大的問題是阿富汗總統本人，卡賽成功連任後根本沒心思應付美國，他對美國的反貪腐運動非常不滿，並將其視為干政行為。在卡賽政權底下，阿富汗總檢察長已經阻擋了許多政府貪汙的調查行動。

有些美國官員感到很憤怒並認為是時候計劃下一步該怎麼走，但也有部分官員認為安撫卡賽並再度贏得他對美國與北約行動的支持才是當務之急。

克里斯多福·柯倫達上校坦言，歐巴馬政權底下有些官員根本不把阿富汗的貪汙問題當一回事，只是覺得「很煩」，[27]並認為強化阿富汗國防部隊及打壓塔利班份子才是美方最棘手的問題。不過自從沙列西遭逮捕後獲釋放，歐巴馬政權便迎來了更大的醜聞，原本就搖擺不定的反貪腐信念，又再一次面臨考驗了。

那年夏天，一個名叫謝爾罕·法努德（Sherkhan Farnood）的世界級撲克牌玩家低調地拜訪了美國駐阿富汗大使館。這號人物除了在牌桌上如魚得水，也是阿富汗最大的私人銀行「喀布爾銀行」（Kabul Bank）的董事長。六年前的阿富汗沒什麼受管制的金融貸款機構，銀行業根本如沙漠一般空無一人，年近五十的法努德便在那時候成立了喀布爾銀行。

喀布爾銀行之所以能夠迅速成長，要歸功於他們高明的行銷手段，銀行以彩券取代存款利息，只要在喀布爾銀行開戶儲存一百元，就能得到彩券並有機會贏取各種獎品，像是洗衣機、車子，甚至是公寓。銀行每個月的抽獎活動大受歡迎，隨後全國各地便開始出現許多喀布爾銀行分行。

喀布爾銀行的成功讓法努德搖身一變成為銀行界的大亨，他砸下重金在杜拜買房，還買下阿富汗一家私人航空公司飛往拉斯維加斯（Las Vegas）、倫敦與澳門成為當地賭場的常客。法努德曾向《華盛頓郵報》的記者炫耀：「我幹的這些事也沒有多正派，甚至很不應該，但誰叫這裡是阿富汗。」[28]

然而二〇一〇年七月，法努德拜訪美國駐阿富汗大使館時，卻隱秘地帶了許多文件揭露喀布爾銀行的實況：其實銀行正搖搖欲墜，隨時都有可能崩塌。[29]銀行客戶紛紛為彩券瘋狂在銀行開戶，結果上百萬的存款都遭部分銀行股東私吞「借」給自己，[30]法努德就是其中一員，如今存款快被吸乾了，眼看銀行就要完蛋了。法努德與喀布爾銀行的其他創始人捲入了權力的鬥爭，[31]他向美國官員透露自己願意告狀，揭露銀行內部的祕密運作。

法努德所透露的資訊讓美國官員都驚慌失措，因為喀布爾銀行若是倒台了，阿富汗的經融體制也會因為損失慘重而隨之崩塌，進而引發人民起義。阿富汗軍人、警察與公務員的薪資皆由阿富汗政府委託的喀布爾銀行掌管，[32]上上下下有二十五萬人，他們的存款很有可能都化為烏有。

此外，法努德那番話也有可能讓阿富汗迎來一場政治風暴。他所提供的資料證實了無論是喀布爾銀行的運作或所有權，都看得到卡賽家族與阿富汗精英階層其他成員的影子。

喀布爾銀行的第三大股東是卡塞總統的哥哥馬穆德．卡賽*（Mahmoud Karzai），[33]另一名大股東則

* 馬穆德．卡賽（Mahmoud Karzai）和哈辛．法希姆（Haseen Fahim）皆否認有不當行為且並未遭到起訴。後來阿富汗政府發現兩人

是哈辛・法希姆（Haseen Fahim），他是塔吉克裔軍閥兼卡賽政權的副總統人選穆罕默德・法希姆（Mohammed Fahim Khan）之親兄弟。

法努德稱這兩人與他合謀搜刮銀行的資產，還稱銀行曾撥款兩千萬美元支持卡賽總統連任的競選活動。

「滿分十分的話，這樣的故事情節大概有二十分，其中阿富汗國家領導層跟喀布爾銀行的股東有著什麼樣的關係等元素都足以寫成間諜小說了呢。」[34] 一名美國財政部資深官員在接受「記取教訓」計畫採訪時匿名說道。

短短幾週內，法努德與喀布爾銀行的執行長都被迫離職。隨著新聞報導對喀布爾銀行的償債能力提出質疑，民間也掀起了擠兌的風潮，導致數以萬計的阿富汗人民湧入喀布爾銀行各分行來搶救自己的存款。

卡賽總統見人心惶惶便召開記者會宣布阿富汗央行將接管喀布爾銀行的所有業務，而且政府也保證不讓該銀行用戶的存款都化為烏有。阿富汗政府為了湊足款項幫卡賽兌現對人民的承諾可是奔波極了，他們還從一家位於法蘭克福（Frankfurt）的德國銀行那裡緊急調動了三億美元的資金來渡過這次危機。[35]

並未還清數百萬美元的貸款。馬穆德・卡賽曾給本書作者寄了一封電子郵件，信中卡賽稱，喀布爾銀行之所以會「走向毀滅」，罪魁禍首是該銀行的管理層、美國官員以及國際貨幣基金組織。

一開始，歐巴馬政權於公或於私都表現得很信任卡賽總統能全權調查喀布爾銀行的貪汙事件，從而追回被盜的資金並讓阿富汗人民知道沒有人可以凌駕於法律之上。美國政府將此事件視為反腐運動和阿富汗戰爭裡的轉捩點。

一名前美國資深官員在一次「記取教訓」計畫採訪中匿名表示：「我們想做的事情太多了，而這一切的成敗都取決於卡賽政權是否願意配合我們。如果繼續對喀布爾銀行的風波視若無睹，那麼其餘的事不就都沒意義了嗎？很多人都對這起事件感到憤怒與厭惡，大家都無法接受事情竟走到這個地步。」[36]

這場風波也讓美國政府丟光了臉，因為美國派了大量的財務顧問到喀布爾協助阿富汗對其剛起飛的金融業進行監管，卻未察覺到一場大規模的龐氏騙局正在他們眼皮底下展開。

然而這起事件的前兆再明顯不過了：二〇〇九年十月，美國駐阿富汗大使館向美國國務院傳送一則電報，報告稱有「金錢快遞員」搭乘法努德航空公司的航班向杜拜運送大量金錢。有位美國資深官員在一次「記取教訓」計畫採訪中匿名表示，美國的情報局早在事件爆發一年前就知道喀布爾銀行涉及非法活動了。[37]他坦言，美國情報員早已將塔利班與其他叛亂份子所收到的資金追溯到喀布爾銀行，並已將此資訊告知阿富汗的情報局，但他們誰都沒有通報執法部門，[38]「因為他們沒有獲得授權。」[39]

二〇一〇年二月，《華盛頓郵報》在一份記載了喀布爾銀行不當行為的報告中發表了法努德的專訪，此後美國與阿富汗兩國政府都意識到他們不能再坐視不管了。時任阿富汗央行總裁的阿卜杜勒·

卡迪爾・費查特（Abdul Qadeer Fitrat）看到《華盛頓郵報》發表的報告後十分震驚，[40]他深知阿富汗監管機構的權力和資源有限，便向美國財政部官員提出對喀布爾銀行進行鑑識會計及調查的要求。

美方表示該行動須取得卡賽總統的同意才能進行，然而事後好幾個月，卡賽總是以沒空為由遲遲不肯與阿富汗央行總裁見面討論。[41]後來卡賽終於同意對喀布爾銀行進行鑑識會計及調查，不過到那時候已經太遲了。

喀布爾銀行的貪汙行為究竟有多嚴重，美方根本無從得知，枉費華府還請了那麼多私人顧問協助阿富汗央行進行調查。

又有一名財政部官員匿名表示，他在二〇一〇年的夏天抵達阿富汗後不久就跟一個美國人見面，這位美國人是阿富汗央行的約聘員工，在央行工作至少有三年之久。財政部官員向他打聽喀布爾銀行的消息，但他們萬萬沒想到喀布爾銀行正面臨著崩潰的可能性。[42]

那名財政部官員在一次「記取教訓」計畫採訪中表示：「我們談了約一小時，我問他喀布爾銀行的財務狀況是否穩定，他說『是』，結果三十天後，這個紙牌屋就崩塌了。[43]這家價值十億美元的銀行財務狀況可是由一名美國顧問拍胸膛保證的耶，結果還是垮了。這是我職業生涯中的一大失誤。」

喀布爾銀行的投資人向來與阿富汗政壇走得很近，而阿富汗政府接管喀布爾銀行的決定開啟了銀行投資方與監管機構之間相互指責的戰役。本是為了釐清喀布爾銀行財務狀況而召開的會議瞬間化身為「戰場」，在場的「戰士們」各個揮舞著會議室裡的碗盤與桌椅攻擊對方，害得央行總裁費查特之後都不敢給他們送上熱茶以免他們不小心燙傷。[44]

二〇一一年四月，費查特向阿富汗政府透露喀布爾銀行累積的不良貸款總額高達約一億美元，也證實執法人員都不願起訴那些私吞銀行錢財的人，其中包括許多立法委員與國會議員。此外，費查特還宣布阿富汗央行將致力於凍結喀布爾銀行股東的資產。

面對政府要追查這筆款項的消息，阿富汗政治掮客都拼了命地極力反抗，而費查特因擔心生命安危便在兩個月後逃亡到美國。他在一本回憶錄裡寫道，阿富汗「是被政客挾持的人質，而這些政客則受黑道控制。來自世界各地的寶貴救援資源本應該用於改善人民的生活，卻被這些政客掠奪了。」[45]

在一次「記取教訓」計畫訪談中，三名前美國政府官員透露，喀布爾銀行醜聞爆後的頭一年裡，前美國駐阿富汗大使艾江山（Karl Eikenberry）非常重視該事件，還向卡賽施壓敦促他有所行動，然而二〇一一年七月萊恩．克勞可接手艾江山的職務後，大使館便不再咄咄逼人了。

第二位財政部官員表示：「這起事件反映出美國的政策有多脆弱易變，在一夕之間就完全改變了方向。」[46]這名官員還透露，克勞可的「立場是將大事化小，最好可以深埋土裡永不見天日，如果大使館內有人想把這件事情鬧大，那就得讓那個人閉嘴。」

那時候美方增兵後，駐阿富汗的美軍高達十萬人，他們必須獲得卡賽的全力支持才行，因此克勞可、大衛．裴卓斯上將（David Petraeus）與歐巴馬政權底下的官員都不敢再得罪卡賽了。克勞可等人也不希望美國國會和一些國際金主將銀行貪汙案當成藉口從此斷了喀布爾的經濟救援。

一名前國際貨幣基金組織（International Monetary Fund）官員在一次「記取教訓」計畫採訪中匿名表示：「美國大使館的領導層換人後，美國政府就開始鬆懈了。當時情況很不妙，因為大家都開始見風轉舵。」[47]

克勞可在一次「記取教訓」計畫的訪談中提到，他認同阿富汗戰爭是因為貪腐這個棘手的問題而搞砸的，即便之後想要亡羊補牢也已經太遲了，因為喀布爾銀行貪汙事件早已爆發。後來阿富汗總統將貪腐風氣的矛頭指向多方，克勞可也表示認同。[48]

「卡賽在我任期間一直重複強調，在他看來，由美國帶頭的西方國家須為整個貪汙問題負上一定的責任，這讓我印象很深刻。」[49]克勞可說道。

卡賽總統於二〇一四年卸任後，其接班人阿什拉夫・甘尼(Ashraf Ghani)針對喀布爾銀行貪汙案再次展開調查並發現涉及不當貸款的款項裡，仍未償還的金額高達六億三千三百萬美元。

喀布爾銀行創辦人兼世界級撲克牌玩家法努德被判十五年監禁，並於二〇一八年在獄中身亡。

他們那幫人當中，真正受到法律制裁的人少之又少。銀行執行長雖被判監禁十五年，但實際上阿富汗政府卻准許他在服刑期間天天離開監獄處理一項龐大的房屋投資案，而其他九名被告要麼繳清罰款了事，要麼在監獄服刑不到一年就脫身了。

第五部分

土崩瓦解 徹底崩潰

2011–2016

PART.5

第十六章　與真相交戰

二〇一一年五月一日，七十三歲里的里昂．潘內達（Leon Panetta）坐在位於維吉尼亞州蘭利區的中情局一間會議室裡撥弄著手裡的玫瑰念珠，[1]他目不轉睛地盯著眼前的螢幕，只見畫面裡的美軍直升機正摸黑飛過巴基斯坦空域。那天早上禮拜時，潘內達還向上帝禱告，請求上帝讓他大膽、精心策劃的祕密行動順利進行。

潘內達曾擔任美國眾議員與白宮幕僚長，公職經驗豐富的他深知此次行動若失敗的話將賠上他的工作與聲譽。潘內達自兩年前任職中情局局長以來便接手負責奧薩瑪．賓拉登（Osama bin Laden）的逮捕行動，然而追殺世界頭號恐怖份子的行動卻江河日下，進度每況愈下。據中情局推測，賓拉登藏身於巴基斯坦阿伯塔巴德市（Abbottabad）一棟要價一百萬元的住宅，因此潘內達希望總統能將十二支特種部隊派遣到巴基斯坦深處，而總統批准了。然而美軍即將突襲的地方是巴基斯坦的核武中心，萬一突襲行動失敗的話，恐怕將難以遏制輻射落塵的擴散。

潘內達透過美軍偵察機在阿伯塔巴德市所拍攝到的及時畫面看到兩台直升機在住宅大院裡降落，隨後海軍海豹部隊闖入屋內，但由於偵察機拍不到屋內情況，因此潘內達只能靠聽的在螢幕前等候。

漫長的十五分鐘過去了，海豹部隊那裡終於傳來了消息：他們把目標人物幹掉了。

這位間諜首領直到特種部隊安全回到美軍在阿富汗的基地並確認賓拉登確實已身亡之後才敢慶祝一番。他想到老朋友泰德．貝勒史特里（Ted Balestreri）不禁笑了，[2]這位朋友在加州蒙特雷經營餐廳還答應過潘內達如果他哪天真的抓到九一一事件的幕後黑手賓拉登，就要為他打開他酒窖裡最珍貴的酒，也就是一瓶一八七〇年的拉菲。潘內達打了通電話回家請太太希薇亞轉告泰德他還欠潘內達一瓶酒，請他打開電視轉到CNN就知道了。

阿富汗戰爭之所以會爆發是為了逮捕賓拉登並滅了其恐怖組織，因此賓拉登之死可說是為這場多災多難的戰爭帶來了轉捩點。只要賓拉登還活著的一天，美國就不敢妄想可以撤走駐守在阿富汗的軍隊。如今已過十年，美國也已經為九一一事件報仇雪恨，這下子撤軍又有希望了。

兩個月後，剛接任國防部長一職的潘內達前往喀布爾拜訪，那是他第一次探望駐阿富汗的美軍，而且他還有好消息與大夥分享。

原來歐巴馬已經決定要開始撤軍了，到了年底，駐阿富汗的美軍人數將從原本的十萬人減少到九萬人，預計到了二〇一二年夏天，人數會降到六萬七千人。從表面上來看，美方的作戰策略似乎很順利，潘內達也就開始鬆懈了。

歷任國防部部長在遣詞用字上都特別謹慎，深怕說錯一句話就會引起輿論風波，但潘內達可不一樣，他在阿富汗地區發言時最喜歡脫稿且口無遮攔地大說特說，他高調討論中情局在阿富汗的祕密行動、稱賓拉登為「龜兒子」，而且每到訪一個美國軍營都要訴說自己麻雀變鳳凰的故事，說他父母是來自義大利的貧困移民，他們家之前還在加州經營過核桃園，多年後的他可以掌管世上最強大的軍隊，連他都覺得不可思議。[3]

他偶爾也會和與他同行的記者們進行嚴肅的討論，有一次他表示，賓拉登之死意味著反恐戰爭也快進入尾聲了。潘內達還估計蓋達組織分布在巴基斯坦、索馬利亞、北非洲與阿拉伯半島的「關鍵領袖」還剩十到二十人。至於阿富汗，美國軍方則猜測蓋達組織最多也只能動用五十到一百名低層戰士，這還要多虧中情局堅持發動偵察機空襲的戰略。「我認為此時此刻……我們確實可以除掉蓋達組織讓他們無法再對我國構成威脅。」

逮捕賓拉登的行動大成功，這給歐巴馬的政治生涯帶來了一臂之力，但同時也增加了他的壓力，因為人民對他抱有的期望變大，他必須證明他的阿富汗政策是有效的，畢竟歐巴馬一開始選總統時曾向人民承諾要扭轉阿富汗戰役的局勢，而且隔年又要舉行總統大選，他必須得交出點成績才行。

二〇一一年六月，歐巴馬宣布將撤軍的消息時說道：「戰爭的浪潮正在消退，這讓我們感到很欣慰。」如果一切都照著他擬定好的撤軍時程順利進行，到了二〇一二年八月就會有三萬三千支部隊回國，剛好趕得上在三個月後的總統選舉中投票。

歐巴馬的資深軍官們也賭上了名聲，因為他們在兩年前就開始向總統與人民力推他們的反恐戰略。這些軍官一如既往地胸有成竹，認為美國會在這場戰爭中旗開得勝。

二〇一一年六月，時任參謀首長聯席會議（Joint Chiefs of Staff）主席的海軍上將麥克・穆倫（Mike Mullen）在一個談話性節目上向主持人查理・羅斯（Charlie Rose）透露：「我們取得了很大的進展，就戰略而言，一切都和我們預想的一樣順利進行。」

美國的官方說法聽起來十分樂觀且讓人感到安心，然而這一切皆為幌子，實際上歐巴馬政權的戰略失敗了，儘管先前獲得大量投資也無法避免這樣的下場。戰略的失敗展現在各方面，例如美國與其盟國在一些最基本的議題上仍無法達到共識；阿富汗軍方貌似無法自立自強捍衛自己的國家；塔利班的領袖仍逍遙法外，他們在巴基斯坦的軍營裡睡得正香，等待著美軍等外來勢力撤退的那一天。至於阿富汗，政府的貪腐行為愈發變本加厲，不但沒盡到照顧人民的責任，還在民間引起憤怒導致人民背棄政府。

美方也想撤退，但他們也擔心一旦撤退了阿富汗就會瞬間土崩瓦解，而這正是賓拉登最想要的。當年賓拉登策劃九一一事件就是想引誘美方加入這場游擊戰，讓美國怎麼打都打不贏，從而消耗美國的國庫資源、削弱美國的國際影響力。

曾在小布希與歐巴馬政權底下擔任國安會幕僚的海軍軍官傑佛瑞．埃格斯（Jeffrey Eggers）在一次「記取教訓」計畫的採訪中表示：「賓拉登死後我曾說過他在九泉之下一定笑得很開心，因為我們在阿富汗身上砸下的錢可多了。」[4]

為了掩蓋這些問題，只要前線傳來壞消息，美方一律採取大事化小的策略讓問題看起來沒那麼嚴重，有時候還會顛倒是非讓人聽了就覺得荒唐。

二〇一一年九月，潘內達首次以國防部部長的身分在參議院軍事委員會的會議上報告，但在那之前阿富汗又再次占據了各大報章頭條，有一名負責與塔利班談和的前阿富汗總統遭到刺殺，此外塔利班還在阿富汗戒備最森嚴的喀布爾市發動了一連串自殺炸彈攻擊，並針對一些重要人物展開襲擊，事發地點包括美國駐阿富汗大使館以及北約組織在喀布爾的總部。

然而，潘內達再怎直言不諱也不得不在會議中維護美軍成功的假象，他對委員會的說辭十分樂觀，並表示美方「有所進展，這是不可否認的」，而且戰爭「正朝著正確的方向發展」。此外潘內達還表示，前阿富汗總統遇害及塔利班策劃的自殺爆炸事件都反映「叛亂份子的軟弱」。他強調，塔利班之所以使出這些伎倆只是因為美軍占領了他們的地盤。

二〇一二年三月，潘內達再訪阿富汗時又面臨一連串公關危機，他搭乘的美國空軍C-17運輸機（Air Force C-17）才剛在北約組織於海曼德省（Helmand）設置的基地降落不久，就有個阿富汗男子開著一輛被盜的卡車試圖撞擊一名美國海軍陸戰隊上將與其他前來迎接潘內達的人員。後來這名男子放火自焚並撞毀了卡車，隨後因傷勢過重身亡。那時候潘內達還在飛機上也沒有其他人受傷，但這件事差點就釀成悲劇了。

美國前副總統錢尼（Cheney）在五年前造訪另一個阿富汗基地時也差一點因為一場自殺爆炸攻擊而喪命，那時候美方還試圖掩蓋這起針對錢尼的事件，五年後他們仍採取一樣的策略。事發後十個小時，與潘內達同行的記者們甚至對機艙外發生的攻擊事件毫不知情，直到英國媒體報導了該事件後，美方才簡單地公布一些資訊。

潘內達與其他官員一開始還表示攻擊事件在那個時間點發生純粹是巧合而並非針對潘內達，不過他們後來也同意如果歹徒晚了五分鐘展開攻擊的話，那麼剛下飛機的潘內達很有可能就遭殃了。

潘內達在那次造訪中還需面對阿富汗戰爭爆發以來最嚴重的暴行以及其後果。就在他抵達阿富汗幾天前，陸軍上士羅伯特・拜爾斯（Robert Bales）在深夜裡到坎達哈的兩個村莊裡無故殺害了十六名阿富汗百姓，其中大部分還是婦孺。這起重大殺人事件不但點燃了阿富汗人民心中的熊熊怒火，還被塔利班利用來宣傳其意識型態。

儘管如此，潘內達仍認為他此次造訪阿富汗的行為「非常令人振奮」，並表示美國的任務「即將達成」。他在喀布爾向記者透露：「就像我之前說過一樣，我們在這場戰役中取得了巨大的進展，我非常確定這條路我們走對了。」

歐巴馬政權為強調此立場還刻意引用了一些數據，然而這些數據所反映的情況根本與實情相差甚遠。歐巴馬政權不但沿襲了小布希政權的做法，而且還青出於藍，就連白宮、國防部與國務院都會操弄一些具誤導性、甚至是完全不實的數據。

二〇一一年六月，時任國務卿的希拉蕊在一次參議院委員會的會議上表示：「塔利班的節奏被我們打亂了。」她還提供了各種數據加以證明，例如：自從塔利班被打敗後，阿富汗就有七百一十萬名學生得以上學，這與塔利班的勢力還未削弱前相比足足增加了七倍；嬰兒死亡率也降低了百分之二十二；鴉片生產量也減少了；數以萬計的農民都「在農業技術上受到培訓還獲得新種子」；阿富汗婦女成功獲得小額貸款的記錄也超過十萬筆。

「能舉的例子還多著呢，那麼這些數據都反映什麼呢？」希拉蕊問道：「那就是大部分阿富汗人民的生活好轉了。」

然而多年後，美國政府的審計人員得出的結論是歐巴馬政權所提出的資訊，例如阿富汗人平均壽命、嬰兒死亡率以及入學率等數據都未經證實或根本有誤。[5]

阿富汗重建特別督察長約翰・蘇普科（John Sopko）於二〇二〇年一月在國會上透露美國官員「明知數據有誤」卻還是拿著這些數據炫耀，他還說美國政府在阿富汗戰爭的議題上「說謊成性」，那些數據只是冰山一角。

一些美國軍官與顧問在「記取教訓」計畫的不同採訪中描述了美方是如何刻意誤導民眾，他們還說無論是在前線或是駐喀布爾軍事總部，甚至是五角大廈與白宮，都常常扭曲一些數據來打造美方在阿富汗戰役中占上風的假象。

陸軍上校鮑伯・克勞利（Bob Crowley）曾於二〇一三至二〇一四年間擔任美國軍官們的高級平亂顧問，他在一次「記取教訓」計畫的採訪中表示：「每一筆數據都經過修改，這樣才能把最好的一面呈現給大家。所謂的調查結果一點都不可靠，卻一直強調我們所做的一切都是對的，因此我們就掉入自肥的陷阱裡了。」[6]

克勞利還透露，美軍總部「非常不喜歡聽到真相，而負面新聞總被壓制，除非是我們的反地雷反伏擊車把小孩撞死了這種小事，因為這些都可以透過政策改變，但是只要我們試圖討論阿富汗政府願意配合某件事情的意願或是他們本身的能力，甚至是提到阿富汗政府的貪腐問題時，總部很明顯不願意聆聽我們的顧慮。」[7]

約翰・加羅法諾（John Garofano）是一名任職於美國海軍戰爭學院（Naval War College）的軍事戰略

家，他曾於二〇一一年在海曼德省戰役中擔任海軍陸戰隊的顧問。加羅法諾坦言，在前線的軍官們都投入了大量資源來製作數據圖，成品都色彩繽紛，而且都只呈現有利的成果。他在一次「記取教訓」計畫的採訪中表示：「他們有一台很貴的機器可以像影印店一樣輸出大張的海報，而且他們也知道這些數據並沒有什麼科學依據。」[8]

加羅法諾還說，沒有人敢質疑這些數據是否可信或到底有何意義，他透露：「面對『你們蓋了這些學校有什麼具體的意義嗎？』、『這對你們達成目標有何幫助？』以及『要怎麼證明你們不是單純做了件好事而是真的成功了？』等問題，都沒有人願意給予回應。」[9]

其實軍官們與外交人員之所以都不願將這些負面評語回報上頭是因為擔心自己飯碗受影響，畢竟沒有人願意為自己任職期間所發生的問題或捅出的婁子負責，因此無論真實情況如何，他們都會堅持說美國是實實在在地做出成績了。

陸軍中將麥可・佛林（Michael Flynn）曾於歐巴馬政權在阿富汗增兵時掌管軍事情報，他在一次「記取教訓」計畫的採訪中表示：「上至外交大使，下至底層員工，大家都說我們幹得漂亮。是在開玩笑嗎？如果我們真的做得那麼棒的話，那怎麼感覺像是我們快輸了？」[10]

自阿富汗戰爭爆發以來，凡是被派遣到阿富汗的陸軍營長和旅長都會接到一個最基本的任務，那就是保護人民及打敗敵人。「他們會依據軍中輪調製度在阿富汗待上六個月或九個月並在期間執行『保衛人民、打敗敵人』的任務，之後離開阿富汗時他們都會說他們完成了這項任務，所有營長與旅長都會這麼說，絕無例外。[11]絕對沒有軍官會在離開阿富汗時說『欸你知道嗎，我們沒達成任務耶』。」

每次小布希和歐巴馬針對美軍的戰略進行評估後都會發現那些爆炸事件、攻擊事件等暴力衝突相關的數據愈來愈不堪，與官方那套「美軍有所進展」的樂觀說辭背道而馳，因此美國官員從未公布完整的數據資料。

一名曾在小布希與歐巴馬政權底下做事的美國高級官員在一次「記取教訓」計畫的採訪中匿名表示：「每次公開這些數據，看到的都是局勢惡化的趨勢，尤其是舉行這些戰略評估後更是如此。」[12]

另外還有一名國安會的幕僚在「記取教訓」計畫的另一次採訪中透露，歐巴馬政權底下的白宮與國防部都會向政府官員施壓並且逼迫他們想辦法讓數據證明二〇〇九年至二〇一一年間的增兵政策有達到預期中的效果，然而卻有證據指出實際情況恰恰相反。[13]

「要創造出亮眼的數據簡直是不可能的事，我們參考過受訓部隊人數、暴力事件發生頻率以及各方占領的領土面積等方面，但這些都無法反映實際情況，」[14]這名國安會幕僚說道：「戰爭爆發以來，這些數據都遭到操弄。」

即便傷亡人數等數據令人十分難堪，白宮與國防部都有辦法把黑的說成白的，[15]像是喀布爾發生自殺爆炸事件，官方說法是這意味著叛亂份子勢力太弱了無法展開正面攻擊，而美軍殉職人數上升則代表美軍在面對敵人時採取主動攻勢。

那名白宮幕僚表示：「那都是他們的話術，例如攻擊事件愈來愈嚴重的話，他們就會說『那是因為敵對要攻擊的目標變多了，因此這些攻擊事件無法證明局勢變得不穩定』。如果三個月後攻擊事件還是很嚴重的話，他們又要說『那是因為塔利班狗急跳牆了，這反而說明我們快贏了』之類的話。」[16]

美國軍官提供的數據實在太多了，以至於民眾根本無法分辨哪些數據才是最重要的。國會議員在這方面也相當疑惑。二〇〇九年四月，來自緬因州（Maine）的共和黨參議員蘇珊·柯林斯（Susan Collins）在一場參議院軍事委員會的會議中向時任國防部主管政策的次長蜜雪兒·佛洛諾伊（Michèle Flournoy）提出質問，政府要怎麼知道增兵政策是否成功了呢？

「要怎麼知道我們快贏了呢？」柯林斯問道：「要怎麼知道這個新戰略的確有效呢？在我看來你們的衡量標準需要更明確才行。」

佛洛諾伊的回覆十分模糊不清，她表示：「我們有一整套前人傳承下來的衡量標準，而且非常完善，畢竟我國展開軍事行動已經不是一兩天的事了。我們正在整理這些資料，發現有些衡量標準較看重所投入的行動，但我們比較重視結果以及實際帶來的影響。我們不是從零開始，而是在針對阿富汗議題現有的衡量標準加以改進讓其更完善。」然而隨著美軍湧入阿富汗戰區，軍官們選擇性地呈現有利於他們的數據以證明美軍的戰略是有效的，其實真正變得「更完善」的只有他們避重就輕的行為。

美國陸軍少將約翰·康貝爾（John Campbell）曾擔任駐阿富汗東部的美軍總司令，二〇一〇年七月，他於五角大廈舉行的記者會上表示，相較於二〇〇九年上半年，塔利班在二〇一〇年同期發動的攻擊次數上升了百分之十二。

不過他意識到這個數據會讓美軍難堪，因此立刻補充道：「就有效性而言，塔利班攻擊行動的有效性減少了百分之六。」康貝爾並沒有解釋美軍是如何精準地衡量這所謂的「有效性」，但他向記者保證，戰爭進展得很順利。

「所謂勝利就是要有進展，我認為我們每天都有所進展。」他說。

二〇一一年三月，眾議院軍事委員會傳喚大衛・裴卓斯上將並要求他針對戰爭的最新情況進行報告，結果裴卓斯就像機關槍一樣接連拋出好幾個毫不相干的數據，像是美軍「搜查到並轉交至上頭」的隱藏武器與炸藥庫比往年「足足多了四倍」。他還說「一般在九十天內」會有「約三百六十個叛亂份子的領袖」遭美軍與阿富汗軍突擊隊逮捕或死在他們手裡。另外，海曼德省在馬佳鎮在好不容易擺脫了塔利班的控制後，首次舉辦了社區委員會選舉，投票人數竟高達總登記選民的百分之七十五。最後，裴卓斯也表示，自去年八月以來，阿富汗全國上下所設置的監控飛行船與監視塔等設備數量從一百一十四上升至一百八十四。

「綜合上述，我們在過去八個月裡所取得的進展不但至關重要，而且也來之不易。」

在前線的軍官們都知道這些冠冕堂皇的數據根本沒有任何實際意義。自稱「大夥的兄弟」的陸軍少校約翰・馬丁（John Martin）曾在巴格蘭空軍基地（Bagram Air Base）擔任軍事行動規劃師，他在一個陸軍口述歷史訪談中表示：「不幸的是，數據這種東西要怎麼顛倒都可以。[17]舉例來說，如果去年我們遭攻擊一百次，今年遭攻擊一百五十次，那是局勢惡化了嗎？[18]還是說我方派了更多人把愈來愈多壞人揪出來所以攻擊次數變多了，可是正因為有愈來愈多壞人被我們揪出來所以其實局勢好轉了？」

一些美國高級官員特別重視阿富汗人民的死亡率，然而美國政府鮮少公開提及這項數據。美國外交官詹姆斯・杜賓斯（James Dobbins）就曾於二〇〇九年向某個參議院委員會表示：「我認為最關鍵的衡量標準是我建議的『遭殺害的阿富汗人數』。如果數字上升了就代表我們輸了，如果數字減少了就代表我們贏了，就這麼簡單。」

可惜在那之前根本沒有人願意追踪阿富汗人民傷亡人數的情況，而且這對國防部而言也是個敏感的議題，面對百姓死亡人數的問題，國防部官員都選擇避而不談，因此也無須指望他們會討論這件事該由哪一方負責了。對他們來說，追蹤美方在阿富汗所挖掘的井或是建立的學校容易多了，而且還更有利於宣傳。

一名北約組織的高級官員在一次「記取教訓」計畫的採訪中匿名表示，他們從二〇〇五年就開始追蹤阿富汗百姓的傷亡人數，並建立一個「本該成為所有數據庫之母」[19]的大數據庫，沒想到該計劃因不明緣故終止了。他坦言：「我們的標準作業程序是從一開始就記錄百姓的傷亡人數了，但後來並沒有這麼做。」[20]

二〇〇九年，一項統計阿富汗百姓傷亡人數的運動受到聯合國擴大，成為首個就阿富汗百姓傷亡人數進行全面統計的計劃。然而數據十分堪憂，而且情況愈來愈不樂觀：一個星期平均有十幾名百姓送命。

美方於二〇〇九年至二〇一一年間在阿富汗增兵，期間阿富汗百姓的死亡人數從兩千四百一十二人上升至三千一百三十三人，雖然之後在二〇一二年略有減少，但此後人數卻持續上升。到了二〇一四年，阿富汗百姓的死亡人數高達三千七百零一人。

這意味著阿富汗百姓遭殺害的人數在五年內增長了百分之五十三，若以詹姆斯．杜賓斯提出的簡單原則看待此事，那麼美國與其盟友敗得可慘了。

聯合國的調查結果顯示，阿富汗人民遭殺害，大部分責任歸咎於叛亂份子，但無論矛頭指向哪一方，這些數據反映的是阿富汗社會已經愈來愈不穩定且愈來愈不安全，這簡直與美方平亂策略欲達到的結果背道而馳。

美國的情報評估資料裡也對戰爭的進展抱持著懷疑的態度。中情局與軍中的情報分析員所提供的報告指出，阿富汗的情況比前線指揮官們的說法來得悲觀許多，只不過情報官員的報告大部分為機密文件，而且都不公開討論。

這些高級情報官員每年都會到國會的公開聽證會上針對美國國家安全所面臨的全球性威脅議題進行報告，他們的言論平鋪直敘且夾雜著令人聽不懂的專業術語，當話題轉向阿富汗時，他們則異口同聲地表示局勢不樂觀。

二〇一二年二月，美國國防情報局局長羅納德．勃吉斯（Ronald Burgess）中將在一次參議院軍事委員會的會議上進行報告，其內容簡短卻令人擔憂。報告指出，歐巴馬政權的增兵政策與戰略對於平亂行動根本毫無幫助。

勃吉斯表示，阿富汗政府「貪腐成風，就跟瘟疫一樣」，而且阿富汗軍方與警方「長期以來在素質方面有待加強」。他還表示，相對來說，塔利班「更為頑強」，無論損失有多慘重也仍未敗給美軍。

勃吉斯補充道：「塔利班的領袖正在巴基斯坦避風頭，他們仍然堅信總有一天會旗開得勝。」

一些國會議員在同一場聽證會上邀請國家情報總監詹姆斯・克萊佩（James Clapper）解釋為何軍方明明對這場戰役胸有成竹，情報局卻認為局勢令人擔憂。克萊佩回答說之前越戰時期也發生過相同的事情，那時候情報官員都知道美軍的處境如同陷入泥沼一樣困住了，但是軍方卻不願對外承認，才導致雙方的立場不一致。

「恕我多言竟說起陳年往事了，」克萊佩說道：「一九六六年越戰時期，我曾擔任威廉・魏摩蘭（William Westmoreland）上將的情報簡報員，任職期間我發現作戰指揮官與情報人員不一定會對戰役是否成功這件事抱持相同的看法，那真是讓涉世未深的我大開眼見了。」

不出所料，軍官們在一個月後被國會召集時仍堅持先前的立場：美軍確實有所進展。

二〇一二年三月，時任美軍與北約軍司令的海軍陸戰隊上將約翰・艾倫（John Allen）在一次參議院軍事委員會的會議上表示：「我們的進展是非常實在的，更重要的是，我們的進展並非稍縱即逝而是可以維持長久的。我們已經大幅削弱叛亂份子的勢力了。」

緬因州參議員蘇珊・柯林斯指出，艾倫等將軍的說辭已經重複了好幾年，她表示：「我國的軍官一直堅持我們有所進展，這樣的說辭我已經聽了十年，倒是你怎麼那麼確定我們會在這場戰役中獲勝？」

「報告參議員，我如果覺得做不到的話一定會跟您說，而且早就會跟您說了，畢竟如果這場戰役必輸無疑的話，我不會再犧牲任何一條生命了。」艾倫回覆道。

然而隨著美方持續撤軍，美軍在戰役中有所進展的假象便愈來愈難維持。到了二〇一三年，駐阿富汗的美軍人數在近四年裡首次少於五萬人，美軍撤軍後所留下的空缺是阿富汗軍隊與警方都無法填補的，因此塔利班又再次捲土重來，還擴大了其勢力範圍及領土。

這讓美軍將軍更堅持其立場並不再避諱「勝利」一詞。

艾倫上將長達十九個月的任期於二〇一三年二月結束，他在卸任後對阿富汗戰役的態度比之前更樂觀了，他表示阿富汗國防部隊的能力有所提升，而且政府已做好準備要為國家安全全權負責。

艾倫的交接儀式於喀布爾舉行，他在典禮上表示：「這就是勝利的滋味，而且我們不該避諱這個詞，因為這場戰役由始至終都是為了阿富汗人民，我們為人民而戰，也為人民而勝。」

在那之前，美國軍官不常如此當眾承諾將取得全面勝利，但經過艾倫那番言論後，其他將軍也開始模仿他說話的用語及虛張聲勢的作風。

艾倫卸任後，美軍與北約軍司令一職由陸戰隊上將喬瑟夫．鄧福德（Joseph Dunford Jr.）接任，他在二〇一三年五月的一場軍事典禮上表示：「我最近一直把『勝利』掛在嘴邊，而我也堅信我們正走在勝利的道路上。」

時任副司令的陸軍中將馬克．密利（Mark Milley）也在同一場閱兵典禮上與長官同一個鼻孔出氣，他向在場的阿富汗軍隊表示：「你們會在這場戰役中旗開得勝，而且全程都會有我們當後盾。」密利還說他們「正走在勝利的道路上，而且即將建立一個穩定的阿富汗。」

第十七章　內憂外患

二〇一二年九月的某一天晚上，一群美軍在臨時搭起的觀測站俯視著眼前荒蕪的山谷，並透過熱像儀尋找敵人的蹤跡。[1]他們在黑暗的夜晚裡身穿迷彩裝並躲在堆成三英呎高的沙袋後面，以為這樣自己就安全了。

約凌晨一點，陣陣槍聲從這些軍人身後傳了過來，[2]原來是一群阿富汗武裝份子手持AK-47步槍在後面近距離襲擊他們。

二十五歲的沙佈羅．尼納（Sapuro Nena）中士是一名平時喜歡彈吉他的太平洋島民，那晚他被好幾顆子彈擊中背部。[3]另外十九歲剛新婚不久的上等兵約翰．湯生（Jon Townsend）在那次攻擊事件中被子彈擊中胸部上方。另一位二十歲上等兵葛納洛．貝多伊（Genaro Bedoy）來自德州並育有一女，那天晚上貝多伊的臉部遭到槍擊，而他年幼的女兒還在阿馬里洛（Amarillo）的老家等著他。最後，二十二歲的士官約書亞．尼爾森（Joshua Nelson）是一名來自北卡羅萊那州的通訊情報分析人員，那晚他的雙腿接連遭到槍擊，而這四名軍人都在事件中不幸身亡。

兇手並非外人，而是阿富汗警方。阿富汗警方與美軍在扎布爾省（Zabul province）一起進行訓練，而那裡正是叛亂份子在阿富汗東部與南部之間來回時必須經過的地方。沒人知道為何阿富汗警方會向美軍這個盟友展開攻擊，但諸如此類的殺人事件已形成堪憂的趨勢。

這起背叛事件發生於二〇一二年九月十六日，在那之前的兩個月裡，阿富汗國家安全部隊成員針對盟軍展開了十六次攻擊，造成美軍與北約軍二十二人死亡，另外還有二十九人受傷。[4]

這種內部相互攻擊的行為在阿富汗戰爭爆發後的前幾年還算少見，然而自從歐巴馬政權決定快馬加鞭培訓阿富汗軍警方，這種自相殘殺的事件便呈現上升的趨勢。就公開報導的事件而言，二〇〇八年至二〇一二年間，阿富汗軍警方對盟軍所展開的襲擊事件從兩起上升至四十五起，造成至少一百一十六名美方與北約組織的人員死亡。這些事件頻頻發生，彷彿敵人是美軍一手栽培出來的。*

有些攻擊事件是因為塔利班成員刻意潛入阿富汗軍隊與警隊並從中煽動混亂而發生的，有一些攻擊事件則是因為阿富汗軍警的個人因素或因為意識型態上的衝突而針對外國軍隊進行報復，兇手為阿富汗軍警，與叛亂份子並無關聯，但是大部分攻擊事件都是在意圖不明的情況下發生的。

盟軍之間相互攻擊的事件大爆發後，美方與北約組織在阿富汗的軍事行動也受到巨大影響。他們若想在這場戰役中取得勝利，就必須得擴大阿富汗軍警部隊的勢力並提高其戰鬥力，讓他們可以靠自己的力量打敗塔利班，如此一來才能在未來捍衛國家的穩定。

---

* 阿富汗軍警方的攻擊目標並非只有外國部隊。二〇一四年四月，一名阿富汗警官在霍斯特省（Khost）向兩名美聯社（Associated Press）記者開槍，戰地記者凱西・甘農（Kathy Gannon）傷勢不輕，而攝影師安雅・尼德林豪斯（Anja Niedringhaus）則在那起攻擊事件中不幸身亡。

美方不分晝夜地為阿富汗軍警提供培訓並給他們提供武器，還確保有專人給予指導，另外當美軍與阿富汗軍警進行聯合軍事行動時，指揮官都會呼籲兩方人員要「並肩作戰」，也就是達利語的「shohna ba shohna」。由此可見，美國與阿富汗的合作關係建立在雙方的信任之上，要是美軍時時刻刻都要擔心阿富汗安軍警會不會隨時往他們背後捅一刀，那麼這段關係很有可能就會崩潰。

然而孤掌難鳴，這段合作關係之所以會每況愈下，美軍也需為自己出格的行為負起責任，像是美國海軍陸戰隊軍人對著塔利班成員的屍體撒尿還被拍了下來，影片還於二〇一二年一月在網路上瘋傳。一個月後，駐巴格蘭空軍基地的美軍不小心將一本本可蘭經與垃圾一起焚燒，引起阿富汗民眾抗議。同年三月，一名陸軍上士在坎達哈省的村莊裡殺害十六名村民，美國與阿富汗之間的緊張關係也因此達到高峰。

這些盟軍之間自相殘殺的事件徹底打亂了歐巴馬政權的撤軍計畫，美軍原先計劃從阿富汗各地區逐漸撤離，並希望在二〇一四年底前將保衛阿富汗的重責交還給阿富汗國家安全部隊。到了那時候，抗戰工作將由阿富汗軍隊全權負責，而美軍與北約軍則會擔任顧問的角色。

二〇一二年九月，駐阿富汗的美軍人數從十萬人的最高峰減少至七萬七千人。那年秋天，歐巴馬在連任競選活動中承諾，若連任成功的話，他必定會讓這場戰役圓滿結束。

但是那一個月裡就有四名美國士兵在扎布爾省丟了性命，因此美方原本的規畫不得不暫時喊停。攻擊事件發生的三天後，時任美軍與北約軍司令的海軍陸戰隊上將約翰．艾倫（John Allen）下令暫停聯合軍事行動，這件事對於戰役進度與兩國的合作關係都是一大挫折。

艾倫上將平時說話語氣溫和且個性內斂、樂觀，但就連他也看不慣阿富汗安全部隊無法制止其成員殺害盟軍的行為，他對此感到非常憤怒，並在哥倫比亞廣播公司（CBS）的新聞節目「六十分鐘」（60 Minutes）上表示：「我真的被他們氣炸了。[5]我們願意為這場戰役不惜犧牲一切，但我們不願意被自己人殺害。」

雖然雙方在接下來十天內恢復了聯合軍事行動，但想要雙方稱兄道弟、一起出生入死根本是不可能的事。隨後美方與北約組織的官員除了要求阿富汗重新調查其安全部隊成員的背景，還推出「守護天使」計畫，讓部分美軍與北約軍時刻注意阿富汗軍方是否出了叛徒。

通訊部隊軍官克里斯多福·賽巴斯丁（Christopher Sebastian）少校曾於二〇一一年至二〇一二年間指導過阿富汗軍，他透露，有一次他在坎達哈一所軍事訓練學院參加阿富汗軍的畢業典禮，殊不知竟有臥底在一名澳洲籍上校的座位底下放了一枚小型炸彈，當這名上校站起來與畢業學員握手時，小型炸彈就爆炸了。[6]神奇的是，並沒有人在這起事件中受傷，但賽巴斯丁表示，該事件害得眾人人心惶惶，大家也更加確定美國與阿富汗的合作關係並不會有好結果。

賽巴斯丁在一次陸軍口述歷史訪談中坦言：「就連在執勤時，我們都得無時無刻回頭看看，注意周圍所發生的事情，害大家都戰戰兢兢的，所以也不用期望我們的關係可以達到美軍預想中成功的模樣，因為那簡直跟現實相反。」[7]

這些盟軍之間相互攻擊的事件在美國、加拿大與歐洲掀起了一波負面新聞的浪潮，其內容都在質疑阿富汗是否是個可信任的盟友，或是否應該得到國際支援。美軍深怕民眾會因此改變心意反對戰爭，便故技重施，選擇隱瞞問題的嚴重性。

軍方發言人表示，這些攻擊事件皆為「獨立事件」，然而這種說法卻與五角大廈的調查結果截然不同。二〇一一年，駐喀布爾的一名美軍行為科學家進行了一項名為「一場信任與文化衝突之危機」的內部調查，調查結果顯示，這些內部的相互攻擊行為「反映了整個制度所構成的威脅日益嚴重，因此無法再視為獨立事件。」[8]

為了讓事情更進一步大事化小，如果發生內部的相互攻擊事件但沒有造成人員死亡的話，喀布爾軍事總部官員會選擇隱瞞這些事件，即便是造成人員死亡，這些官員只會發表簡短的聲明敷衍了事，根本無法交代事情的起因與經過。

那四名美國軍人於二〇一二年在扎布爾遇害後，駐喀布爾的美軍與北約軍聯合部隊司令部發布了新聞稿以作聲明，但內容極為精簡，僅有三句話。後來相關細節之所以會公諸於世，要歸功於時任《塔科馬新聞論壇報》（*The News Tribune of Tacoma, Washington*）隨軍記者亞當・阿什頓（Adam Ashton）。

阿什頓跟隨塔科馬市附近路易—麥科得聯合空軍基地（Joint Base Lewis-McChord）的部分軍隊一同進入阿富汗，並花費超過十五個月的時間撰寫了一系列文章將事件的來龍去脈拼湊起來。[9]他採訪陸軍成員並透過《資訊自由法》（Freedom of Information Act）將一份經大量編輯的官方調查資料恢復原貌，才還原了四名美軍殉職當天所發生的事。

阿什頓的文章透露，兇手共有六名，[10]而且都是阿富汗國家警察成員，那晚他們與六名美軍在觀測站執勤，他們的輪班長達四十八小時，目的是追捕一些在附近的米桑哨站（Combat Outpost Mizan）

發射迫擊砲的塔利班份子。

結果有四名美軍死在那些叛變的阿富汗警察手裡，另外還有兩名美軍受了重傷，其中一名是剛新婚不久並升格當父親的二十六歲士官大衛・梅塔凱恩葛（David Matakaiongo），那天晚上阿富汗警察揮灑著手中的AK-47步槍，槍林彈雨之中，梅塔凱恩葛的肋骨與雙腿都碎了，害他差點丟了性命。

事後梅塔凱恩葛表示，面對阿富汗軍警方，他早有不祥的預感，因此那場攻擊事件並非意料之外的事。他在接受阿什頓的採訪時透露：「我們知道他們有多少能耐，我看著那些傢伙心想『他們要對我開槍了』。」[11]

另一位名叫德文・華勒斯（Devin Wallace）的士官也所幸在那場攻擊事件中活了下來，那晚他一直假裝自己已經身亡，直到兇手逃離現場後才透過對講機求救。華勒斯向調查人員透露，當晚阿富汗警察在攻擊他們之前顯得特別不友善，因此他也對阿富汗警察起了疑心。

軍方的調查顯示，那晚的死傷人員共有七人，原來除了六名美軍遭槍擊，還有一名阿富汗警察也在那起事件中身亡。調查人員認為這名警察因與美軍的關係良好而不願意與其他警察一起行兇，才會遭到同儕攻擊。

兇手犯案後便逃到山谷裡藏身，後來調查顯示這些兇手與叛亂份子有關聯，而且他們加入警隊時，扎布爾警隊的警官還曾為他們做人格擔保。然而這些細節都在軍方的報告中遭陸軍刪除，因此有些關鍵的問題遲遲無法得到回應。

盟軍之間自相殘殺的事件導致駐守在阿富汗全國上下的美軍都感到心神不寧。陸軍少校傑米・塔沃瑞（Jamie Towery）曾於二〇一〇年至二〇一一年間在馬薩里沙利夫（Mazar-e-Sharif）擔任北約警察訓練司令部的聯絡官，他坦言自己時常擔心阿富汗部隊的官員會不會哪天就走偏了，就算是自己信任的官員也難免會讓他擔心。[12]

這讓塔沃瑞聯想到二〇一〇年所發生的一起事件，那時候有兩名來自西班牙的警察遭一名阿富汗籍司機槍殺，讓人驚訝的是，這個司機在行兇前曾於那兩名警察密切合作長達六個月的時間。塔沃瑞在一次陸軍口述歷史訪談中表示：「讓我壓力最大的事情莫過於把學員帶到射擊場訓練，因為他們隨時都有可能與我們反目成仇。」[13]

阿富汗的安全部隊面臨許多制度上的問題，而盟軍之間自相殘殺只是冰山一角。過去十年裡，美軍與北約軍都手把手地帶領著阿富汗安全部隊，但即便如此，十年後阿富汗部隊還是無法獨當一面。阿富汗的安全部隊主要由軍方與警方組成，其中約三分之二為國防部掌管的阿富汗國民軍，其中包括阿富汗空軍、突擊部隊以及其他部隊。

另外三分之一則由阿富汗內政部掌管的國家警察組成，但他們不像一般警察組織一樣致力於執法或打擊犯罪，而是負責維護邊境檢查哨的安全並在叛亂份子遭軍方除掉後將他們留下來的領土捍衛好，因此與其說阿富汗警是執法單位，還不如說他們是準軍事組織。

阿富汗安全部隊並非循序漸進地日益壯大，而是不規律地大幅增長。小布希政權原本將該部隊的人數上限設定為五萬人，之後又在二〇〇八年承諾要在阿富汗培訓十三萬四千名士兵與八萬兩千名警察作為長遠目標。然而歐巴馬政權當家後卻認為小布希政權為阿富汗部隊設下的目標人數不足以對抗塔利班日益擴大的勢力，因此時任美軍與北約軍司令官的史丹利・麥克克里斯托（Stanley McChrystal）上將建議將原本的目標部隊人數增長一倍至四十萬人，而最後總統與國會共同決定將阿富汗軍警部隊人數提升至三十五萬兩千人。

乍看之下，阿富汗安全部隊看似勢力強大，但實際上有很大一部分的軍警人員都是虛構的「人頭」。後來美國政府審計人員的調查顯示，原來阿富汗指揮官為了將上百萬元的薪資中飽私囊而刻意謊報部隊人數，而這些軍官想要獨吞的正是美國納稅人的血汗錢。

歐巴馬的第二任期結束時，美國官員認定阿富汗軍中有超過三萬個「人頭」，並將他們從阿富汗陸軍薪資清冊中刪除。一年後，阿富汗政府又把三萬名虛構的警察從部隊名冊中刪除。

後來美方堅持要求阿富汗政府存取軍警人員的指紋與臉部掃描等生物辨識資料以核對他們的身分，然而光是實行身分驗證就花了好幾年的時間，而且根本無法完全消除這個問題。

此外，阿富汗新兵的素質也對軍隊的存亡構成巨大的威脅。退伍陸軍上校傑克・坎（Jack Kemp）曾於二〇〇九年至二〇一一年間擔任北約駐阿富汗培訓特派團（NATO Training Mission-Afghanistan）的副司令並負責培訓阿富汗部隊。他表示，儘管美國在過去十年裡致力於幫助上百萬阿富汗兒童就學，但是在阿富汗部隊裡，具備小學三年級閱讀能力的新兵人數僅達到百分之二至百分之五。[14]

傑克・坎在一次陸軍口述歷史訪談中坦言：「他們的讀寫能力真的太差了。」[15]他還透露，有些阿富汗士兵連基本的計算能力都沒有，並稱：「如果問他們家裡有幾個兄弟姐妹，他們可以把兄弟姐妹的名字都列出來，但就是沒辦法說有四個人，因為他們不會數一、二、三、四。」

此外，因為阿富汗軍中的落跑人數太多了，因此募兵工作十分艱巨。傑克．坎於二〇〇九年初到喀布爾時，因為有太多軍警人員開小差而導致阿富汗部隊人數縮減。[16]各方只能努力將損失降到最低，但終究無法改善逃兵的問題，到了二〇一三年，阿富汗軍的逃兵人數竟達到三萬人，約占部隊總人數的六分之一。

那些沒落跑的士兵則很有可能逃不過殉職的命運。阿富汗軍警人員的傷亡率非常堪憂，以至於阿富汗政府對軍警人員確切的傷亡人數守口如瓶，以免影響軍中士氣。到了二〇一九年十一月，研究人員估計自阿富汗戰爭爆發以來，阿富汗軍警人員的死亡人數已超過六萬四千人，約達到美軍與北約軍的十八倍。[17]

一些美國官員為此怪罪白宮與五角大廈所推出的政策，例如一名前美國國務院高級官員在一次「記取教訓」計畫的訪談中匿名表示：「他們還以為可以在那麼短的時間內把阿富汗軍隊訓練好，那根本就是痴心妄想。[18]就連在美國我們也沒辦法在短短十八個月內成立一個地方警察部隊還期望他們可以維持長久，更何況是要在阿富汗成立上百個軍警部隊，那根本不可能。」

不僅如此，這個龐大的培訓計畫也從未因預算不足而受影響。二〇一一年，阿富汗戰爭打得正激烈，華府為阿富汗準備了近一百一十億元的安全援助金。相較之下，鄰國巴基斯坦不但核武庫存完善，而且軍隊能力也比阿富汗來得更強大，然而巴基斯坦那一年的軍事花費卻不如阿富汗多，甚至還比阿富汗少了三十億美元。

白宮戰事權威道格拉斯・魯特（Douglas Lute）中將透露，美國國會為了阿富汗軍警方私下動用的錢實在太多了，國防部根本花不完。魯特在一次「記取教訓」計畫的訪談中表示：「總不能用這些暫時借來的錢花錢了事吧，況且阿富汗部隊也不可能在那麼短的時間內變強大。」[19]

然而美國軍官對外卻堅持表示對阿富汗部隊很有信心，他們一再聲稱阿富汗部隊日益強大，無需多久美軍就可以退出戰局了。

二〇一二年九月，那名爺爺是走私犯的陸軍中將兼駐阿富汗美軍部隊副司令詹姆斯・泰瑞（James Terry）在一次記者會上對於阿富汗部隊攻擊盟軍的相關提問避而不談，還表示阿富汗軍警就快接手平亂工作的重責了。泰瑞聲稱：「我們在這場戰役中有所進展，而且進度穩定。此外，保衛阿富汗的任務已逐漸交由阿富汗安全部隊全權負責了。」

美軍逐漸撤出阿富汗並將保衛該國的責任交棒給阿富汗軍警，但是當地塔利班份子卻趁虛而入，趁機擴大他們在阿富汗東部與南部的勢力，並對阿富汗安全部隊造成一次次的打擊。

面對局勢的轉變，美國國防部的高級軍官不但選擇把大事化小，還繼續向阿富汗方呈現最亮眼的成績。二〇一三年九月，新上任的駐阿富汗美軍部隊副司令馬克・密利（Mark Milley）中將吹噓道：「現在已經萬事具備，只差還沒拿下這場戰爭。」

密利在喀布爾一場記者會中表示：「阿富汗軍警方每天都在努力進行平亂工作並已經有些成果了。我們確實有一兩個哨站遭敵方占領，但全國上下還有三四千個哨站呢！總之阿富汗軍警在保護大部分人民這件事上做得非常成功。」

然而實際情況卻恰恰相反，其實阿富汗軍警丟下哨站落跑的頻率高得驚人，儘管美方將軍都善於假裝沒這回事，但是前線的美軍部隊都紛紛表示，阿富汗部隊除了無能還缺乏動力，而且很腐敗。二〇一一年，陸軍步兵軍官葛雷格・艾士可瓦（Greg Escobar）少校在阿富汗東部邊境附近的巴克迪卡省（Paktika）花了一整年的時間替那裡的一個阿富汗部隊整頓紀律。艾士可瓦培訓的第一個阿富汗營長因遭指控強暴一名男士兵而丟了工作，後來接手他職位的營長也被其手下殺害了。[20]

艾士可瓦表示，他漸漸意識到他們再努力培訓阿富汗軍警也沒有用，因為美軍在短時間內把他們逼得太緊了，而且對阿富汗軍警而言，美方的訓練僅是一場由外國人進行的實驗，阿富汗軍警根本無法達到美方的期望。艾士可瓦在一次陸軍口述歷史訪談中坦言：「我們做什麼都沒用。[21]如果阿富汗政府無法為人民帶來正面改變的話，那麼無論我們做什麼都是在浪費時間。」

憲兵軍官麥可・卡布斯（Michael Capps）少校曾替駐守在開伯爾山口一帶的阿富汗邊境警察進行一年的訓練並於二〇〇九年回到美國。卡布斯返美後有很多人都問他：「我們勝算大嗎？」[22]「我總會回他們說，縱使讓士兵們隔著雙臂之間的距離站滿阿富汗的每一吋土地也守不住這個國家。」[23]卡布斯在一次陸軍口述歷史訪談中說道：「那裡太落後、太多漏洞、太不一樣了。」

另外還有其他訓練過阿富汗軍警的美國軍官也都紛紛表示他們曾在訓練中遇到場面失控的情況，並坦言阿富汗軍隊實際上戰場時會是什麼模樣，他們連想都不敢想。第一百〇一空降師（101st Airborne Division）工兵馬克・格拉斯佩爾（Mark Glaspell）少校曾於二〇一〇年至二〇一一年間指導過阿富汗部隊，他表示阿富汗部隊就連簡單的訓練項目都可以搞砸，並在一次陸軍口述歷史訪談中透露，有一次他在阿富汗東部的加德茲市（Gardez）試圖教一個阿富汗部隊如何從CH-47契努克（Chinook）重型運輸直升機安全降落，那時候他們沒有實際的契努克直升機可以用以練習，因此格拉斯佩爾準備了一排排的折疊椅並教導阿富汗部隊如何安全落地。[24]

格拉斯佩爾說：「本來一切都進行得很順利，突然一個阿富汗士兵上前跟另一個士兵吵了起來。」[25]後來又有一個士兵上前參一腳，他還拿起一張折疊椅往第一個士兵的頭部砸了下去。「他們槓上了所以就打起來啦。」[26]格拉斯佩爾沒上前阻止那些阿富汗士兵而是讓他們繼續打，直到他們累了為止。他坦言：「我的口譯員竟然看了我一眼說『所以說我們不會有出人頭地的一天啦』然後調頭就走了。」

陸軍少校查爾斯・維根布拉德（Charles Wagenblast）是美國陸軍的預備軍人，他曾在阿富汗東部擔任情報官員一年，並表示他費了一番功夫才明白阿富汗人不一定能理解美國人的處事邏輯。二〇一〇年秋天，維根布拉德與其他美國軍官想到軍營裡沒有固定暖氣，便建議底下的阿富汗士兵趁還沒入冬前趕快為冬天做好準備。[27]

維根布拉德還說：「那時候天氣變冷了，他們那裡要用柴火才能保暖，我就問他們說『你們有想過要去砍點柴嗎？』但他們說『不用啦，現在還沒變冷』，[28]我就回他們說『但之後一定會冷啊』。[29]但那些阿富汗士兵仍不以為然。「他們還會問我『你怎麼那麼確定天氣一定會變冷？』天啊，這根本就是秀才遇到兵。當我跟他們說要準備大衣時，他們竟然回我說『不用啦，現在還沒變冷，等天氣變冷再準備就好了』。」

與此同時，阿富汗的貪腐風氣不斷持續蔓延，軍警兩方上上下下都看得見貪腐的蹤影，上至內閣部長，下至底層士兵與警察都深陷其中。阿富汗內閣部長為得到金主的支持與金錢利益便到處提拔將軍與司令官，司令官則獨吞手下的部分薪資，而底層的前線士兵與警察則反過來壓榨百姓以中飽私囊。

久而久之，阿富汗人民對政府與塔利班都一樣厭惡，他們甚至分不清楚究竟哪一方更惡劣。阿富汗國防部高級官員沙馬穆德・米爾赫（Shahmahmood Miakhel）透露，一些阿富汗部落首領對雙方的作為已忍無可忍，便把他訓了一頓。[30]

米爾赫在一次「記取教訓」計畫的訪談中表示：「我試著問那些部落長老，安全部隊明明就有五百多人，怎麼還會輸給區區二、三十個塔利班份子呢？長老們回覆說安全部隊只顧賺錢，才沒心思對抗塔利班份子跟保護人民。」[31]他透露，阿富汗安全部隊成員會透過變賣美方提供的武器與燃料大賺一筆。

後來米爾赫跟部落長老們說：「『就算政府不保護你們，你們這裡還有約三萬人啊，你們討厭塔利班的話就要跟他們拼到底』。結果長老們回我說他們不想要這個腐敗的政府也不想要塔利班掌權，所以他們選擇隔岸觀火，看哪一方會勝出。」

許多美國官員在「記取教訓」計畫的不同訪談中紛紛抱怨阿富汗警方並表示他們比軍方更無能，而且根本不削保護人民的安全。

海軍研究院教授湯瑪斯・強森（Thomas Johnson）曾於坎達哈省擔任平亂行動的顧問，他表示大部分阿富汗人民都把警方視為只懂壓榨百姓的土匪，並稱阿富汗警方是全國上下「最討人厭的機構」。[32]另外也有一名挪威官員匿名透露，約百分之三十的阿富汗警察在加入警隊並領取政府提供的武器後就帶著武器落跑，以在日後「搭起自己的個人檢查哨」[33]掠奪百姓。

曾於二〇一一年至二〇一二年間擔任美國駐阿富汗大使的萊恩・克勞可（Ryan Crocker）在一次「記取教訓」計畫的採訪中表示，阿富汗警方表現不佳「不是因為他們人手不足或武器裝備不齊全，而是因為他們是個無能的安全部隊，而他們之所以那麼無能，是因為他們從上到下都腐敗透了，就連底層的巡邏警察也不例外。」[34]

陸軍少校羅伯特・羅朵克（Robert Rodock）來自美軍憲兵部隊，並曾經擔任阿富汗警方的聯絡官。羅朵克表示，阿富汗警方更像是軍閥和部落首領的私人部隊，因此他們對於如何執法或執行公務都一問三不知，還需羅朵克親自教導。

羅朵克在一次陸軍口述歷史訪談中表示：「他們的程度低到我們還需解釋『手銬要這樣銬哦』或是『你們在市場不能覺得東西是你們的就順手牽羊』。」[35]

陸軍中校史考特・康寧漢（Scott Cunningham）是一名美國國民兵的軍官，並曾於二〇〇九年至二〇一〇年間在拉格曼省（Laghman）服役。康寧漢坦言，許多阿富汗警察一整天都窩在由貨櫃箱改造成的檢查哨裡，成為美軍口中的「箱子裡的警察」。[36]康寧漢表示：「他們不會到處巡邏也不願意辦案，整天都遊手好閒沒事做。」

但阿富汗警方也並非完全乏善可陳，有一次他們就幹了件好事，將一輛載滿了自製炸藥的傾卸卡車攔截下來，康寧漢估計那堆炸藥的破壞力不輸一九九五年的奧克拉荷馬市爆炸案。當年卡車炸彈爆炸後導致九層樓高的艾佛瑞德・默拉聯邦大樓（Alfred P. Murrah Federal Building）被炸毀，罹難人數高達一百六十八人。

當阿富汗警察堅持把裝滿炸藥的卡車拖走自行處理炸藥時，康寧漢不禁感到擔憂，他透露：「我們一點都不相信他們能夠把炸藥處理掉。」[37]美軍與阿富汗警察僵持許久，後來一個美國士兵索性決定把那些炸藥都處理掉，並在阿富汗警察面前拿起一枚限時炸彈丟向傾卸卡車。康寧漢表示：「阿富汗警察無奈只能先趕緊逃命。」那些炸藥爆炸時所發出的巨響雖從十萬八千里之外都聽得到，但所幸沒人在那起事件中受傷。

在阿富汗除了有國家警察還有地方警察，但兩者互不相干，後者是二〇一〇年因應美方要求才成立的民間警察部隊，人數高達三萬人。阿富汗地方警察由美軍親自培訓，但他們很快就因殘暴行為而惡名昭彰，還引起人權組織抗議，也因此有許多美國官員分別在「記取教訓」計畫的不同訪談中表示對阿富汗地方警察的不滿與唾棄。

一名美軍人員匿名透露，美軍特種部隊對阿富汗地方警察「恨之入骨」並認為「他們糟透了，這個國家都那麼爛了，沒想到地方警察還如此惡劣。」[38]此外還有另一名美國軍官在一次訪談中匿名表示，阿富汗地方警察部隊有三分之一的人「要麼是癮君子，要麼根本就是塔利班份子。」[39]

陸軍中校史考特・曼恩（Scott Mann）在一次「記取教訓」計畫的訪談中表示，阿富汗地方警察的培訓計畫於二〇一一年至二〇一三年間發展太快了，他坦言：「一分耕耘一分收穫嘛，若是僱用傭兵或是在培訓上走捷徑的話，那訓練出來的部隊都會非常不可靠，而且會欺壓百姓。」[40]

陸軍上尉安德魯・柏伊森諾（Andrew Boissonneau）是一名陸軍民事軍官，並曾於二〇一二年至二〇一三年間在海曼德省與當地的地方警察共事。柏伊森諾在一次陸軍口述歷史訪談中回憶起一名阿富汗指揮官因患上創傷後壓力症候群而開始產生幻覺並帶領手下與幻想出來的假想敵交戰。

柏伊森諾透露：「那位指揮官負責的是距離海曼德河最近的檢查哨，他偶爾會跟海曼德河交戰，也就是說他會有幻覺以為敵人要攻打過來，還會命令手下開槍回擊，但其實根本就沒有人在攻打他們。」

面對這些心理嚴重受創的阿富汗部隊成員，美軍須想盡辦法提高他們的戰鬥力，確保他們能夠打敗叛亂份子，並奪回阿富汗的掌控權。那簡直就是異想天開。

第十八章　大騙局

歐巴馬總統曾向人民承諾會在任期內結束阿富汗戰役，而為了兌現此承諾，美方與北約組織官員於二〇一四年十二月二十八日在喀布爾的軍事總部舉辦了一場典禮紀念戰爭已告一段落。典禮上，一個由多國人員組成的旗隊隨著音樂響起開始在會場裡行進，隨後一名四星上將結束致辭後在嚴肅的氛圍裡小心地將一面綠色旗子捲了起來。這面旗代表著由美軍為首的國際安全援助部隊，自阿富汗戰爭爆發以來，這面旗就一直在空中飛舞著，當天總算是功臣身退了。

歐巴馬在聲明中表示，那一天「對我國而言是個巨大的里程碑」，還稱美國在經歷了十三年的戰役後變得更安全了。「我們在阿富汗的作戰任務即將結束，而且我國有史以來打了最久的戰爭也將以負責任的方式劃下句點，這都要歸功於我們勞苦功高的軍事人員以及他們所付出的偉大犧牲。」

時任美軍與北約軍司令的五十七歲陸軍上將約翰．康貝爾（John Campbell）對於所謂「作戰任務」的結束表示歡呼，還藉機誇大了一些戰績。他聲稱，自戰爭爆發以來，阿富汗人民的預期壽命平均增加二十一歲，並表示：「我們為阿富汗三千五百多萬人爭取了七億四千一百萬年的壽命。」最後康貝爾也不忘指出，阿富汗人民的預期壽命之所以能獲得顯著改善，那都是美軍、北約軍與阿富汗軍的功勞。*

那是多麼具有歷史意義的一天，但有趣的是，整個典禮卻低調得讓人覺得不對勁，像是總統根本就沒出席典禮，而是在夏威夷渡假時發布了書面聲明。另外，典禮在體育館舉行，與會來賓都只能坐在折疊椅上觀禮，而且典禮上對敵方隻字不提，更不用說正式接受敵方的投降文件，因此典禮上根本聽不到任何歡呼聲。

姑且不論阿富汗戰爭是否將「以負責任的方式劃下句點」，實際上那時後戰爭距離進入尾聲還差得遠，而美軍在接下來的好幾年也將繼續在戰場上陣亡。這種說辭不但厚顏無恥且與事實相反，可謂美國國家領袖自開戰二十年以來最惡劣的欺瞞行為之一。

儘管歐巴馬在過去三年裡試圖減少美軍在阿富汗的軍事行動，卻無法讓美國真正脫離這場泥沼般的戰役；截至典禮當天，仍有一萬八百名美軍駐守在阿富汗。這與美方增兵時期所達到的最高人數相比已減少了百分之九十，而剩下的百分之十，歐巴馬承諾除了將有少數美軍留在阿富汗維護美國大使館的安全之外，其餘將於二〇一六年底前完全撤軍。屆時，歐巴馬的第二任期也剛好要結束了。

歐巴馬深知大部分美國民眾已厭倦了這場戰爭。戰爭爆發前期，有高達百分之九十的美國人民表示支持開戰，但根據《華盛頓郵報》與美國廣播公司新聞網（ABC News）於二〇一四年十二月聯合進

* 許多美國官員都會引用數據以證明美軍在戰爭中有所進展，但這些數據往往都遭嚴重誇大，而康貝爾所提出的估算也是如此。二〇一七年，經阿富汗重建特別督察長辦公室（SIGAR）審計發現，康貝爾就阿富汗百姓預期壽命所提出的數據根本不屬實。據世界衛生組織估計，阿富汗男性的預期壽命增加了六歲，女性則增加了八歲，而並非康貝爾所說的二十一歲。

行的民調結果顯示，時隔多年，認為阿富汗戰爭打得值得的民眾卻只有百分之三十八。[1]

儘管如此，美國國防部與國會鷹派議員仍希望美軍留守阿富汗，並為此向歐巴馬施壓，只因歐巴馬曾採用了相同的分階段方式來結束伊拉克戰爭結果卻適得其反。那時候美軍於二〇一〇年結束在伊拉克的作戰行動並在一年後完全撤軍，不料很快就讓敵人有機可乘了。

美軍撤離伊拉克後，由蓋達組織衍生出的恐怖組織「伊斯蘭國」（Islamic State）席捲了伊拉克全國上下還占領了幾個重要的城市，而美軍訓練的伊拉克軍隊根本無從抵抗。為對抗伊斯蘭國並避免伊拉克土崩瓦解，歐巴馬即便有千萬個不願意最終還是命令美軍返回伊拉克抗戰。二〇一四年八月，美國發動了一系列空襲行動，隨後又將三千一百名美軍派遣至伊拉克。

歐巴馬不希望阿富汗步入伊拉克的後塵，因此他必須為美軍爭取多一點時間來把無能的阿富汗軍隊變得更強大，才不會像伊拉克軍隊一樣一擊就垮。歐巴馬還希望阿富汗政府會因此有更多籌碼與塔利班談和並結束戰爭。

為執行此計劃，歐巴馬只能先製造假象來誤導民眾，讓人民以為那些還留在阿富汗的美軍不再加入作戰行動，而是擔任從旁輔助的角色。國際安全援助部隊的旗子在二〇一四年十二月於喀布爾舉行的典禮上逐漸下降，歐巴馬政權底下的軍官也紛紛強調，此後阿富汗的國家安全將由阿富汗軍警全權負責，而美軍與北約軍則會扮演教官和顧問等「非戰鬥性」角色。

然而，在五角大廈的安排下，所謂「非戰鬥性角色」卻自帶許多例外情形，實際上與戰鬥性角色幾乎沒兩樣；美軍的戰鬥機、轟炸機、直升機與無人機仍在進行空中作戰攻擊塔利班份子。二〇一五與二〇一六兩年裡，美軍發射飛彈、投下炸彈的次數高達兩千兩百八十四次，雖比往年來得少，但平均每天仍有三次空襲事件。[2]

陸軍也在五角大廈的指令下得以執行「反恐行動」，也就是針對指定的目標人物展開襲擊。美軍特種部隊還獲准針對蓋達組織與其「相關人物」展開追捕或追殺，只不過「相關人物」的定義實為廣泛，既可指塔利班也可指其他叛亂份子。此外，所謂「例外情況」還包括在阿富汗的重要城市面臨淪陷等危機時，美軍得以挺身而出助阿富汗部隊一臂之力。簡單來說，美軍將繼續在這場戰役中扮演核心的角色。

然而，十三年以來美方的政策都沒能讓阿富汗的局勢好轉，也難怪有許多美國官員對於美國的實際戰績心存疑慮，並質疑歐巴馬的新政策是否會跟之前一樣成果不佳。一名曾在阿富汗擔任非軍事人員的美國高級官員在一次「記取教訓」計畫的訪談中坦言，大家很快就發現歐巴馬的增兵政策是錯誤的決定，與其讓十萬名美軍在阿富汗駐守十八個月，還不如只派十分之一的人馬，再讓他們在阿富汗留守到二〇三〇年。[3]

那名高級官員表示：「花錢和僱用新兵可以換來穩定沒錯，但問題是，撤軍後還能維持下去嗎？我們來去匆匆想要一步登天，但要在這麼短的時間內讓阿富汗領袖學會良政善治根本就不合理。」[4]

二〇一五年，曾在小布希政權底下擔任南亞與中亞事務助理國務卿的包潤石（Richard Boucher）在一次「記取教訓」計畫的訪談中做出了精闢的分析，說明「重建阿富汗家園」這個美國史上最大規模的建國計畫是哪裡出錯才會以失敗告終。

包潤石表示：「回首十五年的歲月，我們大可在十五年前就把一千名阿富汗小學一年級——不，是小學五年級的學生——送到印度受教育訓練，十五年後再把他們接回阿富汗跟他們說『阿富汗就交給你們治理嘍』……這總比讓一群美國人揚言說『重建家園的事就交給我們吧』來得強。」[5]

歐巴馬因政治考量想要結束阿富汗戰爭，然而他的時間有限，看局勢塔利班也不可能會投降，因此歐巴馬急需阿富汗政府承諾會接手作戰行動，這樣美軍才能撤軍回國。

二〇〇九年，阿富汗舞弊多端的總統大選告一段落，卡賽以不當的手法得以連任。事後美國外交人員開始拉攏卡賽身邊的助理並說服他們在卡賽就職演說的文字稿裡提到阿富汗部隊將依據特定的時程全權接手保衛國家的重責。[6]最後卡賽承諾，阿富汗部隊將在五年內（也就是在卡賽卸任前）主動帶頭「保衛阿富汗全國的安全與穩定」。

然而到了那時候，卡賽原本對美方的信任以及兩國的良好關係已蕩然無存。他不但不願意與歐巴馬政府合作推動兩國的軍事交接，還極力反對兩國簽署一項讓美軍可以在二〇一四年以後繼續留守在阿富汗的安全協議。

美方希望在阿富汗保留小部分軍隊繼續訓練阿富汗安全部隊並針對蓋達組織展開反恐襲擊行動，但是卡賽想要禁止美軍在阿富汗民間突襲當地人的住家，這是他長期以來的痛處。此外，卡賽也對安全協議裡一項能讓美軍在阿富汗免於法律責任的條款表示反對。

然而歐巴馬政府就這兩項訴求都堅持不妥協，還誤以為卡賽會先讓步，因此他們威脅卡賽若不在二〇一三年底前答應他們的要求並簽妥安全協議，美方就會把駐守在阿富汗的軍事基地都撤走並完全撤軍。不料卡賽絲毫沒有動搖；他似乎看穿了歐巴馬只是在嚇唬他，並認為美方不會真的那麼做。

事實證明卡賽是對的，因為美方之後就不再咄咄逼人，而是選擇等到卡賽卸任後再採取行動。二〇一四年，美國終於等到卡賽的接班人阿什拉夫．甘尼（Ashraf Ghani）總統簽署這份安全協議。

曾代表美國參與二〇〇一年度波昂會議（Bonn Conference）的外交官詹姆斯．杜賓斯後來於二〇一三至二〇一四年間在歐巴馬政權底下擔任美國駐阿富汗與巴基斯坦特別代表。他坦言，美阿之間因安全協議而產生糾紛，這反映了歐巴馬政策中遲遲無法解決的矛盾：一方面他希望美國可以在阿富汗人民面前表現得很可靠，絕對不會丟下他們獨自面對塔利班；但同時他在面對厭倦戰爭的美國人民時卻不斷強調是時候收手了。杜賓斯在一次「記取教訓」計畫的訪談中表示：「長期以來，我們說的跟做的都有巨大的出入。」[7]

為了在美國人民面前維持「作戰行動已結束」的假象，五角大廈所提供的前線情況相關報告都一如既往的十分樂觀。

二〇一五年二月，新上任的美國國防部長阿什頓．卡特（Ashton Carter）首次以部長身分參訪阿富汗，在那之前他曾在國防部任職多年，最後成為歐巴馬政權底下的第四任國防部長。自阿富汗戰爭爆發以來，歷任國防部長就阿富汗的立場都始終如一，卡特才剛上任不久就加入他們的行列，與他們一鼻孔出氣。「這裡經歷了很多改變，而大部分都是好的，」卡特在喀布爾一場阿什拉夫．甘尼總統也在場的記者會上表示：「當務之急是確保這些進展可以維持下去。」

有一次卡特造訪坎達哈機場（Kandahar Air Field）時不小心脫稿直言阿富汗軍警一直都很無能且非

常糟糕，直到近期才開始有所改善。他這番說辭完全推翻了美方過去十幾年來一直向民眾呈現的亮眼成績。

卡特還坦言：「也不是說阿富汗安全部隊的作戰能力很差，只是他們是前幾年才成立的，但他們現在已經開始學習自己站起來，之前由我們包辦的事情，他們也開始接手處理了。」

歐巴馬政權的策略雖站不住腳，但在接下來的幾個月裡似乎開始見效了，阿富汗那邊不再傳來壞消息，美軍也不再是萬眾焦點了。但是要阿富汗安全部隊獨自面對塔利班份子他們根本吃不消，因此美軍仍繼續加入戰局且不斷賠上性命。

二十二歲的約翰．道森（John Dawson）是一名來自麻州懷延斯維爾鎮（Whitinsville, Massachusetts）的軍醫士官，二〇一五年四月，道森在一次盟軍之間的背叛事件中不幸殉職，當時有一名阿富汗士兵在查拉拉巴（Jalalabad）的當地政府場所裡向盟軍開槍，造成道森身亡以及八名軍人受傷。

兩個月後，國防部後勤署（Defense Logistics Agency）的員工克莉希．戴維斯（Krissie Davis）在巴格蘭空軍基地一次火箭攻擊事件中喪命，享年五十四歲。

同年八月，三十五歲的「綠扁帽」（Green Beret）[8]成員安德魯．麥肯納（Andrew McKenna）二等士官長也不幸在阿富汗陣亡。那是麥肯納第五次出任務到阿富汗，不料那一次喀布爾的美軍特種部隊軍營卻遭塔利班襲擊，那些叛亂份子在引爆汽車炸彈後闖入軍營，導致一名美國士兵重傷及八名阿富汗衛兵身亡。麥肯納在那次攻擊事件裡遭受致命創傷，卻還是忍著傷痛拚命對抗敵人，因此他過世後獲頒「銀星勳章」（Silver Star），也就是美軍為表彰面對敵人時英勇行為所授予的第三高等級獎章。

十九天後，二十七歲的空軍上尉馬修・羅蘭（Matthew Roland）和三十一歲的空軍上士佛瑞斯特・錫布利（Forrest Sibley）也在海曼德省一個阿富汗警察檢查哨所發生的盟軍背叛事件中陣亡。羅蘭在那次攻擊事件中不惜捨命救了與他一起在埋伏的特種部隊成員，為此他在過世後也獲頒「銀星勛章」。

到了九月底，美軍不再參戰的假象已完全破滅。位於喀布爾以北兩百英里（約三百二十二公里）的昆都茲市（Kunduz）是阿富汗第六大城市，經塔利班份子長期圍城攻擊後終於淪陷了。時隔十四年，塔利班再次占領了阿富汗的重要城市，這讓美方無比震撼，因此美軍特種部隊迅速趕往昆都茲協助阿富汗軍把敵人趕走，其中歷經了好幾天的激烈戰鬥。

二〇一五年十月三日凌晨時分，一架呼號為「鐵錘」（Hammer）的美國空軍AC-130空中砲艇（AC-130 gunship）對著一間由人權組織「無國界醫生」（Doctors without Borders）在昆都茲設立的醫院開始低空轟炸，導致四十二人身亡。[9]然而，無國界醫生因考慮到醫院的安全，早在事發前幾天就將醫院的坐標提供給美軍與阿富汗軍，因此這場意外根本不該發生的。[10]

事後歐巴馬與一些美國官員為此悲劇致上歉意，而美國軍方的調查將事件矛頭指向「戰爭迷霧」、人為失誤以及器材故障，並表示醫院遭炸毀是「意外」。國防部透露，有十六名美軍因此事件遭到行政處分，然而他們都無須負起刑事責任。

隨後歐巴馬不但沒減少在阿富汗的軍事活動，還日益強勢地展開軍事行動，昆都茲醫院空襲事件爆發十二天後，歐巴馬為避免塔利班占領其他城市便下令暫停讓美軍逐漸撤離阿富汗的撤軍計畫，而駐阿富汗美軍的軍事任務也遭無期延長。歐巴馬表示，直至他於二〇一七年一月卸任時，仍會有至少五千五百名美軍留守在阿富汗，而此決定無疑違背了他先前答應要結束阿富汗戰爭的承諾。

「我並不支持無止境的作戰行為，之前也再三反對我國加入各種永無止境的軍事衝突，」歐巴馬在白宮羅斯福廳（Roosevelt Room）發布此消息時說道：「但考慮到阿富汗所賭上的一切，我深信我們應該再努力一次。」

儘管阿富汗軍隊在人數、武器及培訓等方面都占了上風，但美方仍擔心若美軍撤離戰場讓阿富汗軍獨自面對塔利班份子的話，阿富汗軍會輸了這場戰爭。歐巴馬坦言：「阿富汗軍隊作戰能力還不夠強。」他這般真情流露可謂難得一見。

為了讓民眾更可以接受這場永無止境的戰爭，歐巴馬便持續宣揚美軍在這場戰爭中僅擔任旁觀者的說辭。他在羅斯福廳裡致辭時再次強調美軍在阿富汗的作戰任務「已經結束」，並補充說明美軍已不再「向塔利班展開大規模地面作戰。」

然而，雖然歐巴馬特地強調作戰行動已結束，但實際上對前線部隊而言根本毫無意義，因為阿富汗是個戰亂之地，他們每個人都隨身攜帶武器，領的也是戰鬥軍人的薪資，此外也有許多美軍獲頒戰鬥勳章，而陣亡人數更是不勝枚舉。

隨著二〇一五年進入尾聲，叛亂份子的勢力逐漸擴大，就連美國軍方的高層官員也開始變得悲觀，這是之前不曾發生過的。

二〇一五年十二月十八日，時任美國國防部長的阿什頓．卡特在回訪阿富汗時還透過明褒暗貶的方式虧了阿富汗部隊一番。卡特在拜訪查拉拉巴附近的美軍基地時表示阿富汗軍警「還在努力」，還暗指自己並不對他們抱有太大的期望。

「如果是五年前的話，他們會輸會贏還真說不定，」卡特說：「不過他們快做到了。」

與卡特相較之下，康貝爾上將在同一天於巴格蘭的記者會上顯得更為悲觀，他表示：「才剛結束的作戰季節真的特別辛苦，這點我們與阿富汗軍都早已料到了。」[11]

三天後，巴格蘭空軍基地附近發生了一起摩托車自殺式炸彈攻擊事件，導致六名正在步巡的美國空軍身亡，其中包括畢業於美國空軍官校的阿德瑞娜・佛德布根（Adrianna Vorderbruggen）少校。三十六歲的佛德布根身前一直致力於推翻美國軍方的「不問不說」（Don't Ask, Don't Tell）政策，該政策禁止非異性戀者在軍中討論其性取向，並於二〇一一年成功遭廢除。佛德布根殉職後追授「銅星勛章」（Bronze Star Medal）、「紫心勛章」（Purple Heart）以及「空軍戰鬥行動勛章」（Air Force Combat Action Medal）三枚勛章。她過世後留下軍人出身的遺孀海瑟（Heather）以及四歲的兒子雅各（Jacob）。

正當阿富汗戰爭邁入第十五個年頭，美國又在阿富汗樹敵了，兩國關係的縫隙從此愈裂愈大。恐怖組織伊斯蘭國在伊拉克與敘利亞的勢力迅速擴大，並開始入侵阿富汗與巴基斯坦。到了二〇一六年初，美國軍官預計伊斯蘭國在阿富汗的當地分支已招募一千至三千名戰士，而且大部分都是前塔利班份子。

伊斯蘭國的出現導致阿富汗戰爭變得更複雜且更大規模，因此美方為戰爭擬定了一份新的作戰規則，其中包含授權國防部主動攻擊在阿富汗活躍的伊斯蘭國成員。阿富汗伊斯蘭國成員主要活躍於阿

LESSONS LEARNED RECORD OF INTERVIEW

Project Title and Code:				
LL-07 – Stabilization in Afghanistan				
Interview Title:				
GEN Edward Reeder				
Interview Code:				
LL-07-71				
Date/Time:				
Location:				
Fayetteville, NC				
Purpose:				
Interviewees:(Either list interviewees below, attach sign-in sheet to this document or hyperlink to a file)				
SIGAR Attendees:				
David Young, Paul Kane				
Sourcing Conditions (On the Record/On Background/etc.):				
Recorded:	Yes		No	X
Recording File Record Number (if recorded):				
Prepared By: (Name, title and date)				
Paul Kane				
Reviewed By: (Name, title and date)				
David Young				
Key Topics:				
Village Stability Operations				

Origins of VSO

This was before my deployment when I was the XO for Admiral Olson at SOCOM. At the time, I was looking at Afghanistan and I was thinking that there has to be more to solving this problem than killing people, because that's what we were doing and every time I went back security was worse. So, I decided that I would have to take a completely different approach, to better understand the tribes and how the Taliban does what they do.

(b)(1) - 1.4(D) "Tell me why they fight, tell me why there is a fighting season, tell me why there are so many problems in Helmand and Kandahar" and they described the influence of poppy and fruit harvests, and how that dictated the seasonal patterns. But they also described how the

在「記取教訓」訪談中，美國資深官員承認他們的戰略具有致命缺失，也承認自己的措辭過度樂觀，且不斷談論戰爭的進展來故意誤導民眾。陸軍少將小愛德華・瑞德是一名特種作戰司令，曾六次至阿富汗服役。在這次訪談中，他坦言「我每次回去，安全狀況都在惡化。」

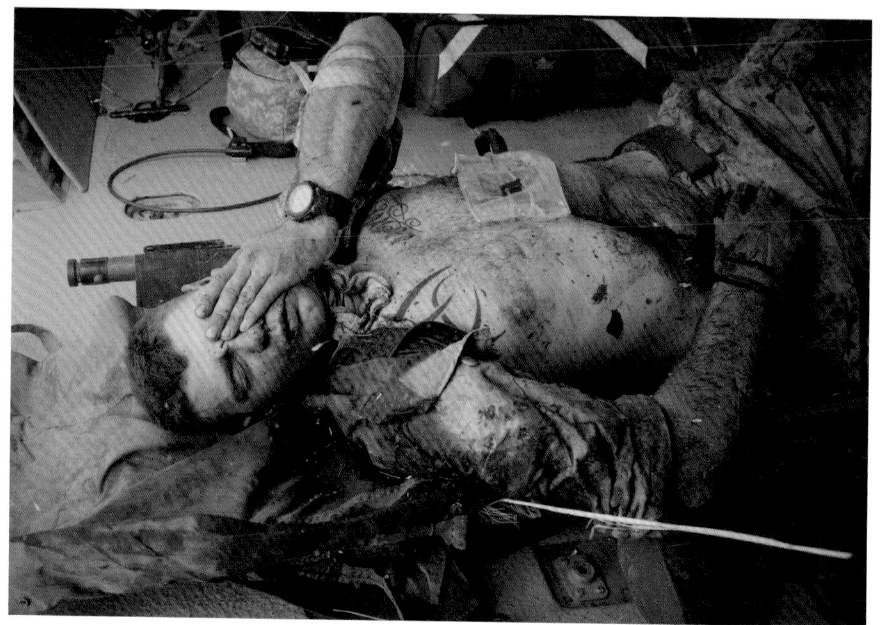

2011 年 6 月，海軍陸戰隊員伯內斯・布里特（Burness Britt）於海曼德省被送上救護直升機。叛亂分子在桑金鎮（Sangin）附近放置炸彈，炸傷了布里特。他傷勢雖重，卻活了下來。（© Anja Niedringhaus/AP）

杜斯坦將軍是位來自阿富汗北部的烏茲別克強大軍閥，他於 2018 年 7 月抵達喀布爾國際機場。杜斯坦雖被人權組織指控犯有戰爭罪行，卻仍與美國政府關係密切。某位美國外交官曾稱他為「有張娃娃臉的史達林・狄托」。（譯註：史達林和狄托均為共產主義獨裁領袖。）（© Rahmat Gul/AP）

2011 年 5 月 1 日，副總統拜登、總統歐巴馬、國務卿希拉蕊、國防部長蓋茨和其他國家安全官員齊聚白宮戰情室（Situation Room），觀看正於巴基斯坦阿伯塔巴德市上演的賓拉登擊殺任務。（© Pete Souza/The White House/AP）

2011 年 9 月，美國士兵在庫納爾省野馬觀察哨站（Observation Post Mustang）的臨時戶外健身區練習舉重。這個山區哨站位於阿富汗東北部，靠近塔利班戰士從巴基斯坦滲透阿富汗的主要路線。（© John Moore/Getty Images）

2011 年 7 月，陸軍上將裴卓斯正在自己位於喀布爾軍事總部的營房中運動。裴卓斯在阿富汗擔任美國及北約部隊司令。（© Charles Ommanney/Getty Images）

2011 年 9 月，阿富汗國民軍的女軍官於喀布爾參加畢業典禮。美國的戰略重點在於培訓阿富汗安全部隊，為他們提供裝備，使之能夠獨當一面保家衛國。但阿富汗軍隊和警察部隊都深受貪腐與種族衝突所苦。（© Paula Bronstein / Getty Images）

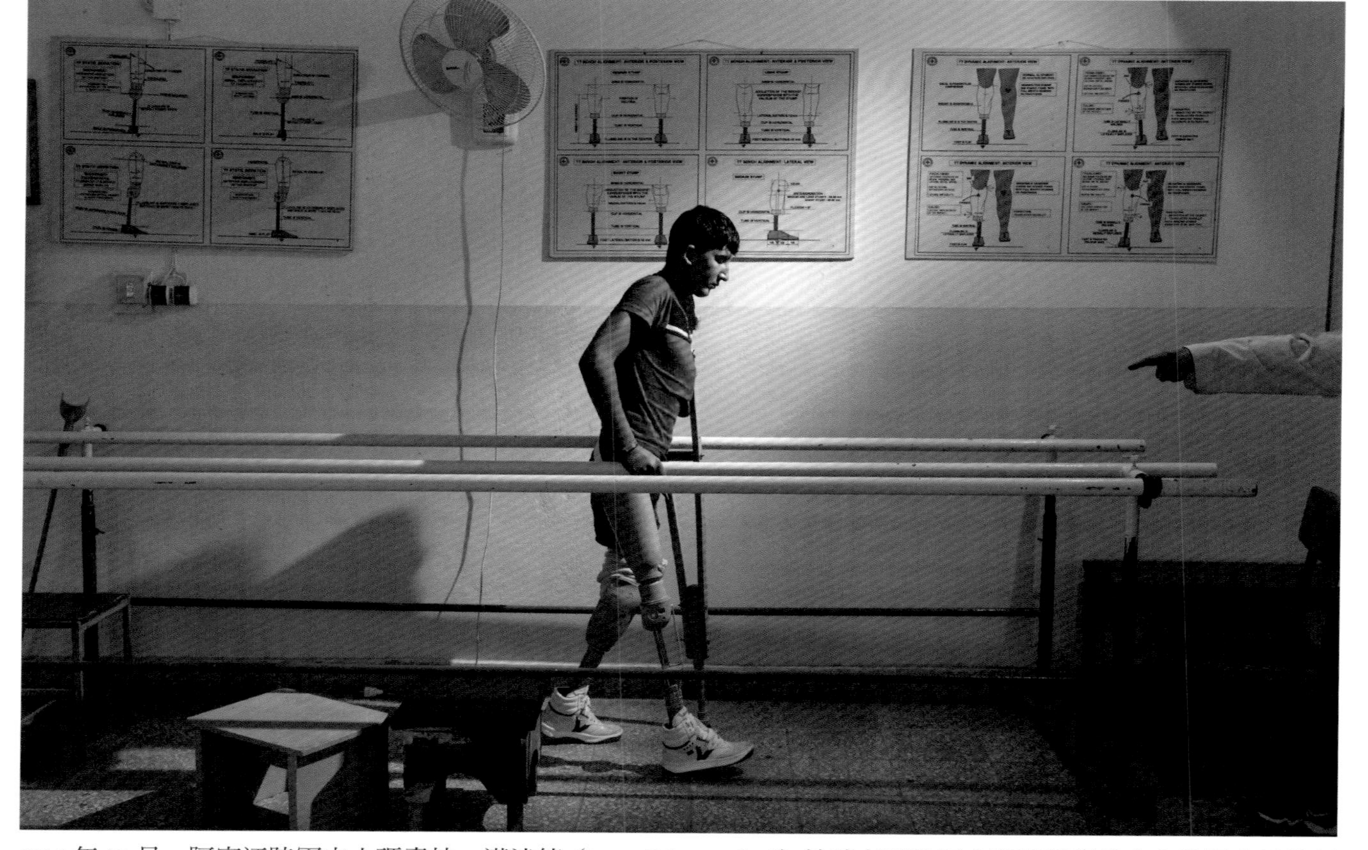

2013 年 10 月，阿富汗陸軍中士瑪肅拉・漢達德（Masiullah Hamdard）於喀布爾的紅十字骨科復健中心使用自己的新義肢邁出第一步。漢達德在坎達哈省的一次爆炸中失去了雙腿和左前臂。（© Javier Manzano for *The Washington Post*）

2014年11月，肯塔基州康貝爾堡（Fort Campbell）的美國士兵登上飛機前往阿富汗。下個月，歐巴馬總統宣布美國在阿富汗的作戰任務結束，但仍有數千名士兵留在該國——繼續戰鬥或是在戰鬥中殉職。（© Matt McClain/*The Washington Post*）

2019 年 12 月，一架阿富汗軍用直升機飛越喀布爾，砲手從直升機內向外望去。（© Lorenzo Tugnoli for *The Washington Post*）

2020 年 7 月，一群塔利班戰士在庫納爾省的馬拉瓦拉（Marawara）地區亮出武器。這個鄰近巴基斯坦邊境的小區多年來一直是塔利班的據點。即使塔利班與阿富汗政府進行過和平談判，這些戰士仍表示他們將繼續戰鬥，以爭取國家的掌控權。（© Lorenzo Tugnoli for *The Washington Post*）

富汗東部，也就是位於巴基斯坦邊境地帶的南加哈省（Nangahar）與庫納爾省（Kunar）。白宮於二〇一六年一月通過了新的交戰規則，隨後美軍對伊斯蘭國展開的空襲次數也跟著上升。

到了那時候，美軍也鬆口承認最初的死敵蓋達組織在阿富汗已不復存在了。二〇一六年五月，駐阿富汗美軍發言人查爾斯．克里夫蘭准將（Charles Cleveland）向國防部記者透露：「就憑他們的實力，我們並不認為他們會對阿富汗政府構成巨大的威脅。」此外，克里夫蘭還作出「專業估計」，並表示有一百至三百名蓋達組織成員在阿富汗「刷存在感」。[12]賓拉登之死已過五年，時至今日，他的恐怖組織已經不足以對美方構成威脅了。

至於塔利班，美軍已為其貼上一個模棱兩可的新標籤：塔利班雖對美方有敵意，但未必是美國的敵人。歐巴馬政權認為，唯有讓阿富汗政府與塔利班談和才能真正結束阿富汗戰爭並讓阿富汗社會恢復穩定。然而先前的談和過程都無疾而終，因此美方想要再度嘗試，但這次他們決定改變做法並以不同的方式應付塔利班，希望塔利班領袖會因此願意答應談和。

因此五角大廈擬定了新的交戰規則，從此美軍可以自由攻擊伊斯蘭國以及蓋達組織所留下來零星的成員。至於塔利班，美軍只能出於自衛或是在阿富汗安全部隊快被殲滅時才出手攻擊塔利班。

這項新措施讓美國國會議員都摸不著頭緒，因此二〇一六年二月，南卡羅萊那州的共和黨參議員林賽．葛蘭姆（Lindsey Graham）決定在參議院軍事委員會的會議上讓康貝爾上將交代清楚。

「塔利班是我國敵人嗎？」葛蘭姆問道。

「我沒聽清楚您的提問。」康貝爾回答道。

「塔利班算是美國的敵人嗎？」葛蘭姆再次問道。這次康貝爾支支吾吾地說：「塔利班……在協助蓋達組織、哈卡尼網絡（Haqqani）等叛亂份子這件事上……塔利班造成了……」

葛蘭姆打斷康貝爾多次，質問他美軍是否授權主動攻擊塔利班及追殺塔利班組織的高層領袖。康貝爾再次迴避葛蘭姆的提問並回覆道：「報告參議員，就如剛剛所言，我們不方便在公開聽證會上討論交戰規則的細節，但我能向您透露的是，我國已決定不再與塔利班交戰了。」

話雖如此，實際上對塔利班份子而言，他們與美國和阿富汗政府的戰爭從未停止過，而且在塔利班領袖看來，他們在這場戰爭中表現得非常好。到了二〇一六年，塔利班份子再次入侵昆都茲市並接二連三地在喀布爾展開爆炸攻擊，就連阿富汗的罌粟花種植中心海曼德省也淪陷了。

華府開始擔心阿富汗政府會面臨政權瓦解的危機。歐巴馬表示阿富汗的情況「岌岌可危」，並於二〇一六年七月再次食言，他原本計劃撤軍後只留下五千五百名美軍在阿富汗駐守，結果卻命令美軍繼續留在阿富汗。歐巴馬在二〇一七年一月正式卸任時，仍有八千四百名美軍留守阿富汗。

一個月後，接手美軍與北約軍司令一職的陸軍上將約翰．尼柯森（John Nicholson Jr.）在參議院軍事委員會一次會議上被問到美國在戰爭中局勢如何，他回答道：「我認為我們已陷入僵局。」尼柯森在證詞中表示：「只有提高我們的進攻能力才能打破此僵局。」這剛好為川普上任後將發生的事情埋下伏筆。

所謂「提高進攻能力」是一種軍事話術，言下之意就是要動用更多軍隊與武力。

第六部分

僵局

2017–2021

PART. 6

第十九章　川普登場

美國上一任總統兼最高軍事統帥在美軍面前演講並於黃金時段透過全國電視轉播發表對阿富汗戰爭的戰略已經是近八年前的事了。二〇一七年八月二十一日，時隔八年，總算輪到唐納・川普（Donald Trump）登場了。

那天的場景就跟歐巴馬當年在西點軍校（West Point）致辭時一樣，隨著美國陸軍樂隊演奏的《向統帥致敬》響起，川普在昏暗的燈光下走進位於維吉尼亞州邁爾堡（Fort Myer）美軍基地的康米大廳（Conmy Hall），他上台時還不忘眉頭深鎖、雙唇緊閉，呈現出一副嚴肅模樣，然後示意請在場的美軍稍息入座。

川普在演講時不斷看著提詞機上的字幕，聽久了不難發現，川普的致辭內容彷佛是重複使用了歐巴馬在西點軍校的演講稿。他跟歐巴馬一樣先是坦言美國人民早已「對戰爭感到厭倦」，之後再表示，政府對美方戰略進行「全面性評估」後決定在阿富汗增兵且擴大美軍在阿富汗的軍事行動，根本就是複製了歐巴馬的做法。

川普透露，阿富汗政府需要更多時間讓其安全部隊變得更強大，他還跟歐巴馬一樣表示：「我們不會像開空白支票一樣給予無限的幫助，」並強調：「我們沒有要幫阿富汗重建家園。」此外，川普也稱巴基斯坦在庇護那些叛亂份子，還威脅巴基斯坦如果不盡早改變其政策的話，美方將中斷對巴基斯坦的援助。

諸如此類的說辭，美國人民聽得可多了，不過唯獨川普敢誇下海口承諾美國將在這場耗費十六年的戰役中取得勝利，讓戰火永遠平息。

川普表示：「我們將除掉這些恐怖份子……我們的軍隊都抱著必勝的決心在抗戰，我們也都抱著必勝的決心在奮鬥。從今往後，勝利的定義不再模糊不清，而是會有明確的模樣。」不料，川普這般誇下海口卻打臉他上任前對阿富汗戰爭的立場；川普於二〇一六年選上美國總統之前曾是一名房地產大亨，還擔任過真人秀節目主持人。那時候的他不斷抱怨阿富汗戰爭過於勞民傷財，還執意要求歐巴馬撤軍，並打著「讓美國再次偉大」（Make America Great Again）的旗號痛批所有看似是在替阿富汗重建家園的國際援助計畫。

二〇一二年，川普在社群媒體平台推特（Twitter）上表示：「阿富汗不值得啦。快回來吧！」隔年他又在推文中表示：「我們為阿富汗揮灑了多少汗水，浪費了多少寶貴的資源，結果他們政府一點都不知感恩，我們打包走人了啦！」

二〇一五年，他再次發布推文表示：「剛剛有人在阿富汗引爆自殺式炸彈炸死了我們的軍人，請問我國領袖到底什麼時候才會學乖，態度變強硬？我們根本就是待宰羔羊啊！」

然而，川普對阿富汗戰爭的立場在他於二〇一七年一月正式搬進白宮橢圓形辦公室（Oval Office）

後就遭到極力反對：內閣成員與五角大廈的高官都勸告他，如果突然撤軍的話，後果將不堪設想。要是阿富汗政權因此倒台，或是戰火燒到核武強國巴基斯坦，那麼這些罪名將由川普背負。因此官員都勸他先仔細評估現有的戰略並考慮所有後果再做決定。

後來川普答應順從他們的意思，只不過他與歷任總統不一樣，根本不把率領戰役的將軍們放在眼裡，更沒耐心在擬定政策時深思熟慮，步步為營。

川普最難以忍受的莫過於向他人示弱或承認自己的挫敗，然而時任國防部長的詹姆斯．馬提斯（James Mattis）卻犯了大忌，在六月舉行的參議院軍事委員會會議上表示：「以目前在阿富汗的局勢來看，我們並沒有勝算。」六天後，參謀首長聯席會議主席喬瑟夫．鄧福德（Joseph Dunford Jr.）上將也在華盛頓犯了同樣的錯誤，他竟然在全國記者俱樂部（National Press Club）的一場活動上坦言：「阿富汗的處境沒有我們預想中的好。」

川普在邁爾堡演講的前一個月，馬提斯邀請他到五角大廈一起討論北約軍等軍事同盟的重要性。馬提斯和參謀長聯席會議成員都希望可以在戒備森嚴的參謀首長聯席會議室裡為川普進行簡報。[1]歷年來，三軍參謀長、海軍陸戰隊司令與國民兵局局長都在這間連窗戶都沒有的安全空間裡針對作戰計畫等敏感議題進行討論，因此這間會議室也俗稱「坦克」（Tank）。

「坦克」位於五角大廈外圍，會議室外面的走廊上也掛滿美軍四星上將的油畫，為整個地方增添一份莊嚴的氣息。馬提斯和鄧福德以為川普會因此心生敬畏而改變心意，並在阿富汗等地區的議題上跟他們站同一陣線，畢竟川普跟歐巴馬一樣不曾服過兵役。

後來川普答應加入他們的會議，但他很快就對軍方那番說教感到不耐煩，尤其是當馬提斯和鄧福德開始討論阿富汗戰爭時，川普更是大發雷霆，並表示阿富汗戰爭「太失敗了」。[2]此外，他還把遠在喀布爾的美軍與北約軍司令約翰・尼柯森（John Nicholson Jr.）上將數落得一文不值，並表示：「在我看來，他不知道要如何取得勝利。」

根據《華盛頓郵報》記者菲利浦・拉克（Philip Rucker）與卡蘿・里昂尼（Carol Leonnig）的報導表示，川普在那次會議中揚言：「我想要贏」還對在場人員說：「你們根本就是一群蠢貨跟俗仔。」[3]川普的用語和態度讓馬提斯、鄧福德與諸位參謀長都措手不及，他們的職業生涯有一大半都獻給了阿富汗，難免會擔心軍方還來不及針對阿富汗戰爭的戰略進行全面評估，就要被川普搶先一步喊停了。

馬提斯在成為國防部長之前曾在海軍陸戰隊服役四十四年。他於二〇〇一年派遣至阿富汗，那時候的他還只是個一星上將，隨後在歐巴馬當家後晉級為四星上將作戰司令。一樣是海軍陸戰隊出身的鄧福德則曾於二〇一三年至二〇一四年間擔任駐阿富汗美軍與北約軍的司令官。

馬提斯與鄧福德花了好幾個月的時間跟白宮國安顧問麥馬斯特（H.R. McMaster）陸軍中將合作進行阿富汗戰略評估。歐巴馬在阿富汗增兵期間，麥馬斯特曾在喀布爾的美軍軍事總部服役長達二十個月，因此他也非常關心阿富汗戰爭的進展。

馬提斯、鄧福德和麥馬斯特都認為這場戰爭已經完全失控了，麥馬斯特還對歐巴馬決定在那麼短的時間內大量撤軍一事表示嗤之以鼻。[4]雖然那時候已經有八千四百名美軍留守阿富汗，但在麥馬斯特看來，美國應該多派幾千名美軍到阿富汗提供支援，並在增兵後一直維持駐守阿富汗的美軍總人數。

麥馬斯特的計畫預計每年將耗資四百五十億美元，儘管如此他仍堅信，為預防阿富汗土崩瓦解，這筆開銷是值得的，反正阿富汗安全部隊已接手實際作戰行動，而且過去十二個月以來僅有二十名美軍在阿富汗陣亡，與戰爭白熱化時的美軍死傷人數相比，這簡直微不足道。[5]

若想要川普與他們站同一陣線的話，那麼麥馬斯特、馬提斯與鄧福德都必須拿捏好進退分寸才行。繼上次川普在參謀首長聯席會議室裡「爆炸」後，麥馬斯特又於二〇一七年八月十八日召開國安高層會議討論阿富汗戰略評估的結果，這次地點改成位於馬里蘭州卡托克丁山公園（Catoctin Mountain Park）的大衛營（Camp David），也就是總統的休假地。

在國安會議開始之前，麥馬斯特決定誇大自己的說辭，告誡川普如果他堅持跟推特上寫的一樣撤走駐阿富汗美軍的話，蓋達組織可能會捲土重來回到阿富汗並再次對美國展開襲擊。[6]麥馬斯特還告訴川普仍有二十個不同的恐怖組織活躍於阿富汗地區，但事實上蓋達組織的勢力已大不如前，而其他恐怖組織的魔爪也無法觸及美國。然而，歷任總統都不樂見自己任期內再度爆發九一一事件，當然川普也不例外。

在大衛營的會議上，將軍們都向川普諫言，美軍需要更多人力與武器才能打破在阿富汗的僵局，不過他們很有技巧地把這項增兵提議包裝成一劑良藥，可以挽救因歐巴馬而惡化的戰爭局勢。他們口中的歐巴馬因對外公布阿富汗增兵政策預計只長達十八個月而徹底搞砸了這個計畫，而塔利班只是趁著這段時間在避風頭，並等待時機東山再起。將軍們勸告川普，切勿亮出底牌、步入歐巴馬的後塵。

川普一聽到將軍們在數落他的宿敵歐巴馬就立刻上鉤了，他不但同意在阿富汗增兵數千人，還答應保留增兵政策的開放性。

三天後，川普在邁爾堡的演說中公開了美方的新戰略，但他對新戰略的質疑卻難以隱藏。川普表示：「我一開始的直覺是要撤軍，而我一貫的作風就是跟著直覺走。反正無論如何，這些問題都會迎刃而解，因為我這個人擅長解決問題，到頭來我們一定會旗開得勝。」

川普宣布，由他帶領的阿富汗戰爭將跟歐巴馬時期大有不同，因為他凡事都會留一手，絕不會亮出底牌。

「我們不會透露駐守阿富汗的美軍人數，也不會對外公開日後軍事行動的規畫。」川普說道。因此增兵政策的相關細節，川普一直守口如瓶，只不過早有美國官員匿名表示，美方將增派三千九百名美軍到阿富汗了。

川普表示，他的保密政策是為了讓敵人摸不透他們的底，但實際上他改變政策還另有目的，那就是讓美國人民蒙在鼓裡；只要人民眼不見為淨，就算戰爭局持續勢惡化也不會有人抨擊川普和他底下的將軍了。

五角大廈不可能會放過這塊已經到了嘴邊的肉；在短短三個月內，駐阿富汗美軍人數上升到一萬四千人，比歐巴馬卸任時的美軍人數多了五千六百人。然而，若撇除增兵與保密政策，這兩位總統在戰略上還有哪些不同之處，川普底下的官員還真的說不上來。

二〇一七年十月，馬提斯在眾議院軍事委員會的會議上將新戰略稱為「R4+S」，意思是「區域化（regionalize）、重新調整（realign）、強化（reinforce）、和解（reconciliation），以及維持（sustain）」。不知道是不是這個說法過於冗長，後來馬提斯與其他美國官員就很少提到它了。

川普底下的將軍也都心知肚明，只要還是川普當家，他們的遣詞用字就必須更強硬，也要不斷吹捧川普，斬釘截鐵地表示新戰略必定會成功。

之前在參謀首長聯席會議室遭川普痛批的尼柯森上將於二〇一七年十一月二十日在喀布爾的一場記者會上顯得特別有自信，還表示塔利班已經山窮水盡了。「我們要告訴敵方，他們是無法拿下這場戰爭的，所以還是盡早放下屠刀吧，」尼柯森氣勢洶洶地說：「否則就準備被淘汰……或是面臨死亡的命運，他們只有這幾條路可以走。」八天後，尼柯森又再次召開記者會並刻意對川普的戰略大加讚賞，他說新戰略「從根本上就不一樣」，而且會「改變整個遊戲規則」。尼柯森先前還坦言戰爭已陷入僵局，如今卻改口強調他已經不那麼認為了，他表示：「我們必勝的決心已得到總統的肯定，而我們會一直守在崗位上，直到完成任務為止……我們已經走在勝利的道路上了。」

與之前的戰略相比，新戰略最實質的改變是川普竟授權美軍加強在阿富汗的轟炸行動。

在歐巴馬的指令下，美軍只能在自己或阿富汗部隊遇到危險、或是在進行反恐行動時才能對敵人展開空襲，可謂限制重重。截至歐巴馬卸任前，美國戰機每月所發射的炸彈和飛彈不到一百枚。

為因應五角大廈的要求，川普上任後不但解除了歐巴馬時期所設下的限制，還加強了針對塔利班的空襲行動。二〇一七年，美軍發動空襲的次數增加了一倍，而投射的飛彈等轟炸武器則增加了至少兩倍。

此後美方更是變本加厲，二〇一八年，美軍竟投下七千三百六十二枚炸彈與飛彈，比先前巔峰時期還多出了三分之一。[7]隨後兩年，美軍展開的空襲行動一如既往的猛烈，毫無趨緩的現象。

雖然阿富汗戰爭在美國民間已不再引人矚目，但實際上前線情勢早已陷入混亂，而阿富汗百姓的傷亡人數也不斷地創新高。川普上任後的三年裡，每年因美軍、北約軍和阿富汗軍所發動的空襲而喪命的阿富汗百姓竟高達約一千一百三十四人。[8]據布朗大學（Brown University）「戰爭代價計畫」（Costs of War Project）的分析指出，這比過去十年的平均死亡人數高出一倍。

川普希望塔利班會因為戰火升溫而答應進行談和，而這種透過蠻力處理問題的戰略也很符合川普的一貫作風。

二〇一七年四月，美國空軍對準了伊斯蘭國在南加哈省一系列的隧道與防空洞，並投下一枚長達三十英尺（約九百一十四公分）、重達兩萬一千六百磅（約九千七百九十八公斤）的巨型炸彈，可謂阿富汗戰爭爆發以來投下最巨大的炸彈。據五角大廈透露，這個武器的正式名稱為「大型空爆炸彈」（Massive Ordnance Air Blast，簡稱MOAB），在軍中則俗稱「炸彈之母」（Mother Of All Bombs）。

美國軍官們表示，他們投下的大型空爆炸彈已除掉一大票伊斯蘭國戰士，而那次行動也轟動了全世界，並在各國產生了不少新聞關注。

川普沾沾自喜地誇那次的空襲任務「又是一個非常成功的案例」，還表示由此可見他在處理阿富汗戰爭的表現比歐巴馬來得好。他在白宮一場記者會上表示：「先想想這八個禮拜所發生的事，再跟這八年來所發生的一切做比較，你會發現兩者之間具有巨大的差異。」

然而，那次空襲行動所取得的勝利卻如曇花一現稍縱即逝，並沒有對戰爭產生多大的影響。隨後在川普所剩的任期裡，五角大廈就沒再下令投射過大型空爆炸彈了。

隨著外界對大型空爆炸彈的關注逐漸消退，戰爭局勢也開始對美方不利，而美軍卻選擇將一些反映戰爭局勢的重要指標與數據藏起來。二〇一七年九月，五角大廈表示因應阿富汗政府要求，美方不再公開阿富汗部隊傷亡人數的相關數據。

事實上，自從美軍與北約軍退出前線讓阿富汗部隊接手保衛工作，阿富汗軍警的傷亡人數就開始大幅上升，據估計，每天約有三十到四十名阿富汗軍警陣亡。[9]阿富汗安全部隊的死亡率居高不下，阿富汗官員擔心這會影響其募兵工作和打擊軍中士氣。

相較之下，叛亂份子的募兵工作順利多了，據美軍估計，截至二〇一八年，塔利班已募得六萬名戰士，這與七年前的兩萬五百人相比多了許多。

面對這樣的局勢，美軍司令官紛紛開始把一些之前常掛在嘴邊吹噓的指標與數據都往肚子裡吞，像是阿富汗政府與塔利班各占領的領土面積，這是美方多年來一直密切關注的數據。

分析師先針對阿富汗各行政區進行調查，之後再考慮各地區的人口密集度，從而對數據進行調整。

美軍與北約軍司令尼柯森上將坦言：「這個指標最能夠反映叛亂行動的真實情況了。」此外，尼柯森也在他二〇一七年十一月接連召開的記者會上透露，有百分之六十四的阿富汗人民居住在由政府掌控的地區；另外，有百分之十二的人口居住在由塔利班掌權的地區；剩下百分之二十四的人口則居住在政府與叛亂份子勢均力敵的區域。

尼柯森也表示戰爭已「來到轉捩點」，並預計阿富汗政府將在兩年內擴大其管轄範圍，讓百分之八十的人口都可以居住在由政府掌權的地區。尼柯森還揚言，到了那時候，敵人將因「群聚效應」[10]而「被迫面臨淘汰的命運」。

然而，阿富汗政府卻一直無法達到這個目標，之後甚至還有調查顯示，塔利班的勢力日益擴大。不料，美軍官員不但不願面對事實，還改口表示這項指標已沒有參考價值，到了二〇一八年的秋天，美軍索性不再追蹤阿富汗各地區到底由哪一方掌控了。

在那之前，尼柯森還不斷強調阿富汗的權力分布等數據都至關重要，沒想到他在八個月後卻自打嘴巴，於二〇一八年七月在喀布爾舉行的記者會上表示這項指標並沒有那麼重要，還說美軍已改變方向，目前關注的是塔利班是否願意進行談和。「這些數據並不是我們一年前所關注的，」他坦言：「但或許它比我們往常一直關注的指標來得更重要。」

另外也有愈來愈多證據指出，儘管美軍在阿富汗展開了猛烈的轟炸行動也無法阻止塔利班在這場戰役中占上風。二〇一八年六月，塔利班接受了維持三天的停戰提議，兩個月後阿富汗總統阿什拉夫・甘尼再次提出停戰要求，這次塔利班卻一口拒絕了他，並短暫地拿下了加茲尼市還侵占了法雅布省與巴格蘭省的軍事基地。

陸軍上將史考特・米勒（Scott Miller）是一名經驗豐富的突擊隊員，他曾任聯合特種作戰司令部

（Joint Special Operations Command）司令，也曾參與過索馬利亞、波士尼亞和伊拉克的作戰行動。此外，九一一事件爆發後，米勒還是最先派遣至阿富汗的軍人之一。獲嘉獎無數的米勒受到川普提名成為駐阿富汗美軍司令，二〇一八年六月，參議院軍事委員會為他召開了提名確認聽證會，誰知他的表現卻讓川普政權十分難堪。

米勒先是刻意淡化在阿富汗所遇到的挫折，接著又表示阿富汗的局勢相當樂觀，但是字裡行間卻透露出他有所保留。此外米勒也重複了美國將軍多年來慣用的說辭，並表示：「我們在那裡確實有所進展。」

麻州民主黨參議員伊麗莎白·華倫（Elizabeth Warren）聽了米勒的說法後表示，這些樂觀的說辭她已經聽夠了，還舉了不少例子說明軍方早在二〇一〇年就開始強調戰爭「已出現轉捩點」。

「米勒將軍，我們轉捩點太多了，現在根本就在轉圈圈，」華倫直言道：「我就開門見山地問你，假設你當上駐阿富汗美軍司令，你的任期內會再次出現轉捩點嗎？這場仗已經打了十七年，你接手之後打算做出什麼樣的改變？」

華倫的提問害得米勒措手不及還語無倫次，他支支吾吾地回答道：「報告參議員，那個……首先……我承認戰爭已經打了十七年……但是我……我沒辦法提供一個確切的時程，或跟您說戰爭什麼時候才會結束。我明白一旦站上這個崗位……那個……我也沒辦法確切地說會不會出現所謂的轉捩點，除非……呃……除非有人回報說……回報說哪裡不一樣了。在我的預想中……呃……我們會迎來這一天的到來。」

米勒站在證人席上轉頭看了一名坐在他身後的陸軍少尉，那是米勒的兒子奧斯汀（Austin），當年開戰時他還只是個嗷嗷待哺的孩子。「二〇〇一年的我還坐在那個位子上，但我想都沒想過我身後這個小伙子和他同梯的軍人有一天會被派遣到阿富汗。」

儘管川普不停承諾美國將在戰爭中旗開得勝，還耳提面命地要求美軍抱著必勝的心態作戰，但是米勒與其他美軍官員仍不斷地想要引導塔利班與阿富汗政府走向談和之路。然而塔利班對局勢愈來愈有信心，根本無心談和，但這一切都無法改變美國將軍們對外表現的樂觀態度。

美國中央司令部司令喬瑟夫．沃特爾（Joseph Votel）上將於二〇一八年七月造訪喀布爾時表示，塔利班在六月答應停戰三天的舉動相當樂觀，而且也「反映了交戰各方與阿富汗人民對和平的渴望」。沃特爾還坦言：「我認為我們在阿富汗的努力是有成果的。」

同年九月，馬提斯在五角大廈向記者透露，他愈來愈相信塔利班會同意進行談和了，並表示：「在這之前，談和一直都遙遙無期。」馬提斯還補充說明戰爭「正朝著對的方向發展。」

然而，這些說法卻再三遭塔利班以實際行動推翻，證明美方的說辭有多站不住腳。

米勒上將才剛上任駐阿富汗美軍司令幾週就在十月十八日前往坎達哈省長官邸與當地領袖進行會談。下午的會談結束後，米勒與美國代表團走到外面與東道主道別，並準備要搭乘直升機回到喀布爾，不料他們還來不及登機就發生慘案了；一名抱著一箱石榴的阿富汗士兵突然丟下手中要送給美國團隊的水果，並亮出一支AK-47步槍開始向那幫人掃射。[11]

這起事件導致坎達哈省軍閥兼警察總長阿卜杜勒．拉濟克（Abdul Raziq）將軍和當地情報首長阿卜杜勒・莫明（Abdul Momin）喪命，另外，當時與米勒一同步行的坎達哈省長薩爾梅・韋薩（Zalmay Wesa）也受到重傷。

至於米勒，他迅速掏出手槍躲避了槍手的攻擊。雖然那名叛兵在事發幾秒內就遭開槍打死，但那起事件反映了阿富汗在安全上出現巨大的漏洞，除了讓民眾心生惶恐，也導致美阿關係進一步惡化。阿富汗調查人員表示，那名槍手在兩個月前就受聘擔任坎達哈省長的隨扈，但當地政府卻遲遲未對他進行背景調查。[12]

事後塔利班立刻宣稱是這起事件的主謀，還上傳了一支影片以茲證明，影片中那名槍手竟在巴基斯坦與叛亂份子一起受訓。塔利班領袖表示，行刺計畫原先的目標人物只有塔利班的宿敵拉濟克將軍，不過當他們得知米勒當天也會在場，就下令槍手也把米勒幹掉。

美軍一開始還否認米勒是那次攻擊事件的目標人物，並稱他只是遭受池魚之殃。另外，軍方還試圖掩蓋南阿富汗駐軍司令傑佛瑞・史邁利（Jeffrey Smiley）准將也在那起事件中受重傷的事；攻擊事件爆發後，駐喀布爾美軍司令部足足等了三天才決定公布史邁利受傷的消息，那還是因為《華盛頓郵報》已經爆出他險些送命的新聞了。[13]

第二十章　毒梟大國

二〇一七年十一月，阿富汗的軍事指揮官發起鋼鐵風暴行動（Operation Iron Tempest），派出好幾架美國空軍戰力最強的戰機狂轟猛炸。他們的頭號目標是地下鴉片加工網，美國官員說這些工廠靠著毒品幫塔利班賺了兩億美元。

五角大廈在宣傳記者會上公布了幾支影片，影片中出現多架專為搭載核武器而打造的B-52長程同溫層堡壘轟炸機（Stratofortress），投下兩千磅和五百磅的傳統彈藥，轟炸海曼德省內疑似毒品工廠的建築物。F-22猛禽匿蹤戰機（Raptor）千里迢迢從阿拉伯聯合大公國的美國空軍機地飛來，用衛星導彈將目標炸個粉碎。

美軍指揮官表示，這場行動是開戰十六年來的轉捩點，這是他們第一次對阿富汗毒梟發動如此震懾人心的空襲。三星期後，美軍吹噓自己剷除了二十五間鴉片工廠，成功阻止他們提供八千萬美元的毒品收入資助叛亂份子。

「全新戰略凸顯了這是場全新的戰爭，現在要認真開戰了。」空軍准將蘭斯・邦奇（Lance Bunch）在喀布爾的媒體簡報會上說了這番話。「這絕對是戰局的轉捩點，塔利班一定感覺到了。」他補充說道：「這對塔利班而言，將是非常漫長的冬天，我們會繼續一遍又一遍地打亂他們的收入來源……戰爭局勢已經改變了。」

然而幾個月後，鋼鐵風暴行動愈來愈顯得無力。一位英國研究員進行獨立分析，發現空襲擊中的目標有很多都是廢棄的泥牆建築。[1]其他的則是臨時搭建的毒品工廠，通常只加工少量的鴉片，市值只有幾萬美元，沒有到數千萬那麼多。

發動超過兩百起空襲後，五角大廈的結論是用破壞力強大的武器炸毀如此原始簡陋的目標簡直是大材小用，而且浪費資源。B-52和F-22轟炸機每次起飛轟炸，每小時的成本都各自超過三萬兩千美元，更別提彈藥也是所費不貲。第一波宣傳造勢活動結束後，美國軍官就愈來愈少提起鋼鐵風暴行動，最後終於宣布取消。軍方的公開聲明只有兩段，還藏在呈交給國會的八十四頁報告中。

鋼鐵風暴行動黯然結束，令人想起其他誇大不實又成本高昂的阿富汗反毒品行動，其中包括小布希政府於二〇〇六年發起，嘗試用曳引機和除草機摧毀海曼德省罌粟花田的河舞行動。在這兩場相隔十一年的行動中，美國和阿富汗官員都演了一場大戲，他們集中火力，承諾最終的勝利，但都在幾個月後啞口無言地棄械投降。

在阿富汗種種的失敗經驗中，清剿鴉片行動的失敗顯得最有氣無力。二十年的時間內，美國花了超過九十億美元，投資各種眼花撩亂的計畫，想阻止阿富汗繼續輸出海洛因到全世界。但沒有一個方法行得通，而且多數情況是反而讓局面每下愈況。

根據聯合國毒品暨犯罪辦公室（United Nations Office on Drugs and Crime）的預估數字，二〇〇二年至二〇一七年間，阿富汗農民的罌粟花田面積擴張了超過四倍。在同一段時間內，海洛因原料乾鴉片脂的生產量成長將近三倍，從三千兩百公噸提升到九千公噸。二〇一八年至二〇一九年期間，鴉片採收和生產量的確有下降趨勢，但聯合國認為原因在於市場變化和種植條件，而非美國或阿富汗官員採取的行動。

在這場美國史上最漫長戰爭中，鴉片產業已然成為坐享漁翁之利的最大贏家。鴉片產業不只阻礙阿富汗其他經濟發展，還箝制了阿富汗政府，更成為叛亂份子不可或缺的經濟來源。

「我們曾說我們的目標是建立『蓬勃發展的市場經濟』。」小布希和歐巴馬的白宮「戰事權威」道格拉斯．魯特中將，在「記取教訓」計畫訪談中表示。「也許應該說得更清楚一點，蓬勃發展的是毒品貿易，因為這是阿富汗唯一持續在運作的市場。」[2]

跟西維吉尼亞州差不多大的海曼德省，是氣候乾燥的鄉村省份，更是阿富汗毒品經濟的最大推手。只要海曼德省爆發愈多暴力衝突、政局愈動盪不安，鴉片產業就愈發達。

除了無可匹敵的經濟效益，在這個戰事頻頻的國家，罌粟花遠比其他植物容易種植得多。農民和走私販可以視需要大量囤積鴉片脂，完全不必擔心失去價值的問題。而且鴉片脂的體積很小，運送起來方便又便宜，非常適合走私。鴉片的需求量也是自始至終都很穩定。

喀布爾的阿富汗菁英份子多半看不起海曼德省的罌粟花農和走私販，認為他們只是知識水準低落的愚民。但二〇一一年在海曼德省服役的空軍少校馬修．布朗（Matthew Brown），對他們的足智多謀深感佩服。他在陸軍口述歷史訪談中說海曼德省「骯髒汙穢又炎熱」，但他補充：「這些人走私和製造毒品的歷史悠久，無人能出其右。他們真的非常、非常厲害。應該說，我們國家的走私販也許能從他們身上學到很多事。」[3]

所屬團隊負責幫助前塔利班成員重新融入社會的布朗，在訪談中還說了：「如果有人說阿富汗沒能力做什麼事情，我通常會告訴他們『事實上，他們有能力提供全世界所需的鴉片。』」[4]

美國與北約和阿富汗盟友絞盡腦汁想了各式各樣的方案，拼了命想解決毒品問題。但美國不論用什麼方法利誘、哄騙或逼迫他們停止毒品貿易，道高一尺、魔高一丈，阿富汗罌粟花農和毒品走私販總能想出對策。

小布希和川普政府都試過用武力解決。小布希執政時期，國務院和美國緝毒局用剷除罌粟花田的方式懲罰農民，但此舉反而讓農民與叛亂份子站到同一陣線。川普執政時期，他們跳過罌粟花農，直搗鴉片加工廠，但新的毒品工廠就如雨後春筍般迅速出現，鴉片產量有增無減。

歐巴馬政府嘗試鼓勵農民改種其他作物，這個作法需要更多時間與耐心，但最後也是徒勞無功。擔任歐巴馬政府阿富汗和巴基斯坦特使，總是語出驚人的外交官理查·郝爾布魯克，曾經公開嘲諷小布希政府的策略。他二〇〇九年上任之後，立刻終止罌粟花剷除行動。

「用西方國家的政策打擊鴉片，打擊罌粟花，完全失敗。」[5]二〇〇九年六月，他在義大利的里雅斯特（Trieste）舉辦的阿富汗相關會議上表示：「這些政策完全沒有傷害到塔利班，反而讓農民失業、喪失民心，促使人民投向塔利班的懷抱。」

於是歐巴馬政府把焦點和資金轉移到推動合法農作物的計畫上，郝爾布魯克催促國務院、國際開發總署和農業部派一些專家到阿富汗，說服罌粟花農改種其他作物，例如小麥、番紅花、開心果和石榴。

美國政府提供海曼德省的農民種子、肥料和小額貸款。他們花錢雇用阿富汗工人拓展海曼德省的運河網路和溝渠，農民就能灌溉種植蘋果樹、葡萄藤和草莓。即便阿富汗的電力供應不穩定，冷藏水果會是個大問題，他們還是特別把重心放在石榴與果汁出口。

有一段時間，這個策略看起來成功了。根據聯合國年度調查報告顯示，二〇〇九年的罌粟花種植數量下滑到四年來最低，二〇一〇年的數字持平，歐巴馬政府的官員便開始自吹自擂。「真的發揮作用了。」二〇一〇年七月，郝爾布魯克告訴一名眾議院小組委員，提到協助農民種植合法作物的策略非常順利。「這是我們非軍方單位最成功的計畫。」

但所有的改善都只是海市蜃樓。事實上，是氣候條件和全球鴉片需求量波動等其他因素，促使種植面積下降。美國和歐洲官員心裡也明白，就算是頗有影響力的聯合國調查報告也不能全然相信。這份調查的資料來源十分粗略，主要是來自衛星影像，以及全球最動盪不安的國家自己做的田野調查。阿富汗政府對海曼德省的人口統計十分籠統，人數粗估是九十萬到兩百萬人，所以完全不能指望他們能夠每年精準計算出罌粟花田的種植面積。

一位前英國高官說聯合國毒品暨犯罪辦公室曾在二〇一〇年私下承認，田野調查員前兩年的調查數字都是造假。在「記取教訓」計畫訪談中，該名英國官員批評聯合國「不專業又無能」，痛批這些錯誤都「不可原諒」。但聯合國官員沒有把這些錯誤公諸於眾。[6]

聯合國的罌粟花種植面積統計圖表，數量在二〇〇八年至二〇一〇年間下滑之後，理所當然地又開始向上急竄。接下來四年時間，聯合國預估罌粟花的種植面積狂飆超過八成，創下歷史新高。

雖然立意良善，但美國為培育其他作物而訂的許多計畫都適得其反。疏濬海曼德省的運河和灌溉渠道，本意是為了提升水果和特定作物的產量，但是也讓農民種植罌粟花時更輕鬆、利潤更高。雖然美國用提供補貼的方式吸引海曼德省農民種植小麥，他們還是會偷偷地在其他地方繼續種植罌粟花。

有些聯邦單位無視歐巴馬政府的新策略，繼續一意孤行地摧毀罌粟花田。國務院撥了好幾千萬元的執法資金給阿富汗各地區首長，讓他們剷除自己省內的罌粟花田。二〇一〇年，海曼德省的陸戰隊小隊付錢請馬佳附近的農民停止種植罌粟花，而英國官員前幾年才因為類似的計畫徹底失敗而名譽掃地。

在「記取教訓」計畫訪談中，該名前英國高官說他的政府、美國國務院，以及時任軍事指揮官大衛・裴卓斯上將，都反對剷除計畫。「但沒有人阻止得了陸戰隊。」[7]該名英國官員表示：「我們普遍的理解都是這個計畫完全沒用，但他們還是一意孤行地做下去。」

二〇〇八年至二〇一二年間任職美軍政治顧問的國務院官員陶德・格林翠表示，事實證明要為美國政府所有單位訂出一致的策略就是天方夜譚。鴉片是阿富汗許多鄉村地區的經濟基石，毒品收益也是全國大多數地方政治系統的潤滑劑。因此，不論美國政府採取什麼行動干擾鴉片貿易，都有破壞軍方反叛亂戰略的風險。

「我們總是在辯論和討論。」[8]格林翠在一次外交口述歷史訪談中提到：「但是從政策的層面來看，就是個懸而未決的矛盾。」

國務院、五角大廈、緝毒局和其他單位提出了數十個禁毒計畫，其中許多計畫都在相互競爭。阿富汗政府、北約盟友和聯合國都希望採用自己的想法和作法。而他們從來沒有達成共識，因為沒有一個人或單位負責整件事，問題便一直惡化下去。

負責鄉村開發計畫的阿富汗前部長穆罕默德・艾山・吉亞（Mohammed Ehsan Zia）表示，美國和其他北約成員只想靠砸錢解決鴉片問題。[9]他在「記取教訓」計畫訪談中表示，他們一直朝三暮四地改變政策，只能仰賴一群對阿富汗一知半解的顧問。

吉亞表示，如同他們先前提出的其他國家建構計畫一般，歐巴馬政府官員比較關心如何快速把錢花光，而不是該如何幫助阿富汗人。原本要提供給農民的小額貸款都浪費在營運成本上，或者進了外國農業顧問的口袋。這些情況無意中傳達出的訊息便是：「現在立刻減少罌粟花，但不必管該怎麼做才能減少。」[10]

「這些外國人在飛機上看了《追風箏的孩子》，就認為自己是阿富汗專家，不必再聽別人的意見。」吉亞補充說道，他提到的這本暢銷小說是講述一位阿富汗男孩遭遇壓迫和種族衝突的故事。「事實上他們唯一的專長就是耍官威。」[11]

有些歐巴馬政府官員說這些失敗的案例，也是美國政府從根本上誤解阿富汗的最佳證明。打從蘇聯一九七九年入侵開始，接二連三的戰爭便摧毀了傳統的農業活動、市場和貿易路線。比起美國人捐贈的小麥種子和石榴加工廠，阿富汗人更需要和平，才能從創傷中恢復。

「阿富汗不是農業國家，這是個錯覺。」[12]曾擔任郝爾布魯克顧問的學術專家巴奈特．魯賓，在「記取教訓」計畫訪談中表示：「他們最大的產業是戰爭，再來是毒品，接著是服務業。」他補充了一句：「農業應該排在第四或第五。」

在另一場「記取教訓」計畫訪談中，一位不具名的國務院官員表示，只要阿富汗一直動盪不安，而且全球對毒品的需求量居高不下，這些想阻止阿富汗繼續生產鴉片的想法顯然都無法成功。該名國務院官員表示：「正在打仗的國家幾乎沒辦法達成什麼事。」[13]

二〇〇二年至二〇一七年間，美國政府花了四十五億美元在阿富汗執行各種禁毒措施，包括突襲、查封和其他執法行動，但成效非常有限。

二〇一〇年至二〇一一年間，歐巴馬政府在阿富汗實行的禁毒行動增加了超過兩倍。尋找鴉片很容易。美軍和阿富汗反毒官員在美國緝毒局協助下，每年沒收和摧毀了數萬公斤的鴉片，但沒收的數量只占阿富汗每年產量的不到百分之二。

華府幫助阿富汗政府從零開始建立司法體制、興建法院和監獄、培訓法官和檢察官。但是面對由政治連結、部落從屬和猖獗的賄賂行為所構成的私法體制，他們的所有努力都是徒勞無功。

因為毒品賺來的髒錢已經滲透進政治體制，所以要那些鴉片大亨負起責任是不可能的。美國官員井井有條地彙整出能指證嫌疑毒梟的檔案，卻只能眼睜睜地看著阿富汗官員坐視不管。

「問題出在政府的決心。」一位不具名的司法部官員在「記取教訓」計畫訪談中表示，他在歐巴馬執政時期曾被派遣到喀布爾。[14]「畢竟有多少重要的走私販真的被逮捕？更別說被起訴的人有多少了。」

另一名資深美國官員補充：「如果有一個阿富汗人因為貪汙被起訴，那一定是因為他太無能或招惹到太多人了。」[15]

少數被起訴的人也能靠賄賂逃過一劫。二〇一二年，阿富汗緝毒探員逮捕哈吉・勞・詹・伊夏克塞（Haji Lal Jan Ishaqzai），他是以海曼德省和坎達哈省為據點經營走私網路的鴉片走私販。長期以來，伊夏克塞的生意都受到總統的同父異母弟弟阿邁德・瓦利・卡賽保護。[16]他們兩人住在坎達哈的同一條街上，經常一起打牌。但阿邁德・瓦利・卡賽在二〇一一年夏天被暗殺後，伊夏克塞便失去了安全保障。大約在同一時間，歐巴馬政府正式認定伊夏克塞為外國毒梟，應當接受美國的制裁。

伊夏克塞遭到逮捕後，一間阿富汗法院在二〇一三年將他定罪，判他服刑二十年。但伊夏克塞很快就找到鑽漏洞的方法。據稱他花了好幾百萬元收買了幾位法官，核准將他從喀布爾的監獄轉移到坎達哈的看守所。[17]他一回到自己的地盤，就說服當地法院人員批准他在二〇一四年四月出獄，時間整整提早了十九年。喀布爾當局發現苗頭不對時，他早已遠走高飛逃到巴基斯坦了。

阿富汗政府不願意懲處影響力深遠的走私販，美國官員為此非常生氣，但是也束手無策。美軍一定要握有清楚的證據，指證毒梟直接威脅到美國人的安危，他們才能合法地將毒梟作為目標。

一位不具名的美國緝毒局高官在「記取教訓」計畫訪談中表示：「如果是打擊恐怖主義，可以基於領袖反對政府而殺死他。」[18]但如果要打擊阿富汗的毒品網路，「卻不能殺死那名領袖，因為他是政府恩惠體制的一環」。

因為美國和阿富汗沒有簽訂引渡條約，因此要把鴉片大亨帶到美國受審真的是困難重重。少數的毒梟確實被送到美國的法院受審，但接下來的發展仍有可能不如預期。

二〇〇八年，美國官員把五十四歲的阿富汗走私嫌疑犯哈吉．朱瑪．罕（Haji Juma Khan）引誘到雅加達，印尼當局逮捕他後將他引渡到紐約。走私據點位於海曼德省和坎達哈的朱瑪．罕被聯邦大陪審團起訴，罪名是銷售數量可觀的海洛因和嗎啡到國際市場，並以此金援塔利班。

但司法部一起訴朱瑪．罕，馬上遭遇阻礙。這位大毒梟是中情局和緝毒局的重要線人，這兩個單位曾在兩年前偷偷讓他飛到華盛頓，還讓他順道去紐約觀光購物。[19]

朱瑪．罕的辯護律師在公開法庭上提出他與情報單位的關係時，一位聯邦法官立刻打斷她，警告她不得洩露機密資訊。[20]該名法官之後便停止所有審理程序，對外宣布結案。

歐巴馬政府在二〇〇九年認定朱瑪．罕是外國毒梟，然而美國對他的刑事指控卻消失得無影無蹤。雖然他從未被定罪，但還是被聯邦政府監管了將近十年，根據聯邦監獄紀錄顯示，他在二〇一八年四月出獄。美國官員從未解釋過他們對這起案件的處理方式。

二〇一一年至二〇一四年間，隨著美軍在阿富汗的活動減少，對鴉片貿易的打擊也愈來愈力不從心。歐巴馬政府削減了農業計畫和司法改革的成本，美國大使和軍事將領發現棘手的毒品問題永遠不可能解決，因此逐漸失去興趣。

喀布爾美國大使館人員輪替頻繁，讓每件事情的推動都更加困難。受派解決問題的中階和低階官員，對鴉片貿易通常沒什麼經驗和認知。一位不具名的前法務專員在「記取教訓」訪談中表示：「我們花了好多時間在否決不理想的點子。」[21]

根據一位在阿富汗執行禁毒計畫多年，不具名的國務院承包商表示，二〇一六年開始，新來的大使館職員紛紛提出一些類似的想法，例如對罌粟花田噴灑除草劑和用曳引機摧毀花田。[22]因為戰爭拖沓多年，這些新職員完全不知道這些方法以前都用過了，而且都是白費力氣。

第二十一章　與塔利班對談

卡達的五星級飯店裡，一位名叫安娜塔西婭（Anastasia）的年輕外國女子在彈奏小型平台鋼琴。她一頭金髮，身穿無袖黑色小禮服，腳踩細跟高跟鞋，姿態高雅，〈月河〉（Moon River）和〈嶄新的世界〉（A Whole New World）的優美旋律從她指尖傾瀉而出，在飯店大廳內迴盪。[1]從大廳往外看，波斯灣海岸線一覽無遺，海濱小屋裡，比基尼女郎啜飲酒精飲料，與赤裸上身的男人調情。這種放蕩的景象若出現在阿富汗，穆拉[2]可是會大為光火。

不過，二〇一九年二月和三月的兩個星期，來到卡達的塔利班代表團暫時放下對這些世俗之物的疑慮，與這處中東豪華渡假勝地的遊客和平共處。每天下午，安娜塔西婭的琴聲飄盪進會議室，這些戒律嚴謹的阿富汗人也願意睜一隻眼，閉一隻眼。[3]但他們在阿富汗掌權時，不但禁止音樂，還會毒打違法演奏樂器的人。

會議室裡的氣氛好不尷尬。十幾個包著頭巾、蓄鬍的塔利班高層坐在一排桌子後方，一臉冷漠。會議室的另一頭，他們的宿敵美國人也坐在另一排桌子後面，雙方人馬瞪著對方。

坐鎮美國代表團的是陸軍上將史考特・米勒（Scott Miller）。幾個月前，他差點在坎達哈遭到塔利班暗殺。

除了米勒，塔利班談判團成員和美國也有私人恩怨，其中五位沒有經過司法審判，就被關押在關達那摩灣的美軍監獄長達十二年，直到二〇一四年交換戰囚才重獲自由。美方希望在這間會議室中，雙方可以撇開宿怨，協力達成停戰共識。美國官員願意與塔利班和談，顯示他們終於承認，這十七年半的戰爭終究是一場徒勞。

儘管時任美國總統唐納・川普（Donald Trump）公開承諾美國必會大獲全勝，他早已下令國務院和國防部與塔利班展開面對面的正式協商，試圖以體面一點的形式自阿富汗撤軍，避免遭外界解讀成恥辱的敗逃。

十年來，許多美國官員都認為，促成阿富汗政府與叛亂份子達成政治協定，才是結束戰爭的唯一辦法。塔利班不同於蓋達組織，斬草除根是難上加難。蓋達組織由阿拉伯人和外國戰士組成，陣容日漸縮減；塔利班是普什圖族人率領的群眾運動，成員在阿富汗人口中占有不少比例，影響力也日益壯大。

「與塔利班達成和解勢在必行，」陸軍上將大衛・裴卓斯（David Petraeus）於二〇〇九年在哈佛大學演講時說：「這個反叛勢力太過強大，殺不完也抓不完。但問題來了：要怎麼做才能和解？」

然而，小布希和歐巴馬政府對這問題的答案興致缺缺。當時美國和盟軍仍握有絕對優勢，兩位總統卻任憑機會流失，沒有向塔利班遞出橄欖枝，反倒放任阿富汗政府無所作為，使得外交進程一拖再拖。小布希和歐巴馬都企圖分裂塔利班領導階層，並逐一攻破，卻以失敗收場，提出的和談條件也不切實際，和塔利班毫無交集。

二〇〇一年，戰爭爆發的數週後，美國錯失了和塔利班和談的首次機會。小布希政府、北方聯盟（Northern Alliance）及聯合國於德國波昂（Bonn）舉行會議，商討建立阿富汗新政府及制定新憲法等事宜，卻將塔利班排除在與會名單外。

三年後，第二次機會出現了。當時阿富汗舉行首屆民主總統大選，超過八百萬人參與投票。大選最後由卡賽大獲全勝，而塔利班阻撓選舉未果，組織氣勢下滑，但卡賽和小布希政府卻沒有善用政治優勢，致力與塔利班高層溝通。

陸軍少將艾瑞克．歐爾森（Eric Olson）是當時美國陸軍第二十五步兵師的指揮官，他說，美國官員都察覺到，塔利班已是「岌岌可危」，此刻正是阿富汗政府運籌決勝的絕佳時機，然而他們卻在具體作法上搖擺不定。[4]

「我認為，我們從沒搞懂如何運用軍事力量，協助阿富汗政府與塔利班和解。到頭來，他們只能自立自強。」歐爾森在陸軍口述歷史訪談中說：「我覺得卡賽政府從未在我們這邊得到他們所需的引導或是支持，以利和解順利進行。」[5]

英國陸軍少將彼得．蓋克里斯（Peter Gilchrist）於二〇〇四至二〇〇五年間擔任聯軍副司令，他提到，軍方制定了一個誘降塔利班戰士的計畫，但在爭取美國國務院指導，以及阿富汗眾多政黨派系的同意時，遭遇許多挑戰。

「制定計畫有如解開糾纏的義大利麵條，過程複雜，但也別有一番趣味。」蓋克里斯在陸軍口述歷史訪談中說：「若只圖利普什圖人，遺漏塔吉克和哈札拉人，這個計畫不僅毫無道理，也不會被接受。」[6]

就連計畫名稱也得討論再三。蘇聯時代共產黨用的「和解」（reconciliation）一詞不得使用，因為對阿富汗官方是承載歷史傷痛的敏感字眼，所以軍方最終將計畫命名為「鞏固和平計畫」（Strengthening Peace Program）。[7]根據蓋克里斯的說法，約有一千名叛軍報名這個計畫，但結果卻是事倍功半，耗盡心力卻沒有吸收到「塔利班的重要人物」。

歐巴馬上任後，承諾會再次向塔利班伸出友誼之手。他在二〇〇九年三月的演說中表示：「如果宿敵之間無法和解，和平永遠不會到來。」

然而，歐巴馬政府對「和解」的定義相當狹隘。他們與阿富汗政府推出類似鞏固和平計畫的新政策，但只針對基層戰士。美方明顯將塔利班指揮官和穆拉排除在外，因為他們認為這些人「沒有和解的可能性」，除了投降和死亡便別無選擇。

歐巴馬和北約盟軍同意加派軍隊至戰區，美國國防部因此有恃無恐。他們握有優勢軍力，認為自己可以占上風，所以採取強勢手段。

「一旦我們奪回主導權，便會支持阿富汗政府主持的和解計畫，拉攏基層士兵，吸引中低階指揮官倒向政府陣營。」二〇〇九年四月，時任國防部政策次長蜜雪兒．佛洛諾伊（Michele Flournoy）這麼向參議院軍事委員會報告：「如果計畫奏效，孤立並鎖定那些無法和解的高層就會更容易。」

歐巴馬增兵計畫展開後，美國軍事領袖的態度也轉趨強硬。

「未來，我們必須離間可和解的基層與無法和解的高層。」二〇一〇年七月，海軍陸戰隊上將詹姆斯・馬提斯（James Mattis）[8]向參議院軍事委員會報告時說：「至於無法和解者，我們會試圖攻破其心防，讓他們願意和解。如果他們願意放下武器，與政府合作，在憲法允許範圍內行事，阿富汗便有他們的容身之處。所有的戰爭都有終點，我們要做的就是找到盡快結束戰爭的方法。」

美國的軍事官員顯然不了解、也不在乎塔利班真正的動機為何。在國會聽證會的證詞中，佛洛諾伊斷言，塔利班叛亂肇因於「社會經濟危機」，只要阿富汗政府站穩腳步，有效穩定國內局勢，暴亂自然會偃旗息鼓。

塔利班因為殘暴的行徑受到許多阿富汗人憎惡，但其實他們在國內也有為數可觀的擁護者，在情感上贊同或行動上力挺他們對外來的歐美軍隊發動聖戰。擁護者大多來自阿富汗最大民族普什圖族，他們之所以支持塔利班，並非因為「社會經濟」因素，而是因為彼此來自同一民族、信奉同一宗教、效忠同一部落。比起阿富汗安全部隊因為逃兵及貪汙而積弱不振，塔利班能夠輕鬆號召志同道合的戰士加入。

歐巴馬的幾位幕僚欲積極推動與塔利班的實質和談，包括當時的國務院特使理查・郝爾布魯克（Richard Holbrooke），以及阿富汗問題專家巴奈特・魯賓（Barnett Rubin），後者甚至掌握與塔利班人士聯繫的私下管道。魯賓在「記取教訓」計畫的訪談中表示：「我們認為，叛亂會久久無法平息，就是因為沒有政治協議。要解決問題必須由我們出手，因為軍方對此無能為力。」[9]然而，他也提到，美國國防部和中情局認為沒有開啟協商的必要，對他們而言，和解的定義就是「善待投降的人」。[10]

針對和談的議題，時任國務卿希拉蕊．柯林頓（Hillary Clinton）也持反對意見。她擔憂，一旦塔利班重返決策圈，將摧毀阿富汗政府提升人權——特別是女權——的成果。魯賓指出，當時希拉蕊打算再次競逐總統大位，因此就塔利班問題，她絕不會心慈手軟。

「女性選民是希拉蕊的重要票倉，所以她不能贊成與塔利班協商。」魯賓說：「想成為史上第一位女總統，她面對國安問題的態度必須比男性更強硬堅決，不能留下把柄，給反對者質疑的空間。」[11]

不過，希拉蕊和一些歐巴馬內閣裡的政壇巨頭還有別的疑慮。在他們眼中，塔利班和蓋達組織關係密不可分，因此他們懷疑，塔利班和賓拉登的人馬仍藕斷絲連。

歐巴馬政府對外宣稱，針對塔利班基層的和解計畫，不僅規劃嚴謹，也收到良好成效。但是，實際經手的陸軍軍官卻透露，計畫其實既草率又不周全。

陸軍少校恩夫．羅塔（Ulf Rota）在二〇一〇至二〇一一年間效力於喀布爾的美國與北約總部，負責擬定計畫。他說，掌管計畫流程的，是名為「武裝份子回歸小組」（Force Reintegration Cell）的軍事單位。該單位按理應該為歸降的叛軍提供就業訓練，以換取他們不會再反抗政府的承諾，但根據羅塔的說法，這些計畫執行者很少說到做到。[12]

計畫核心基本上就是「隆重的回歸典禮，塔利班士兵會念『我在此宣示，不再效忠邪惡的蓋達組織』之類的宣言。」羅塔在陸軍口述歷史訪談中說，報名和解計畫的士兵大多只是「領薪水的小咖，單純因為無事可做才加入塔利班。有時這些人想洗心革面、回歸社會，以免被審問和抓進監獄。」[13]

空軍少校馬修・布朗（Matthew Brown）曾於二〇一一年在海曼德省的回歸小組工作，他認為這個計畫目光短淺，又搔不到癢處。布朗說，縱觀歷史，對付武裝叛亂都是長期抗戰，可持續二十至四十年，因此期待大批塔利班戰士突然倒戈，無異於癡人說夢。

「不管制定策略的人有多聰明，砸下多少經費，耗費多少心力，都不可能一夕之間扭轉現今的大環境。」布朗在陸軍口述歷史訪談中說道：「太急於做出改變，只會招來反效果。」[14]

布朗坦言，他懷疑那些前來和解的塔利班份子是否「出自真心」。部落領袖和阿富汗政府官員有時會鑽體制漏洞，安插一些人報名回歸計畫，以討好美國人。

「阿富汗充斥政治掮客，陣營之間進行交易非常容易。比如，省長告訴掮客：『聯軍一直對我施壓，幫我弄六個人來。』掮客回答：『沒問題，作為回報，你可以為我做這件事嗎？』省長說：『當然好，拜託幫幫我，讓聯軍這個月別再來找麻煩。』」接著奇蹟發生了，掮客真的找來六個人參加回歸計畫，讓這個省的計畫成果看起來很豐碩。」[15]

二〇一〇年，卡賽總統成立阿富汗和平高級委員會（Afghan High Peace Council），與塔利班高層磋商。歐巴馬政府尊重阿富汗政府的權威，不想干涉過多，因此美方只有在得到卡賽的首肯後，才與塔利班交涉。

然而，阿富汗政府主導的外交談判進度牛步。卡賽和其內閣中的軍閥擔憂，進行協商等於間接承認塔利班為政治運動，也害怕自己的權力受動搖，因此對協商興致缺缺。塔利班則因一直將卡賽政府視為外國操縱的魁儡政權，所以也同樣顧忌，因為參加協商形同承認卡賽政府的合法性。塔利班開了條件，除非外國軍隊先撤離，否則不願開始和談。

至於歐巴馬政府，雖然聲稱贊同阿富汗政府與塔利班對話，但也提出自己的要求：塔利班必須和蓋達組織斷絕來往、停止暴行，並支持國內少數族群與女性享有平等的權利。

然而，當和談的曙光乍現，兩邊的極端份子便蠢蠢欲動，意圖破壞得來不易的進展。

二〇一一年九月，七十一歲的阿富汗前總統布爾漢努丁·拉巴尼（Burhanuddin Rabbani）當時擔任和平委員會的主席，在自家接見一位自稱捎來領導人訊息的塔利班信使。信使走向前問候拉巴尼時，引爆了藏在頭巾裡的炸彈，兩人雙雙身亡，更造成兩位和平委員會的成員身受重傷。

儘管如此，美國外交官仍努力不懈，試圖建立和塔利班私下聯繫的管道。二〇一二年一月，在華盛頓的支持下，卡達允許塔利班在首都杜哈（Doha）開設政治辦公室。

辦公室成立的目的是，在中立國提供安全的場所，讓叛軍領袖與美國或阿富汗政府協商。但在辦公室開設之前，塔利班遲遲不與美國代表開始初步談判。他們指控美國言而無信，未依交易內容，釋放囚禁於關達那摩灣的組織成員。

阿富汗政府害怕自己喪失協商的主導權，非常不信任卡達的祕密聯繫管道。萊恩·克勞可（Ryan Crocker）於二〇一一年至二〇一二年擔任美國駐阿富汗大使，他曾警告國務院，認可塔利班卡達辦公室的地位，恐會與卡賽政權交惡，但他們還是一意孤行。

「哈米德·卡賽簡直氣炸了。」克勞可在「記取教訓」計畫的訪談中說：「我們承諾由阿富汗主導、掌管和談，卻沒有說到做到。」[16]隔年，美國官方欲重啟談話，不過計畫不久便胎死腹中。二〇一三年六月，塔利班的卡達辦公室落成，更大張旗鼓地掛上旗幟，宣稱此處是塔利班舊政權「阿富汗伊斯蘭酋長國」（Islamic Emirate of Afghanistan）的根據地。

此舉深深激怒了卡賽，對他而言，塔利班正在明目張膽地要求他國承認其合法地位。卡賽一怒之下，中止了與塔利班的初步協商，更無視歐巴馬政府一直以來的敦促，拒絕與美國簽署雙邊安全協議。

而塔利班一方，發現駐阿富汗的美軍人數減少，因此也不急於重啟和談，而是打算等到對方提出優厚的條件。

二〇一三至一四年間，職業外交官詹姆斯．杜賓斯（James Dobbins）回到國務院，並由歐巴馬任命為阿富汗與巴基斯坦特別代表。他談到，當時撤軍的時程「以結果而言，沒有成功鼓勵塔利班參與協商。」但他也提到阻礙協商的其他因素，「最主要的就是卡賽矛盾的態度，他不知道該在何種情況下與塔利班談和，甚至也不曉得自己想不想談和。」[17]

塔利班還握有另一項籌碼：一位美國戰俘。二〇〇九年，他們俘虜了陸軍中士鮑．伯格達爾（Bowe Bergdahl），當時他離開阿富汗東部的美軍基地，在外遊蕩。多年來，美國國防部一直想贖回他，但塔利班獅子大開口，要求美國從關達那摩灣釋放塔利班領袖作為交換。

美國和塔利班透過卡達居中斡旋，歷經艱困的談判，終於在二〇一四年五月，歐巴馬政府同意釋放五名囚禁在關達那摩灣的重要人物，都是塔利班執政時代的高官。作為交換，塔利班也釋放了伯格達爾，他們與美國特種部隊在阿富汗東部的邊遠地區會面，在周延縝密的計劃下完成人質移交。

起初，歐巴馬政府宣揚這場交易是個外交突破，更希望能藉此為未來的和談打下基礎。但國會的共和黨人卻不買單，他們大力抨擊釋放塔利班囚犯的決定，指責歐巴馬將美國置於險地。

南卡羅萊那州參議員林賽・葛蘭姆（Lindsey Graham）將釋放的塔利班高層比作「塔利班夢幻隊」，更說這五人「手染美國人的鮮血」。時任亞利桑那州參議員約翰・馬侃（John McCain）則將他們稱為「核心中的核心」。後來當選總統的川普，那時以真人實境秀主持人的身分廣為人知，他也在推特上批評道：「歐巴馬總統為了贖回鮑・伯格達爾中士，放了五個塔利班囚犯，開了一個非常糟糕的先例。美國又蒙受一次巨大損失！」

強烈的政治反彈，扼殺了歐巴馬任內與塔利班進一步和談的所有機會。接下來的四年，激烈戰事頻仍，陷整個阿富汗於戰火之中。各派人馬本來就對和解不甚熱心，如今為促成和平所做的些微嘗試，都跟著全部歸零。

二〇一八年以前，無意義的戰爭看似永無止盡。阿富汗安全部隊與叛軍衝突升溫，加上美軍戰機投下的炸彈數量頻創歷史新高，導致平民死亡人數不斷竄升。二〇一八年二月，第一個外交協商的契機終於出現。當時的阿富汗總統阿什拉夫・甘尼（Ashraf Ghani）表示願意無條件舉行和平會談，並承認塔利班為合法政黨，卻遭塔利班拒絕，因為其領導階層堅持直接與美國談判，要求外國軍隊全面撤出。

然而四個月後，塔利班態度開始軟化。為了紀念神聖的齋戒月結束，甘尼宣布阿富汗政府軍會單方面實施停火，塔利班也因此願意跟著休兵三日。這是從二〇〇一年來，雙方戰鬥人員第一次放下武器，飽受戰爭蹂躪的阿富汗舉國歡騰。不過昇平景象只持續短短三天，七十二小時後，戰爭再度開打，但顯然連塔利班的前線士兵也開始渴望和平。

川普政府打算利用這個大好時機，首度准許與塔利班進行高層直接對談。二〇一八年七月，時任美國高階外交官愛麗絲・威爾斯（Alice Wells）在卡達與塔利班領袖舉行初步會談。美國和阿富汗官方對塔利班做出極大的讓步，甘尼政府的官員沒有參加這次會議。

不久後，川普政府徵招阿富汗裔的美國資深外交官薩爾梅・哈里札德（Zalmay Khalilzad）回到外交崗位，由他主持與塔利班的協商，他也義無反顧地投入。十月，哈里札德在卡達和塔利班成員見面，幾天後，他說服巴基斯坦政府釋放身陷囹圄的「穆拉」阿卜杜勒・加尼・巴拉達（Mullah Abdul Ghani Baradar），也就是塔利班的第二埃米爾。[18]

幾個月來，雙方進行好幾輪談判，大部分都選在卡達的奢華渡假飯店舉行。不到一年的時間，達成協議似乎已指日可待。協議內容為，美國必須撤離其一萬四千人軍隊中還留在阿富汗的人員，而塔利班必須與阿富汗政府談成長期的協定，並和蓋達組織斷絕往來。

但在二〇一九年九月，這個短暫的協定以令人驚詫的方式破局。川普祕密邀請塔利班的領導人至大衛營（Camp David）[19]簽訂條約，也邀請了甘尼做見證人。不過，甘尼和塔利班都不太想千里迢迢前往美國，就為了讓川普有機會在媒體前作秀。後來簽約的風聲走漏，國會成員得知白宮欲邀恐怖份子前來大衛營，都感到不可置信。結果，川普火速取消了邀約，對外宣布與塔利班的和談「已死」。

風波平息後，哈里札德和塔利班在杜哈重啟談判。二〇二〇年二月二十九日，雙方簽署一份複雜的協定，戰爭逐步走向尾聲。

川普政府承諾將逐步撤軍，預計於二〇二一年五月前全數撤離，也會要求阿富汗政府釋放五千名在囚的塔利班人士。塔利班則保證會與甘尼政權直接談判，而且不會以阿富汗為根據地，向美國發動攻擊。

然而，協議充滿灰色地帶、變數，以及尚未解決的問題。

二〇二〇年九月，在磨蹭了數個月後，阿富汗政府和塔利班雙方代表終於在卡達會面，展開正式和談。但與此同時，塔利班軍隊的攻勢猛烈，企圖取得更大的軍事優勢。

美國國防部試圖說服川普放緩或延後撤軍進程，但他在競選連任失利後，便下令軍方在他二〇二一年一月任期結束前，將駐阿富汗的兵力縮減至兩千五百人。

二千五百人創下自二〇〇一年十二月以來駐阿富汗美軍人數新低。二〇〇一年年底，阿富汗的問題看似仍在可控範圍，短期內就能解決。當時塔利班棄守坎達哈最後一個據點，美軍將賓拉登圍困在托拉波拉，絕大部分的美國民眾都以為，他們在一個遠在天邊的國度，勢如破竹地打了漂亮的勝仗。之後的二十年，衝突加劇，美國深陷戰爭泥淖無法自拔，他們的領導人不願吐實在阿富汗發生什麼事，只堅稱戰事已有進展。

如同小布希和歐巴馬，川普沒有兌現戰勝塔利班的諾言，也沒有為這場他戲稱為「永無止境的戰爭」劃下句點。相反地，他將未竟之業交接給政敵喬瑟夫．拜登（Joseph Biden），拜登也因而成為第四位見證美國史上最漫長戰事的三軍統帥。

二十年來，拜登一直密切關注戰爭的發展。二〇〇二年年初，他以美國參議員身分前往阿富汗視察。小布希執政時期，他呼籲政府增派軍隊、投入更多資源，以穩定阿富汗局勢。但是到了二〇〇九年，拜登擔任歐巴馬的副總統後開始懷疑，美國究竟能在阿富汗取得什麼成果。

拜登於白宮內部討論時，敦促歐巴馬捨棄所費不貲的反叛亂計畫，不要擴大戰事，而是改採和緩的小規模增兵策略。二〇一一年，他考量任務風險過高，建議歐巴馬不要派遣海豹部隊潛入巴基斯坦追擊賓拉登。但以上兩起事件，拜登的建議都沒有受到重視。

二〇二一年一月，拜登就任美國總統，立即面臨小布希、歐巴馬和川普經歷過的難題：該如何結束這場無法獲勝的戰爭？如果拜登撤出所有美軍，便是給了塔利班捲土重來的絕佳機會，美國也可能成為三十年內第二個狼狽撤離阿富汗的超級強權。另一個做法是，違反川普與叛軍簽訂的條約，繼續讓美軍留守當地，支持喀布爾無能腐敗的政府。

上任後三個月，拜登積極尋找第三條路。他催促塔利班和阿富汗政府加快停滯的協商腳步，並偕同區域強權舉行高峰會談，但他的努力沒有多少成效，談判雙方亦不領情。

四月十四日，拜登宣布了他的決定。他在白宮的條約廳（Treaty Room）發表演說，承諾會在二〇二一年九月十一日，也就是九一一事件二十週年之前，將美國軍隊全數撤出阿富汗。

與前幾任總統不同，拜登對這場二十年的戰事作出發人深省的評價。他沒有試著美化戰爭的結果，將其包裝成美國的勝利；相反地，他說早在美國摧毀蓋達組織的據點時，就已經達成原先進軍阿富汗的目的。拜登認為，二〇一一年五月成功狙殺賓拉登後，美軍就應該離開。「想想看，那已經是十年前了。」他說。

拜登繼續談到，從那之後，美國一直力圖在「理想條件」下結束戰爭，留在阿富汗的理由也變得「愈發含糊」。他回想起七年前，他仍在第二任副總統任期，當時軍事將領們堅持，阿富汗軍隊和警力已經能夠獨立承擔守護國家安全的職責，但後來事實證明他們完全看走了眼。

「那麼，何時才是離開的正確時機？一年後、兩年後，還是十年後？要達成什麼條件，我們才能動身離去？」拜登問：「關於這些問題，我一直沒有聽到好的解答。如果這些其實是無解的問題，那麼在我看來，我們不應該再留下。」

在白宮發表談話後，拜登前往波多馬克河（Potomac River）另一端的阿靈頓國家公墓（Arlington National Cemetery），向殉國將士致敬。烏雲密布的天空下，只見他手持一把收合整齊的黑傘，緩緩地走在公墓第六十區。阿富汗和伊拉克戰爭中陣亡的軍人正是長眠於此。拜登在悼念花圈前停下腳步，於胸前比劃十字架，接著行舉手禮。他轉身望向遠方，注視一排排大理石製的白色墓碑。「看看這些逝去的人們，」他喃喃道：「真是難以置信。」

註釋

前言

1 譯註：美國參議院外交委員會曾於一九六六至一九七一年間針對越戰問題舉行多次聽證會，統稱為傅爾布萊特聽證會。

2 個人訪談，未註明日期：Gen.DanMcNeillinterview,undated,LessonsLearnedProject,SpecialInspectorGeneralforAfghanistanReconstruction(SIGAR)

3 個人訪談：Gen.DavidRichardsinterview,September26,2017,LessonsLearnedProject,SIGAR.

4 個人訪談：AmbassadorRichardBoucherinterview,October15,2015,LessonsLearnedProject,SIGAR

5 個人訪談：Lt.Gen.DouglasLuteinterview,February20,2015,LessonsLearnedProject,SIGAR.

6 同上。

7 DonaldRumsfeldmemotoStevenCambone,September8,2003,NationalSecurityArchive,GeorgeWashingtonUniversity.

8 譯註：後文均簡稱小布希。

9 個人訪談：Gen.PeterPaceinterview,January19,2016,GeorgeW.BushOralHistoryProject,MillerCenter,UniversityofVirginia

第一章

1 DonaldRumsfeldmemotoDougFeith,PaulWolfowitz,Gen.DickMyersandGen.PetePace,April17,2002,theNationalSecurityArchive,GeorgeWashingtonUniversity. 國防部於二〇一〇年九月二十二日解密該文件的部分內容。

2 個人訪談：DonaldRumsfeldinterviewwithMSNBC,March28,2002.

3 同上。

4 DonaldRumsfeldmemotoLarryDiRitaandCol.StevenBucci,March28,2002,theNationalSecurityArchive,GeorgeWashingtonUniversity.

5 個人訪談：FormerseniorStateDepartmentofficialinterview,October8,2014,LessonsLearnedProject,SIGAR.SIGAR未透露受訪者姓名。

6 個人訪談：U.S.officialinterview,February10,2015,LessonsLearnedProject,SIGAR.SIGAR未透露受訪者姓名。

7 個人訪談：Boucherinterview,October15,2015,LessonsLearnedProject,SIGAR.

8 同上。

9 個人訪談：Lt.Cmdr.PhilipKapustainterview,May1,2006,OperationalLeadershipExperiencesproject,CombatStudiesInstitute,FortLeavenworth,Kansas.

10 Unsignedmemo,“U.S.StrategyinAfghanistan,”October16,2001,theNationalSecurityArchive,GeorgeWashingtonUniversity.文件上有段手寫筆記，最初被標記為「討論用稿」。內容指出該戰略在二〇〇一年十月十六日的國安會會議上獲得批准。倫斯斐在二〇〇一年十月三十日寫下附於備忘錄的雪花中，稱其為「優秀的文件」，並補充道：「我覺得可以不時更新裡面的資訊，會很有用。」國防部於二〇一〇年七月二十日解密該文件的完整內容。

11 同上。

12 個人訪談：DouglasFeithinterview,March22-23,2012,GeorgeW.BushOralHistoryProject,MillerCenter,UniversityofVirginia.

13 同上。

14 同上。

15 Woodward,PlanofAttack,p.281.本書原文為“thefuckingstupidestguyonthefaceoftheearth”。法蘭克斯於前述此書出版之後，也發行了自己的著作。他在自己的書中則將費特稱為“thedumbestfuckingguyontheplanet”。TommyFranks,AmericanSoldier(NewYork:ReganBooks,2004),p.362.

16 個人訪談：Gen.GeorgeCaseyinterview,September25,2014,GeorgeW.BushOralHistoryProject,MillerCenter,UniversityofVirginia.

17 個人訪談：Paceinterview,MillerCenter.

18 個人訪談：Feithinterview,MillerCenter.

19 同上。

20 個人訪談：Kapustainterview,CombatStudiesInstitute.

21 個人訪談：Paceinterview,MillerCenter.

22 個人訪談：Maj.JeremySmithinterview,January9,2012,OperationalLeadershipExperiencesproject,CombatStudiesInstitute,FortLeavenworth,Kansas.

23 同上。

24 ViceAdm.EdGiambastianimemotoDonaldRumsfeld,January30,2002,theNationalSecurityArchive,GeorgeWashingtonUniversity

25 個人訪談：Maj.DavidKinginterview,October6,2005,OperationalLeadershipExperiencesproject,CombatStudiesInstitute,FortLeavenworth,Kansas.

26 個人訪談：Maj.GlenHelberginterview,December7,2009,OperationalLeadershipExperiencesproject,CombatStudiesInstitute,FortLeavenworth,Kansas.

27 個人訪談：Maj.LanceBakerinterview,February24,2006,OperationalLeadershipExperiencesproject,CombatStudiesInstitute,FortLeavenworth,Kansas.

28 個人訪談：Maj.AndrewSteadmaninterview,March15,2011,OperationalLeadershipExperiencesproject,CombatStudiesInstitute,FortLeavenworth,Kansas.

29 個人訪談：Maj.StevenWallaceinterview,October6,2010,OperationalLeadershipExperiencesproject,CombatStudiesInstitute,FortLeavenworth,Kansas.

30 個人訪談：StephenHadleyinterview,September16,2015,LessonsLearnedProject,SIGAR.

31 個人訪談：AmbassadorRobertFinninterview,October22,2015,LessonsLearnedProject,SIGAR.

32 個人訪談：Gen.TommyFranksinterview,October22,2014,GeorgeW.BushOralHistoryProject,MillerCenter,UniversityofVirginia

33 同上。

34 個人訪談：McNeillinterview,LessonsLearnedProject

35 DonaldRumsfeldmemo,October21,2002,theNationalSecurityArchive,GeorgeWashingtonUniversity.ThenameofthememorecipientwasredactedbytheDefenseDepartment.

第二章

1 RogerPardo-MaurerletterfromKandahar,August11-15,2002,theNationalSecurityArchive,GeorgeWashingtonUniversity.倫斯斐在二〇〇二年九月十三日寫下一片雪花，請他的助理狄瑞塔（LarryDiRita）取得一份帕多毛勒的信件副本供他閱讀。

2 指美國特戰部隊，因綠色貝雷帽為該部隊的制服，故有此稱。

3 為尼加拉瓜在一九八〇年代右翼反叛團體的統稱，曾受美國的資助。

4 同註1。

5 同註1。

6 同註1。

7 同註1。

8 同註1。

9 同註1。

10 個人訪談：RobertGatesinterview,July9,2013,GeorgeW.BushOralHistoryProject,MillerCenter,UniversityofVirginia.

11 個人訪談：JeffreyEggersinterview,August25,2015,LessonsLearnedProject,SIGAR.

12 同上。

13 個人訪談：MichaelMetrinkointerview,October6,2003,ForeignAffairsOralHistoryProject,AssociationforDiplomaticStudiesandTraining.

14 同上。

15 同上。

16 個人訪談：Maj.StuartFarrisinterview,December6,2007,OperationalLeadershipExperiencesproject,CombatStudiesInstitute,FortLeavenworth,Kansas.

17 同上。

18 個人訪談：Maj.ThomasClintoninterview,March12,2007,OperationalLeadershipExperiencesproject,FortLeavenworth,Kansas.

19 個人訪談：Maj.Gen.EricOlsoninterview,July23,2007,U.S.ArmyCenterofMilitaryHistory,Washington,D.C.

20 SpecialForcescombatadviserinterview,December15,2017,LessonsLearnedProject,SIGAR.SIGAR未透露受訪者姓名。

21 DonaldRumsfeldmemotoSteveCambone,September8,2003,theNationalSecurityArchive,GeorgeWashingtonUniversity

22 “ToraBoraRevisited:HowWeFailedtogetBinLadenandWhyItMattersToday,”ReporttotheU.S.SenateCommitteeonForeignRelations,November30,2009.

23 個人訪談：Franksinterview,MillerCenter.

24 “ToraBoraRevisited,”ReporttotheU.S.SenateCommitteeonForeignRelations,November30,2009.

25 個人訪談：Maj.WilliamRodebaughinterview,February23,2010,OperationalLeadershipExperiencesproject,CombatStudiesInstitute,FortLeavenworth,Kansas.

26 同上。

27 “ToraBoraRevisited,”ReporttotheU.S.SenateCommitteeonForeignRelations,November30,2009.

28 TommyFranks,“WarofWords,”TheNewYorkTimes,October19,2004.

29 “U.S.DepartmentofDefenseTalkingPoints—BinLadenToraBora,”October26,2004,theNationalSecurityArchive,GeorgeWashingtonUniversity.

30 個人訪談：FranksinterviewMillerCenter.

31 Dobbins,AftertheTaliban,p.82.

32 個人訪談：BarnettRubininterview,August27,2015,LessonsLearnedProject,SIGAR.
33 個人訪談：BarnettRubininterview,January20,2015,LessonsLearnedProject,SIGAR.
34 個人訪談：ToddGreentreeinterview,May13,2014,ForeignAffairsOralHistoryProject,AssociationforDiplomaticStudiesandTraining.
35 "AnInterviewwithLakhdarBrahimi,"JournalofInternationalAffairs,Vol.58,No.1,Fall2004.
36 個人訪談：AmbassadorJamesDobbinsinterview,January11,2016,LessonsLearnedProject,SIGAR.
37 個人訪談：AmbassadorZalmayKhalilzadinterview,December7,2016,LessonsLearnedProject,SIGAR.

第三章

1 個人訪談：Franksinterview,MillerCenter.
2 個人訪談：Metrinkointerview,AssociationforDiplomaticStudiesandTraining.
3 個人訪談：AmbassadorRyanCrockerinterview,January11,2016,LessonsLearnedProject,SIGAR.
4 個人訪談：Metrinkointerview,AssociationforDiplomaticStudiesandTraining.
5 個人訪談：Crockerinterview,January11,2016,SIGAR.
6 "QuarterlyReporttotheUnitedStatesCongress,"January30,2021,SIGAR,p.25.
7 個人訪談：MichaelCalleninterview,October22,2015,LessonsLearnedProject,SIGAR.
8 個人訪談：Crockerinterview,January11,2016,SIGAR.
9 個人訪談：SeniorUSAIDofficialinterview,June3,2015,LessonsLearnedProject,SIGAR.SIGAR未透露受訪者姓名。
10 同上。
11 個人訪談：Boucherinterview,SIGAR.
12 同上。
13 同上。
14 個人訪談：U.S.officialinterview,September23,2014,LessonsLearnedProject,SIGAR.SIGAR未透露受訪者姓名。
15 個人訪談：U.S.officialinterview,December4,2015,LessonsLearnedProject,SIGAR.SIGAR未透露受訪者姓名。

16 個人訪談：RichardHaassinterview,October23,2015,LessonsLearnedProject,SIGAR.

17 同上。二〇一九年十二月，哈斯在一封致作者的電子郵件中補充說明：「大家完全沒有熱忱，與伊拉克截然相反。人們對伊拉克的興致太高了。」

18 個人訪談：SeniorBushadministrationofficialinterview,June1,2005,LessonsLearnedProject,SIGAR.SIGAR未透露受訪者姓名。

19 個人訪談：AmbassadorRyanCrockerinterview,December1,2016,LessonsLearnedProject,SIGAR.

20 個人訪談：Dobbinsinterview,SIGAR.

21 DonaldRumsfeldmemotoPresidentGeorgeW.Bush,August20,2002,theNationalSecurityArchive,GeorgeWashingtonUniversity.

22 同上。

23 個人訪談：MarinStrmeckiinterview,October19,2015,LessonsLearnedProject,SIGAR.

24 同上。

25 個人訪談：Hadleyinterview,SIGAR.二〇一九年十二月，海德里在一封致作者的電子郵件中補充道：「我們並沒有可行的穩定模式，這也在情理之中。美國理所當然地持續大力投資我們的軍事活動，也造就出全世界史上最精良的部隊。但美國對於外交、社經發展、民主治理、基礎建設發展和民生機構等民用工具及能力的投資過低，而任何衝突後的穩定工作是否能成功，都取決於以上要素。儘管如此，阿富汗還是迎來了許多正面成效。」

26 個人訪談：EuropeanUnionofficialinterview,February4,2015,LessonsLearnedProject,SIGAR.SIGAR未透露受訪者姓名。

27 個人訪談：SeniorGermanofficialinterview,February2,2015,LessonsLearnedProject,SIGAR.SIGAR未透露受訪者姓名。

28 個人訪談：SeniorU.S.officialinterview,October18,2016,LessonsLearnedProject,SIGAR.SIGAR未透露受訪者姓名。

29 個人訪談：SeniorU.S.diplomatinterview,July10,2015,LessonsLearnedProject,SIGAR.SIGAR未透露受訪者姓名。

30 個人訪談：Boucherinterview,SIGAR.

31 個人訪談：Col.TerrySellersinterview,February21,2007,U.S.ArmyCenterofMilitaryHistory,Washington,D.C.

32 個人訪談：Col.DavidPaschalinterview,July18,2006,OperationalLeadershipExperiencesproject,CombatStudiesInstitute,FortLeavenworth,Kansas.

33 同上。

34 個人訪談：ThomasClintoninterview,CombatStudiesInstitute.

35 個人訪談：Lt.Col.ToddGuggisberginterview,July17,2006,OperationalLeadershipExperiencesproject,CombatStudiesInstitute,FortLeavenworth,Kansas.

36 同上。

第四章

1 個人訪談：Lt. Col. Mark Schmidt interview, February 10, 2009, Operational Leadership Experiences project, Combat Studies Institute, Fort Leavenworth, Kansas.

2 個人訪談：Col. Thomas Snukis interview, March 1, 2007, U.S. Army Center of Military History, Washington, D.C.

3 個人訪談：Col. Tucker Mansager interview, April 20, 2007, U.S. Army Center of Military History, Washington, D.C.

4 個人訪談：Dobbins interview, SIGAR.

5 同上。

6 個人訪談：Franks interview, Miller Center

7 同上。

8 個人訪談：Philip Zelikow interview, July 28, 2010, George W. Bush Oral History Project, Miller Center, University of Virginia.

9 個人訪談：Finn interview, SIGAR.

10 個人訪談：Maj. Gregory Trahan interview, February 5, 2007, Operational Leadership Experiences project, Combat Studies Institute, Fort Leavenworth, Kansas.

11 個人訪談：Maj. Phil Bergeron interview, December 8, 2010, Operational Leadership Experiences project, Combat Studies Institute, Fort Leavenworth, Kansas.

12 個人訪談：U.S. official interview, October 21, 2014, Lessons Learned Project, SIGAR. SIGAR未透露受訪者姓名。.

13 個人訪談：Lt. Gen. David Barno interview, November 21, 2006, U.S. Army Center of Military History, Washington, D.C

14 同上。

15 同上。

16 同上。

17 同上。

18 Donald Rumsfeld memo to Gen. Dick Myers, Paul Wolfowitz, Gen. Pete Pace and Doug Feith, October 16, 2003, the National Security Archive, George Washington University.

19 同上。

20 Zalmay Khalilzad, "Afghanistan's Milestone," The Washington Post, January 6, 2004.
21 個人訪談：Thomas Hutson interview, April 23, 2004, Foreign Affairs Oral History Project, Association for Diplomatic Studies and Training.
22 同上。
23 個人訪談：Pace interview, Miller Center.
24 同上。
25 同上。
26 個人訪談：Lt. Gen. Douglas Lute interview, August 3, 2015, George W. Bush Oral History Project, Miller Center, University of Virginia
27 個人訪談：Franks interview, Miller Center.
28 同上。
29 個人訪談：Barno interview, U.S. Army Center of Military History
30 個人訪談：Mansager interview, U.S. Army Center of Military History

第五章

1 Paul Watson, "Losing Its Few Good Men; Many of those who signed up to be trained for Afghanistan's fledgling army have quit, saying the pay isn't worth the risk," Los Angeles Times, November 27, 2003.
2 個人訪談：Lt. Gen. Karl Eikenberry interview, November 27, 2006, Operational Leadership Experiences project, Combat Studies Institute, Fort Leavenworth, Kansas.
3 "Pentagon 9/11," Defense Studies Series, Historical Office, Office of the Secretary of Defense, 2007.
4 個人訪談：Eikenberry interview, Combat Studies Institute
5 同上。
6 同上。
7 "Talking Points—Afghanistan Progress," October 8, 2004, Office of Public Affairs, U.S. Department of Defense.
8 個人訪談：Lute interview, SIGAR.

9 個人訪談：Master Sgt. Michael Threatt interview, September 20, 2006, Operational Leadership Experiences project, Combat Studies Institute, Fort Leavenworth, Kansas.

10 個人訪談：Maj. Bradd Schultz interview, August 6, 2012, Operational Leadership Experiences project, Combat Studies Institute, Fort Leavenworth, Kansas.

11 個人訪談：Maj. Brian Doyle interview, March 13, 2008, Operational Leadership Experiences project, Combat Studies Institute, Fort Leavenworth, Kansas.

12 個人訪談：Gates interview, Miller Center.

13 同上。

14 Donald Rumsfeld memo to Gen. Richard Myers, January 28, 2002, the National Security Archive, George Washington University.

15 Donald Rumsfeld memo to Colin Powell, April 8, 2002, the National Security Archive, George Washington University

16 Colin Powell memo to Donald Rumsfeld, April 16, 2002, the National Security Archive, George Washington University.

17 Quarterly Report to the United States Congress, October 30, 2020, SIGAR.

18 個人訪談：Strmecki interview, SIGAR.

19 個人訪談：Khalilzad interview, SIGAR.

20 同上。

21 個人訪談：Strmecki interview, SIGAR.

22 個人訪談：Eikenberry interview, Combat Studies Institute.

23 個人訪談：Staff Sgt. Anton Berendsen interview, February 8, 2015, Operational Leadership Experiences project, Combat Studies Institute, Fort Leavenworth, Kansas.

24 個人訪談：Maj. Rick Rabe interview, May 18, 2007, Operational Leadership Experiences project, Combat Studies Institute, Fort Leavenworth, Kansas.

25 同上。

26 Maj. Christopher Plummer interview, June 6, 2006, Operational Leadership Experiences project, Combat Studies Institute, Fort Leavenworth, Kansas.

27 個人訪談：Maj. Gerd Schroeder interview, April 20, 2007, Operational Leadership Experiences project, Combat Studies Institute, Fort Leavenworth, Kansas.

28 同上。

29 同上。

30 個人訪談：Lt. Col. Michael Slusher interview, February 16, 2007, Operational Leadership Experiences project, Combat Studies Institute, Fort Leavenworth,

Kansas.

31 同上。

32 個人訪談：Maj. John Bates interview, March 5, 2007, Operational Leadership Experiences project, Combat Studies Institute, Fort Leavenworth, Kansas.

33 同上。

34 同上。

35 個人訪談：Command Master Sgt. Jeff Janke interview, February 16, 2007, Operational Leadership Experiences project, Combat Studies Institute, Fort Leavenworth, Kansas.

36 個人訪談：Maj. Dan Williamson interview, December 7, 2007, Operational Leadership Experiences project, Combat Studies Institute, Fort Leavenworth, Kansas.

37 同上。

38 個人訪談：U.S. military official interview, October 28, 2016, Lessons Learned Project, SIGAR. SIGAR未透露受訪者姓名。

39 個人訪談：Maj. Kevin Lovell interview, August 24, 2007, Operational Leadership Experiences project, Combat Studies Institute, Fort Leavenworth, Kansas.

40 同上。

41 個人訪談：Maj. Matthew Little interview, May 15, 2008, Operational Leadership Experiences project, Combat Studies Institute, Fort Leavenworth, Kansas.

42 同上。

43 同上。

44 個人訪談：Maj. Charles Abeyawardena interview, July 26, 2012, Operational Leadership Experiences project, Combat Studies Institute, Fort Leavenworth, Kansas.

45 同上。

46 個人訪談：Maj. Del Saam interview, August 20, 2009, Operational Leadership Experiences project, Combat Studies Institute, Fort Leavenworth, Kansas.

47 Donald Rumsfeld memo to Condoleezza Rice, February 23, 2005, National Security Archive, George Washington University.

48 同上。

49 個人訪談：Saam interview, Combat Studies Institute.

50 同上。

第六章

1 個人訪談：Maj. Louis Frias interview, September 16, 2008, Operational Leadership Experiences project, Combat Studies Institute, Fort Leavenworth, Kansas.
2 同上。
3 同上。
4 同上。
5 同上。
6 同上。
7 個人訪談：Maj. Gen. Jason Kamiya interview, January 23, 2007, U.S. Army Center of Military History, Washington, D.C.
8 同上。
9 同上。
10 Alastair Leithead, "Anger over 'blasphemous balls,'" BBC News, August 26, 2007.
11 個人訪談：Maj. Daniel Lovett interview, March 19, 2010, Operational Leadership Experiences project, Combat Studies Institute, Fort Leavenworth, Kansas.
12 同上。
13 個人訪談：Maj. James Reese interview, April 18, 2007, Operational Leadership Experiences project, Combat Studies Institute, Fort Leavenworth, Kansas
14 個人訪談：Maj. Christian Anderson interview, November 10, 2010, Operational Leadership Experiences project, Combat Studies Institute, Fort Leavenworth, Kansas.
15 同上。
16 個人訪談：Maj. Brent Novak interview, December 14, 2006, Operational Leadership Experiences project, Combat Studies Institute, Fort Leavenworth, Kansas.
17 同上。
18 個人訪談：Maj. Rich Garey interview, December 5, 2007, Operational Leadership Experiences project, Combat Studies Institute, Fort Leavenworth, Kansas.
19 個人訪談：Maj. Nikolai Andresky interview, September 27, 2007, Operational Leadership Experiences project, Combat Studies Institute, Fort Leavenworth, Kansas.
20 同上。
21 個人訪談：Maj. William Woodring interview, December 12, 2006, Operational Leadership Experiences project, Combat Studies Institute, Fort Leavenworth,

Kansas.

22 個人訪談：Plummer interview, Combat Studies Institute.

23 個人訪談：John Davis interview, November 21, 2008, Operational Leadership Experiences project, Combat Studies Institute, Fort Leavenworth, Kansas.

24 個人訪談：Thomas Clinton interview, Combat Studies Institute.

25 個人訪談：Barno interview, U.S. Army Center of Military History.

26 個人訪談：Maj. Clint Cox interview, November 8, 2006, Operational Leadership Experiences project, Combat Studies Institute, Fort Leavenworth, Kansas.

27 個人訪談：Maj. Keller Durkin interview, March 3, 2008, Operational Leadership Experiences project, Combat Studies Institute, Fort Leavenworth, Kansas.

28 個人訪談：Maj. Alvin Tilley interview, June 29, 2011, Operational Leadership Experiences project, Combat Studies Institute, Fort Leavenworth, Kansas.

29 同上。

30 個人訪談：Maj. William Burley interview, January 31, 2007, Operational Leadership Experiences project, Combat Studies Institute, Fort Leavenworth, Kansas.

31 同上。

32 同上。

33 個人訪談：Maj. Christian Anderson interview, November 10, 2010, Operational Leadership Experiences project, Combat Studies Institute, Fort Leavenworth, Kansas.

34 個人訪談：Woodring interview, Combat Studies Institute.

35 同上。

36 個人訪談：Maj. Randy James interview, October 8, 2008, Operational Leadership Experiences project, Combat Studies Institute, Fort Leavenworth, Kansas.

37 同上。

第七章

1 個人訪談：Trahan interview, Combat Studies Institute.

2 證詞：Gregory Trahan testimony, U.S. v. Ibrahim Suleman Adnan Adam Harun Hausa, March 8, 2017, United States District Court, Eastern District of New York.

3 個人訪談：Trahan interview, Combat Studies Institute

4 同上。

5 證詞：Trahan testimony, U.S. v. Ibrahim Suleman Adnan Adam Harun Hausa.

6 個人訪談：Trahan interview, Combat Studies Institute.

7 證詞：Trahan testimony, U.S. v. Ibrahim Suleman Adnan Adam Harun Hausa.

8 個人訪談：Trahan interview, Combat Studies Institute.

9 證詞：Trahan testimony, U.S. v. Ibrahim Suleman Adnan Adam Harun Hausa.

10 證詞：Sgt. First Class Conrad Reed testimony, U.S. v. Ibrahim Suleman Adnan Adam Harun Hausa, March 8, 2017, United States District Court, Eastern District of New York.

11 個人訪談：Trahan interview, Combat Studies Institute

12 同上。

13 同上。

14 新聞稿：“Al Qaeda Operative Convicted of Multiple Terrorism Offenses Targeting Americans Overseas,” March 16, 2017, Department of Justice.

15 Donald Rumsfeld memo to Doug Feith, June 25, 2002, the National Security Archive, George Washington University.

16 個人訪談：Strmecki interview, SIGAR.

17 個人訪談：Dobbins interview, SIGAR.

18 個人訪談：Olson interview, U.S. Army Center of Military History

19 個人訪談：Farris interview, Combat Studies Institute

20 同上。

21 個人訪談：Lt. Gen. David Barno interview, January 4, 2005, National Public Radio.

22 Gen. Barry McCaffrey memo to Col. Mike Meese and Col. Cindy Jebb, June 3, 2006, the National Security Archive, George Washington University.六月十五日，倫斯斐將麥凱夫瑞的備忘錄轉寄給參謀首長聯席會議的主席佩斯上將，稱其為「一份有趣的報告」。

23 同上。

24 Marin Strmecki, Afghanistan at a Crossroads: Challenges, Opportunities and a Way Forward, August 17, 2006, the National Security Archive, George Washington University.史崔麥基的報告最初被歸類為「機密／不得對外國公開」（SECRET/NOFORN），國防部後於二〇〇八年十二月一日解密

報告內容。

25 同上。

26 個人訪談：Crocker interview, December 1, 2016, SIGAR.

27 同上。

第八章

1 Griff Witte, "Bombing Near Cheney Displays Boldness of Resurgent Taliban," *The Washington Post*, February 28, 2007.

2 Jason Straziuso, "Intelligence suggested threat of bombing in Bagram area before Cheney's visit, NATO says," Associated Press, February 28, 2007.

3 個人訪談：Maj. Shawn Dalrymple interview, February 21, 2007, Operational Leadership Experiences project, Combat Studies Institute, Fort Leavenworth, Kansas.

4 作者訪談：Shawn Dalrymple interview with author, September 26, 2020.

5 同上。

6 個人訪談：Dalrymple interview, Combat Studies Institute.

7 作者訪談：Dalrymple interview with author.

8 同上。

9 State Department cable, Kabul to Washington, "Afghan Supplemental," February 6, 2006. 本電報原屬機密檔案，電報部分內容在二〇一〇年應國家安全檔案資料庫《資訊自由法》要求，由美國國務院解密公布。

10 個人訪談：Bush administration official interview, September 23, 2014, Lessons Learned Project, SIGAR. SIGAR未透露受訪者姓名。

11 同上。

12 個人訪談：Ambassador Ronald Neumann interview, June 19, 2012, Foreign Affairs Oral History Project, Association for Diplomatic Studies and Training.

13 同上。

14 同上。

15 個人訪談：Brig. Gen. Bernard Champoux interview, January 9, 2007, U.S. Army Center of Military History, Washington, D.C.

16 個人訪談：Capt. Paul Toolan interview, July 24, 2006, Operational Leadership Experiences project, Combat Studies Institute, Fort Leavenworth, Kansas.

17 個人訪談：Donald Rumsfeld interview, CNN, Larry King Live, December 19, 2005.
18 State Department cable, Kabul to Washington, "Policy on Track, But Violence Will Rise," February 21, 2006. 本電報原屬機密檔案，電報部分內容在二〇一〇年六月九日應國家安全檔案資料庫《資訊自由法》要求，由美國國務院解密公布。
19 同上。
20 個人訪談：Neumann interview, Association for Diplomatic Studies and Training.
21 McCaffrey memo, the National Security Archive.
22 同上。
23 同上。
24 同上。
25 Strmecki memo, National Security Archive.
26 State Department cable, Kabul to Washington, "Afghanistan: Where We Stand and What We Need," August 29, 2006. 本電報原屬機密檔案，電報部分內容在二〇一〇年六月十一日應國家安全檔案資料庫《資訊自由法》要求，由美國國務院解密公布。
27 Terry Moran, "Battlefield Wilderness," ABC *Nightline*, September 11, 2006.
28 Office of the Secretary of Defense Writers Group, "Afghanistan: Five Years Later," October 6, 2006.
29 同上。
30 Donald Rumsfeld memo to Dorrance Smith, October 16, 2006, the National Security Archive, George Washington University.
31 個人訪談：Staff Sgt. John Bickford interview, February 23, 2007, Operational Leadership Experiences project, Combat Studies Institute, Fort Leavenworth, Kansas.
32 同上。
33 同上。
34 個人訪談：Toolan interview, Combat Studies Institute.
35 個人訪談：Maj. Darryl Schroeder interview, November 26, 2007, Operational Leadership Experiences project, Combat Studies Institute, Fort Leavenworth, Kansas.
36 個人訪談：Brig. Gen. James Terry interview, February 13, 2007, Operational Leadership Experiences project, Combat Studies Institute, Fort Leavenworth, Kansas.
37 同上。
38 同上。

39 同上。

第九章

1 Gates, *Duty*, p. 5.
2 個人訪談：Gates interview, Miller Center.
3 同上。
4 同上。
5 同上。
6 同上。
7 同上。
8 個人訪談：Richards interview, SIGAR.
9 同上。
10 同上。
11 同上。
12 同上。
13 Craig Whitlock, "German Supply Lines Flow with Beer in Afghanistan," *The Washington Post*, November 15, 2008.
14 個人訪談：Ambassador Nicholas Burns interview, January 14, 2016, Lessons Learned Project, SIGAR.
15 個人訪談：Maj. Brian Patterson interview, October 2, 2008, Operational Leadership Experiences project, Combat Studies Institute, Fort Leavenworth, Kansas.
16 Desmond Browne letter to Donald Rumsfeld, December 5, 2006, the National Security Archive, George Washington University.
17 Donald Rumsfeld letter to Desmond Browne, December 13, 2006, the National Security Archive, George Washington University.
18 個人訪談：NATO official interview, February 18, 2015, Lessons Learned Project, SIGAR. SIGAR未透露受訪者姓名。
19 個人訪談：Gates interview, Miller Center.
20 個人訪談：McNeill interview, SIGAR.

21 同上。
22 個人訪談：Lt. Col. Richard Phillips interview, September 6, 2011, Operational Leadership Experiences project, Combat Studies Institute, Fort Leavenworth, Kansas.
23 個人訪談：Maj. Stephen Boesen interview, July 7, 2008, Operational Leadership Experiences project, Combat Studies Institute, Fort Leavenworth, Kansas.
24 同上。
25 個人訪談：Lute interview, SIGAR.
26 同上。
27 同上。
28 Gwen Ifill, "Interview with Gen. Dan McNeill," PBS *Newshour with Jim Lehrer*, December 10, 2007.
29 同上。
30 個人訪談：Lute interview, Miller Center.
31 同上。
32 同上。

第十章

1 Press release, "Afghanistan: Justice for War Criminals Essential to Peace," Human Rights Watch, December 12, 2006.
2 State Department cable, Kabul to Washington, "Meeting with General Dostum," December 23, 2006, WikiLeaks.本電報內容為機密。
3 同上。
4 同上。
5 同上。
6 個人訪談：Sarah Chayes interview, May 26, 2015, Lessons Learned Project, SIGAR.
7 個人訪談：Andre Hollis interview, May 16, 2016, Lessons Learned Project, SIGAR.
8 Assessments and Documentation in Afghanistan, Physicians for Human Rights.

9 Cora Currier, “White House Closes Inquiry into Afghan Massacre—and will Release No Details,” *ProPublica*, July 31, 2013.

10 Gen. Abdul Rashid Dostum letter to President George W. Bush, the National Security Archive, George Washington University.杜斯坦的信件沒有註明日期，並將小布希的地址寫為「1600 Pennsylvania Avenue, Washington, D.C.」（即白宮地址），但是沒寫郵遞區號。

11 同上。

12 Gen. Tommy Franks memo to Donald Rumsfeld, January 9, 2002, the National Security Archive, George Washington University.

13 Donald Rumsfeld memo to Larry Di Rita, January 10, 2002, the National Security Archive, George Washington University.

14 State Department cable, Kabul to Washington, “Congressman Rohrabacher's April 16 Meeting With President Karzai,” April 16, 2003, WikiLeaks.本電報內容為機密。

15 同上。

16 同上。

17 Hutson interview, Association for Diplomatic Studies and Training.

18 同上。

19 同上。

20 同上。

21 Khalilzad, *The Envoy*, p. 202-203.

22 Joshua Partlow, “Dostum, a former warlord who was once America's man in Afghanistan, may be back,” *The Washington Post*, April 23, 2014.

23 個人訪談：Col. David Lamm interview, March 14, 2007, U.S. Army Center of Military History, Washington, D.C.

24 同上。

25 同上。

26 個人訪談：Finn interview, SIGAR.

27 個人訪談：Strmecki interview, SIGAR.

28 同上。

29 State Department cable, Kabul to Washington, “Confronting Afghanistan's Corruption Crisis,” September 15, 2005.本電報原屬機密檔案，電報內容於二〇一四年十二月九日由國務院完全解密，並應國家安全檔案資料庫《資訊自由法》要求公布。

30 Partlow, *A Kingdom of Their Own*, p. 142-143.

31 個人訪談：Boucher interview, SIGAR.

32 同上。

33 同上。

34 同上。

35 個人訪談：Nils Taxell interview, July 3, 2015, Lessons Learned Project, SIGAR.在二〇一九年十二月寄給《華盛頓郵報》記者的信件中，塔克賽補充道：「我必須承認，我不太確定自己在SIGAR訪談說過這句話，所以加上『根據SIGAR錄音』的說明比較恰當。此外，我想釐清一點，我的論點並非針對某個特定的人發表評論。」

36 個人訪談：Lt. Col. Eugene Augustine interview, February 22, 2007, U.S. Army Center of Military History, Washington, D.C.

37 個人訪談：McNeill interview, SIGAR.

38 同上。

39 Partlow, *A Kingdom of Their Own*, p. 54.

40 個人訪談：Russell Thaden interview, June 13, 2011, Operational Leadership Experiences project, Combat Studies Institute, Fort Leavenworth, Kansas.

41 同上。

42 個人訪談：Crocker interview, January 12, 2016, SIGAR.

43 同上。

44 同上。

第十一章

1 個人訪談：Lt. Col. Michael Winstead interview, November 7, 2013, Operational Leadership Experiences project, Combat Studies Institute, Fort Leavenworth, Kansas.

2 Emmanuel Duparcq, "Opium-free in two months, vows governor of Afghanistan's top poppy province," *Agence France-Presse*, March 3, 2006.

3 個人訪談：Lt. Col. Michael Slusher interview, February 16, 2007, Operational Leadership Experiences project, Combat Studies Institute, Fort Leavenworth,

Kansas.

4 個人訪談︰Winstead interview, Combat Studies Institute.

5 同上。

6 同上。

7 State Department cable, Kabul to Washington, "Helmand Eradication Wrap Up," May 3, 2006, WikiLeaks.本電報內容未分級。

8 State Department cable, Kabul to Washington, "Helmand Governor Daud Voices Concerns About Security," May 15, 2006, Wikileaks.本電報內容為機密。

9 個人訪談︰Maj. Douglas Ross interview, June 23, 2008, Operational Leadership Experiences project, Combat Studies Institute, Fort Leavenworth, Kansas.

10 State Department cable, "Helmand Eradication Wrap Up," Wikileaks.

11 個人訪談︰Winstead interview, Combat Studies Institute.

12 同上。

13 State Department cable, "Helmand Eradication Wrap Up," WikiLeaks.

14 個人訪談︰Ross interview, Combat Studies Institute.

15 個人訪談︰Lt. Col. Dominic Cariello interview, February 16, 2007, Operational Leadership Experiences project, Combat Studies Institute, Fort Leavenworth, Kansas.

16 個人訪談︰Bates interview, Combat Studies Institute.

17 同上。

18 State Department cable, "Helmand Eradication Wrap Up," WikiLeaks.

19 State Department cable, "Helmand Governor Daud Voices Concerns About Security," WikiLeaks.

20 個人訪談︰Slusher interview, Combat Studies Institute.

21 個人訪談︰Tooryalai Wesa interview, January 7, 2017, Lessons Learned Project, SIGAR.

22 個人訪談︰Metrinko interview, Association for Diplomatic Studies and Training.

23 同上。

24 "Counternarcotics: Lessons from the U.S. Experience in Afghanistan," June 2018, SIGAR.

25 個人訪談︰Metrinko interview, Association for Diplomatic Studies and Training.

26 個人訪談：Anthony Fitzherbert interview, June 21, 2016, Lessons Learned Project, SIGAR.在二〇一九年十二月寄給《華盛頓郵報》記者的信件中，費茲赫伯特補充道：「大家發現『以錢換花』計畫不但沒用，還產生負面影響之後，總算放棄了這個做法。我必須說明清楚，我本人完全沒有以任何形式或角色直接參與這項計畫。」

27 個人訪談：Barno interview, U.S. Army Center of Military History.

28 個人訪談：Gilchrist interview, U.S. Army Center of Military History.

29 Donald Rumsfeld memo to Doug Feith, November 29, 2004, the National Security Archive, George Washington University.

30 個人訪談：Barnett Rubin interview, August 27, 2015, Lessons Learned Project, SIGAR.

31 Donald Rumsfeld memo to Gen. Dick Myers, Paul Wolfowitz, Doug Feith and Tom O'Connell, October 19, 2004, the National Security Archive, George Washington University.

32 State Department cable, "Confronting Afghanistan's Corruption Crisis," National Security Archive.

33 個人訪談：John Wood interview, June 17, 2015, Lessons Learned Project, SIGAR.

34 個人訪談：Khalilzad interview, SIGAR.

35 個人訪談：Ambassador Ronald McMullen interview, August 1, 2012, Foreign Affairs Oral History Project, Association for Diplomatic Studies and Training.

36 State Department cable, Kabul to Washington, "Codel Hoekstra Sees Poppy Problem First Hand," March 23, 2006, WikiLeaks.本電報內容為機密／禁止洩漏給外國。

37 個人訪談：Boucher interview, SIGAR.

38 個人訪談：Ambassador Ronald Neumann interview, June 18, 2015, Lessons Learned Project, SIGAR.

39 Richard Holbrooke, "Still Wrong in Afghanistan," *Washington Post*, January 23, 2008.

40 同上。

第十二章

1 個人訪談：Maj. Fred Tanner interview, March 4, 2010, Operational Leadership Experiences project, Combat Studies Institute, Fort Leavenworth, Kansas.

2 同上。

3 Maj. Gen. Edward Reeder interview, October 26, 2017, Lessons Learned Project, SIGAR.在二〇一九年十二月寄給《華盛頓郵報》記者的信件中，瑞德補充道：「我二〇〇九年說這番話時，覺得大衛．麥吉南上將對反叛略行動的抨擊很有道理，也全心支持他的戰略。我二〇〇九年二月是以聯合特種部隊指揮官的身分前往阿富汗，我說這番話是因為覺得當時需要其他方法來打擊塔利班……我認為需要擬定以當地人為主的防禦計畫，逼迫塔利班與相同種族和有共同部落背景的當地人交火，讓他們因此感到不自在。」

4 個人訪談：Maj. George Lachicotte interview, November 1, 2011, Operational Leadership Experiences project, Combat Studies Institute, Fort Leavenworth, Kansas.

5 同上。

6 個人訪談：Maj. Joseph Claburn interview, September 13, 2011, Operational Leadership Experiences project, Combat Studies Institute, Fort Leavenworth, Kansas.

7 Dexter Filkins, "Stanley McChrystal's Long War," *New York Times Magazine*, October 14, 2009.

8 個人訪談：Maj. John Popiak interview, March 15, 2011, Operational Leadership Experiences project, Combat Studies Institute, Fort Leavenworth, Kansas.

9 "Commander's Initial Assessment," International Security Assistance Force, August 30, 2009.本報告原屬機密，《華盛頓郵報》記者鮑伯．伍沃德（Bob Woodward）取得一份副本，告知歐巴馬政府官員《華盛頓郵報》想公開報告的意圖後，國防部便於二〇〇九年九月二十日解密大部分的內容，《華盛頓郵報》於二〇〇九年九月二十一日公開解密版本。

10 個人訪談：Senior NATO official interview, February 24, 2015, Lessons Learned Project, SIGAR. SIGAR未透露受訪者姓名。

11 同上。

12 同上。

13 個人訪談：USAID official interview, October 18, 2016, Lessons Learned Project, SIGAR. SIGAR未透露受訪者姓名。

14 個人訪談：Barnett Rubin interview, February 17, 2017, Lessons Learned Project, SIGAR.

15 State Department cable, Kabul to Washington, "COIN Strategy: Civilian Concerns," November 6, 2009.

16 Department of State cable, Kabul to Washington, "Looking Beyond Counterinsurgency In Afghanistan," November 9, 2009.兩份電報內容皆為機密。《紐約時報》取得電報副本後發布到網路上。Eric Schmitt, "U.S. Envoy's Cables Show Worries on Afghan Plans," *New York Times*, January 25, 2010.

17 個人訪談：Gen. David Petraeus interview, August 16, 2017, Lessons Learned Project, SIGAR.

18 個人訪談：Rubin interview, February 17, 2017, SIGAR.

19 同上。在二〇一九年十二月寄給作者的信件中，魯賓補充道：「我很驚訝自己這樣說，也許是紀錄出錯了。我一直堅定地相信那個時程表是給五角大廈看的，不是其他人。我理解總統的做法，但他沒考量到聽到的人怎麼想。」

20 個人訪談：Smith interview, Combat Studies Institute.

21 同上。

22 個人訪談：Maj. Jason Liddell interview, April 15, 2011, Operational Leadership Experiences project, Combat Studies Institute, Fort Leavenworth, Kansas.

23 同上。

24 Michael Hastings, "The Runaway General," *Rolling Stone*, July 8, 2010.

第十三章

1 個人訪談：David Marsden interview, December 3, 2015, Lessons Learned Project, SIGAR.在二〇一九年十二月寄給《華盛頓郵報》記者的信件中，馬斯登補充道：「影響（戰爭）結果最重要的因素，完全在我們的掌控中：一年輪班制度。身為少數為了工作進進出出阿富汗長達八年的人，我對這件事情的體會幾乎跟阿富汗人一樣。」

2 個人訪談：USAID official interview, October 7, 2016, Lessons Learned Project, SIGAR. Name redacted by SIGAR.

3 個人訪談：Aid contractor interview, August 15, 2016, Lessons Learned Project, SIGAR. SIGAR未透露受訪者姓名。

4 同上。

5 個人訪談：Lute interview, SIGAR.

6 同上。

7 同上。

8 同上。

9 個人訪談：Special Forces team adviser interview, December 14, 2017, Lessons Learned Project, SIGAR. SIGAR未透露受訪者姓名。

10 個人訪談：Tim Graczewski interview, January 11, 2015, Lessons Learned Project, SIGAR.

11 同上。

12 "Shorandam Industrial Park: Poor Recordkeeping and Lack of Electricity Prevented a Full Inspection of this $7.8 million Facility," SIGAR Inspection Report, April 2015.

13 個人訪談：Senior USAID official interview, August 15, 2016, Lessons Learned Project, SIGAR. SIGAR未透露受訪者姓名。

14 個人訪談：Crocker interview, December 1, 2016, SIGAR.

15 同上。

16 個人訪談：NATO official interview, February 24, 2015, Lessons Learned Project, SIGAR. SIGAR未透露受訪者姓名。

17 "Afghanistan's Energy Sector," SIGAR 19-37 Audit Report, May 2019.

18 個人訪談：Eggers interview, SIGAR.

19 同上。

20 個人訪談：U.S. military officer interview, July 18, 2016, Lessons Learned Project, SIGAR. SIGAR未透露受訪者姓名。

21 個人訪談：Petraeus interview, SIGAR.

22 個人訪談：Col. Brian Copes interview, January 25, 2011, Operational Leadership Experiences project, Combat Studies Institute, Fort Leavenworth, Kansas.

23 同上。

24 個人訪談：Senior USAID official interview, November 10, 2016, Lessons Learned Project, SIGAR. SIGAR未透露受訪者姓名。

25 個人訪談：Former State Department official interview, August 15, 2016, Lessons Learned Project, SIGAR. SIGAR未透露受訪者姓名。

26 個人訪談：Barna Karimi interview, January 16, 2017, Lessons Learned Project, SIGAR.

27 個人訪談：Safiullah Baran interview, February 18, 2017, Lessons Learned Project, SIGAR.

28 同上。

29 個人訪談：U.S. official interview, June 30, 2016, Lessons Learned Project, SIGAR. SIGAR未透露受訪者姓名。

30 個人訪談：Army civil-affairs officer interview, July 12, 2016, Lessons Learned project, SIGAR. SIGAR未透露受訪者姓名。

31 同上。

32 個人訪談：Brian Copes interview, February 25, 2016, Lessons Learned Project, SIGAR.

33 同上。

34 同上。

35 "Department of Defense Commanders' Emergency Response Program: Priorities and Spending in Afghanistan for Fiscal Years 2004-2014," SIGAR Office of Special Projects, April 2015.

36 個人訪談：Ken Yamashita interview, December 15, 2015, Lessons Learned Project, SIGAR.在二〇一九年十二月寄給《華盛頓郵報》記者的信件中，山下補充道：「之所以說CERP是花錢買票的政策，是因為這筆錢從來都不是長期重建計畫的資金。有些重建計畫是為了在軍事行動結束後重建，其他時候則是為了提供社群領袖支援。就第二個目的來說，這個計畫確實是靠支持當地社群的領袖來達到政治目的。」

37 個人訪談：NATO official interview, February 24, 2015, Lessons Learned Project, SIGAR. SIGAR未透露受訪者姓名。

38 個人訪談：U.S. Army officer interview, June 30, 2016, Lessons Learned Project, SIGAR. SIGAR未透露受訪者姓名。

39 個人訪談：Wesa interview, SIGAR.

40 個人訪談：Thomas Johnson interview, January 7, 2016, Lessons Learned Project, SIGAR.在二〇一九年十二月寄給作者的信件中，強森補充道：「加拿大人並不知道，村莊裡那些月薪只有六十到八十美元，而且人數不多的學校教師，都立刻辭掉工作去挖壕溝賺更高的薪水，打亂了村裡的教育體制。這件事傳到加拿大人耳中後，他們就給老師加薪，這才解決問題。」

41 個人訪談：U.S. military officer interview, July 11, 2016, Lessons Learned Project, SIGAR. SIGAR未透露受訪者姓名。

第十四章

1 個人訪談：Rubin interview, January 20, 2015, SIGAR.在二〇一九年十二月寄給作者的信件中，魯賓補充道：「我一直想說服郝爾布魯克，他責怪卡賽的那些問題其實都是美國造成的。我們私下把錢給反恐部隊和軍事領袖，卡賽身處這樣的體制中，如果自己沒有取得相同來源的資金，就無法在政治上與其他人較量。『官方』的選舉政治系統之類的東西，都只是真正權力遊戲的表象。前者是國務院支持的，後者則掌控在中情局和國防部手中。」

2 個人訪談：Gates interview, Miller Center.

3 同上。

4 同上。

5 Partlow, *A Kingdom of Their Own*, p. 44-47.

6 個人訪談：Ambassador James Dobbins interview, July 21, 2003, Foreign Affairs Oral History Project, Association for Diplomatic Studies and Training.

7 同上。

8 Ian Shapira, "The CIA acknowledges the legendary spy who saved Hamid Karzai's life—and honors him by name," *Washington Post*, September 18, 2017.

9 Lyse Doucet, "The Karzai years: From hope to recrimination," BBC News, July 11, 2014.

10 同上。

11 個人訪談：Ambassador Ryan Crocker interview, September 9, 2010, George W. Bush Oral History Project, Miller Center, University of Virginia.

12 同上。

13 個人訪談：Crocker interview, December 1, 2016, SIGAR.

14 同上。

15 個人訪談：Crocker interview, Miller Center.

16 Donald Rumsfeld memo to President George W. Bush, December 9, 2004, the National Security Archive, George Washington University

17 Khalilzad, *The Envoy*, p. 132-133.

18 個人訪談：Khalilzad interview, SIGAR.

19 個人訪談：Strmecki interview, SIGAR.

20 Sami Yousafzai, "A Harvest of Treachery," *Newsweek*, January 8, 2006.

21 Department of State cable, Kabul to Washington, "Karzai Dissatisfied: Worries about Newsweek; Plans More War Against Narcotics," January 10, 2006, WikiLeaks.本電報內容為機密。

22 Dexter Filkins, Mark Mazzetti, and James Risen, "Brother of Afghan Leader Said to be Paid by C.I.A.," *The New York Times*, October 27, 2009.

23 個人訪談：Greentree interview, Association for Diplomatic Studies and Training.

24 個人訪談：Hadley interview, SIGAR.

25 Amir Shah and Jason Straziuso, "Afghan officials: US missiles killed 27 civilians," *Associated Press*, July 6, 2008.

26 Letter to Secretary of Defense Robert Gates on U.S. Airstrikes in Azizabad, Afghanistan, Human Rights Watch, January 15, 2009.

27 Memorandum for Acting Commander, "Executive Summary of AR 15-6 Investigation," U.S. Central Command, October 1, 2008.

28 同上。

29 個人訪談：U.S. military officer interview, January 8, 2015, Lessons Learned Project, SIGAR. SIGAR未透露受訪者姓名。

30 個人訪談：Gates interview, Miller Center.

31 同上。

32 Woodward, *Obama's Wars*, p. 70.

33 Kai Eide, "Afghanistan and the U.S.: Between Partnership and Occupation," Peace Research Institute Oslo, 2014.

34 State Department cable, Kabul to Washington, "Karzai on the State of U.S.-Afghan Relations," July 7, 2009, WikiLeaks.本電報內容原屬機密。

35 同上。

36 Packer, *Our Man*, p. 484-486.

37 Margaret Warner, "Interview with Afghan President Hamid Karzai," *PBS Newshour with Jim Lehrer*, November 9, 2009.

38 State Department cable, "COIN Strategy: Civilian Concerns."

39 Ambassador Marc Grossman interview, June 13, 2014, Foreign Affairs Oral History Project, Association for Diplomatic Studies and Training.

第十五章

1 Andrew Higgins, "An Afghan exodus, of bank notes," *Washington Post*, February 25, 2010.

2 Karin Brulliard, "Garish 'poppy palaces' lure affluent Afghans," *Washington Post*, June 6, 2010.

3 Commander's Initial Assessment, International Security Assistance Force, August 30, 2009.

4 個人訪談：Rubin interview, January 20, 2015, SIGAR.

5 個人訪談：Crocker interview, January 11, 2016, SIGAR.

6 個人訪談：German official interview, July 31, 2015, Lessons Learned Project, SIGAR. SIGAR未透露受訪者姓名。

7 同上。

8 同上。

9 個人訪談：Christopher Kolenda interview, April 5, 2016, Lessons Learned Project, SIGAR.

10 同上。

11 同上。

12 個人訪談：Former National Security Council official interview, April 22, 2015, Lessons Learned Project, SIGAR. SIGAR未透露受訪者姓名。

13 "Warlord, Inc.: Extortion and Corruption Along the U.S. Supply Chain in Afghanistan," Report of the Majority Staff, Subcommittee on National Security and Foreign Affairs, House Committee on Oversight and Government Reform, June 2010.

14 譯註：開伯爾山口（Khyber Pass）為連接阿富汗與巴基斯坦的重要山口

15 同註 13

16 個人訪談：Gert Berthold interview, October 6, 2015, Lessons Learned Project, SIGAR.

17 同上。

18 同上。二〇一九年，伯特霍爾德於一封寄給《華盛頓郵報》記者的電子郵件中提到：「當我們發現採購資金的流向異常，通常都可以在檢查財務紀錄後證明該資金有百分之十六至二十五的款項都落入惡意份子手中。然而我們經常聽到的是我們預估的比例太低了，甚至有人稱該比例應為百分之四十才對。」

19 個人訪談：Thomas Creal interview, March 23, 2016, Lessons Learned Project, SIGAR.

20 個人訪談：U.S. official interview, September 11, 2015, Lessons Learned Project, SIGAR. SIGAR未透露受訪者姓名。

21 個人訪談：Senior U.S. diplomat interview, August 28, 2015, Lessons Learned Project, SIGAR.

22 個人訪談：Lt. Gen. Michael Flynn interview, November 10, 2015, Lessons Learned Project, SIGAR.

23 同上。

24 同上。

25 個人訪談：Justice Department official interview, April 12, 2016, Lessons Learned Project, SIGAR. SIGAR未透露受訪者姓名。

26 個人訪談：Berthold interview, SIGAR.

27 個人訪談：Kolenda interview, SIGAR.

28 Andrew Higgins, "Banker feeds Afghan crony capitalism; Firm's founder has secured Dubai home loans for some in Karzai's inner circle," *Washington Post*, February 22, 2010.

29 Andrew Higgins, "Kabul Bank crisis followed U.S. push for cleanup," *Washington Post*, September 18, 2010.

30 "Report of the Public Inquiry into the Kabul Bank Crisis," Independent Joint Anti-Corruption Monitoring and Evaluation Committee, Government of Afghanistan, November 15, 2012.

31 個人訪談：U.S. official interview, March 1, 2016, Lessons Learned Project, SIGAR. SIGAR未透露受訪者姓名。

32 Joshua Partlow and Andrew Higgins, "U.S. and Afghans at odds over Kabul Bank reform," *Washington Post*, October 7, 2010.

33 Andrew Higgins, "Karzai's brother made nearly $1 million on Dubai deal funded by troubled Kabul Bank," *Washington Post*, September 8, 2010.

34 個人訪談：Senior Treasury Department official interview, October 1, 2015, Lessons Learned Project, SIGAR. SIGAR未透露受訪者姓名。

35 Fitrat, *The Tragedy of Kabul Bank*, p. 170.

36 Former senior U.S. official interview, December 12, 2015, Lessons Learned Project, SIGAR. SIGAR未透露受訪者姓名。

37 Senior U.S. official interview, March 1, 2016, Lessons Learned Project, SIGAR. SIGAR未透露受訪者姓名。

38 "Report of the Public Inquiry into the Kabul Bank Crisis," Independent Joint Anti-Corruption Monitoring and Evaluation Committee.

39 個人訪談：Senior U.S. official interview, March 1, 2016, Lessons Learned Project, SIGAR. SIGAR未透露受訪者姓名。

40 Fitrat, *The Tragedy of Kabul Bank*, p. 115.

41 "Report of the Public Inquiry into the Kabul Bank Crisis," Independent Joint Anti-Cor ruption Monitoring and Evaluation Committee

42 Treasury Department official interview, July 27, 2015, Lessons Learned Project, SIGAR. SIGAR未透露受訪者姓名。

43 同上。

44 Fitrat, *The Tragedy of Kabul Bank*, p. 202.

45 同上。

46 個人訪談：Treasury Depart ment official interview, July 27, 2015, SIGAR.

47 個人訪談：International Monetary Fund official interview, February 25, 2016, Lessons Learned Project, SIGAR. SIGAR未透露受訪者姓名。

48 個人訪談：Crocker interview, January 11, 2016, SIGAR.

49 同上。

第十六章

1 Panetta, *Worthy Fights*, p.320-321.

2 Panetta, Worthy Fights, p. 301 and p. 328.

3 Craig Whitlock, "Panetta echoes Bush comments, linking Iraq invasion to war on al-Qaeda," The Washington Post, July 11, 2011.

4 個人訪談：Eggers interview, SIGAR.

5 Prepared Remarks of John F. Sopko, "SIGAR's Lessons Learned Program and Lessons from the Long War," January 31, 2020, Project on Government Oversight retreat, Washington, D.C.

6 Bob Crowley interview, August 3, 2016, Lessons Learned Project, SIGAR.

7 同上。

8 個人訪談：John Garofano interview, October 15, 2015, Lessons Learned Project, SIGAR.

9 同上。二〇一九年十二月，加羅法諾於一封寄給《華盛頓郵報》記者的電子郵件中表示：「時隔八年，我的立場與當初有所不同，這些傢伙是在執行任務沒錯，但怎麼沒有戰略監督委員會呢？國會與國防部都缺乏獨立的監督機制，所以也沒有人質問到底哪些戰略有效，或是我們是否該繼續興建阿富汗國道一號，或是我們能否扶持阿富汗經濟，讓其可以支撐美方正為阿富汗人民努力建設的國家和社會。華府就跟美軍前線人員一樣，他們面對這場戰役總抱著一種『過一年是一年』的心態得過且過。華府寧願向阿富汗投入資源以避免局勢惡化得太糟糕，也不願重新評估美方的作戰計劃等戰略，所以我們也不用指望前線人員承擔這個責任了。以汽車生產線作比喻的話，如果汽車的設計需要改良，這跟不是產線員工會插手管的事。」

10 個人訪談：Flynn interview, SIGAR.

11 同上。

12 個人訪談：Senior U.S. official interview, July 10, 2015, Lessons Learned Project, SIGAR. SIGAR未透露受訪者姓名。

13 個人訪談：National Security Council staff member interview, September 16, 2016, Lessons Learned Project, SIGAR. SIGAR未透露受訪者姓名。

14 同上。

15 同上。

16 同上。

17 個人訪談：Maj. John Martin interview, December 8, 2008, Operational Leadership Experiences project, Combat Studies Institute, Fort Leavenworth, Kansas.

18 同上。

19 個人訪談：Senior NATO official interview, February 18, 2015, Lessons Learned Project, SIGAR未透露受訪者姓名。.

20 同上。

第十七章

1 Adam Ashton, "Ambush, shootings a deadly betrayal by allies" (Tacoma, Washington) *News Tribune,* May 12, 2013. 亦可參見 Adam Ashton, "The Cavalry at Home: A soldier's wounds and a will to live," (Tacoma, Washington) *News Tribune,* December 14, 2013.

2 同上。

3 同上。

4 Bill Roggio and Lisa Lundquist, "Green-on-blue attacks in Afghanistan, the data," August 23, 2012, The Long War Journal.

5 個人訪談：Lara Logan, "Interview with Gen. John Allen," *60 Minutes,* September 30, 2012.

6 個人訪談：Maj. Chris topher Sebastian interview, November 1, 2012, Operational Leadership Experiences project, Combat Studies Institute, Fort Leavenworth, Kansas.

7 同上。

8 Jeffrey Bordin, "A Crisis of Trust and Cultural Accountability," U.S. Forces-Afghanistan, May 12, 2011.

9 請參見 Adam Ashton, "Ambush, shootings a deadly betrayal by allies," (Tacoma, Washington) *News Tribune,* May 12, 2013; Adam Ashton, "Report sheds light on 2012 'green-on-blue' attack," (Tacoma, Washington) *News Tribune,* August 6, 2013; Adam Ashton, "The Cavalry at Home: A soldier's wounds and a will to live," (Tacoma, Washington) *News Tribune,* December 14, 2013.

10 同上。

11 Ashton, "The Cavalry at Home," *News Tribune.*

12 個人訪談：Maj. Jamie Towery interview, December 17, 2012, Operational Leadership Experiences project, Combat Studies Institute, Fort Leavenworth, Kansas.

13 同上。

14 個人訪談：Jack Kem interview, April 23, 2014, Operational Leadership Experiences project, Combat Studies Institute, Fort Leavenworth, Kansas.

15 同上。

16 同上。

17 Neta C. Crawford and Catherine Lutz, "Costs of War Project," Watson Institute for International and Public Affairs, Brown University, November 13, 2019.

18 個人訪談：Former senior State Department official interview, August 15, 2016, Lessons Learned Project, SIGAR. SIGAR未透露受訪者姓名。

19 個人訪談：Lute interview, SIGAR.

20 個人訪談：Maj. Greg Escobar interview, July 24, 2012, Oper ational Leadership Experiences project, Combat Studies Institute, Fort Leavenworth, Kansas.

21 同上。

22 個人訪談：Maj. Michael Capps interview, December 14, 2011, Operational Leadership Experiences project, Combat Studies Institute, Fort Leavenworth, Kansas.

23 同上。

24 個人訪談：Maj. Mark Glaspell interview, Novem ber 2, 2012, Operational Leadership Experiences project, Combat Studies Institute, Fort Leavenworth, Kansas.

25 同上。

26 同上。

27 個人訪談：Maj. Charles Wagenblast interview, August 1, 2012, Operational Leadership Experiences project, Combat Studies Institute, Fort Leavenworth, Kansas.

28 同上。

29 同上。

30 個人訪談：Shahmahmood Miakhel interview, February 7, 2017, Lessons Learned Project, SIGAR.

31 同上。

32 個人訪談：Thomas Johnson interview, SIGAR.

33 個人訪談：Norwegian official interview, July 2, 2015, Lessons Learned Project, SIGAR. SIGAR 未透露受訪者姓名。

34 個人訪談：Crocker interview, January 11, 2016, SIGAR.

35 個人訪談：Maj. Robert Rodock interview, October 27, 2011, Operational Leadership Experiences project, Combat Studies Institute, Fort Leavenworth, Kansas.

36 個人訪談：Lt. Col. Scott Cunningham interview, August 15, 2013, Operational Leadership Experiences project, Combat Studies Institute, Fort Leavenworth, Kansas.

37 同上。

38 個人訪談：U.S. soldier interview, September 7, 2016, Lessons Learned Project, SIGAR. SIGAR 未透露受訪者姓名。

39 個人訪談：U.S. military officer interview, October 20, 2016, Lessons Learned Project, SIGAR. SIGAR 未透露受訪者姓名。

40 個人訪談：Lt. Col. Scott Mann interview, August 5, 2016, Lessons Learned Project, SIGAR.

第十八章

1 *Washington Post*-ABC News poll, December 11–14, 2014.

2 Combined Forces Air Component Commander, "2013–2019 Airpower Statistics," February 29, 2020, U.S. Air Forces Central Command.

3 個人訪談：Senior U.S. official interview, September 13, 2016, Lessons Learned Project, SIGAR. SIGAR 未透露受訪者姓名。

4 同上。

5 個人訪談：Boucher interview, SIGAR.

6 個人訪談：Lute interview, SIGAR.

7 個人訪談：Dobbins interview, SIGAR.

8 譯註：「綠扁帽」（Green Beret）為美國陸軍特種部隊的綽號。

9 Tim Craig, Missy Ryan and Thomas Gibbons-Neff, "By evening, a hospital. By morning, a war zone," *Washington Post*, October 10, 2015.

10 "Initial MSF internal review: Attack on Kunduz Trauma Centre, Afghanistan," Médecins Sans Frontières, November 2015.

11 譯註：由於阿富汗冬季寒冷導致雙方無法作戰，因此阿富汗戰役的作戰季節一般定為五月至十一月。

12 譯註：原文「S.W.A.G」（scientific wild-ass guess）為美國俚語，指某領域專家所提供的估測。

第十九章

1 Rucker and Leonnig, *A Very Stable Genius*, p. 131–136.

2 同上。

3 同上。

4 McMaster, *Battlegrounds*, p. 212–214.

5 同上。

6 同上。

7 "2013–2019 Air- power Statistics," U.S. Air Forces Central Command.

8 Neta C. Crawford, "Afghanistan's Rising Civilian Death Toll Due to Airstrikes, 2017–2020," Costs of War project, Brown University, December 7, 2020.
9 "The Death Toll for Afghan Forces Is Secret: Here's Why," *The New York Times*, September 21, 2018.
10 譯註：群聚效應（critical mass）為社會動力學（social dynamics）概念，意思是在一個社會系統中，若有足夠多的社會成員支持一個新概念或採用一套新做法，那麼將吸引更多社會成員加入其中，以至於新概念或做法的採用率無需依靠其他外來因素就得以維持。
11 Mujib Mashal and Thomas Gibbons-Neff, "How a Taliban Assassin Got Close Enough to Kill a General," *The New York Times*, November 2, 2018.
12 同上。
13 Dan Lamothe, "U.S. general wounded in attack in Afghanistan," *Washington Post*, October 21, 2018.

第二十章

1 David Mansfield, "Bombing the Heroin Labs in Afghanistan: The Latest Act in the Theatre of Counternarcotics," January 2018, LSE International Drug Policy Unit.
2 個人訪談：Lute interview, SIGAR.
3 個人訪談：Maj. Matthew Brown interview, July 30, 2012, Operational Leadership Experiences project, Combat Studies Institute, Fort Leavenworth, Kansas.
4 同上。
5 Phil Stewart and Daniel Flynn, "U.S. Reverses Afghan Drug Policy, eyes August Vote," *Reuters*, June 27, 2009.
6 個人訪談：Former senior British official interview, June 17, 2015, Lessons Learned Project, SIGAR. SIGAR 未透露受訪者姓名。
7 同上。
8 個人訪談：Greentree interview, Association for Diplomatic Studies and Training.
9 個人訪談：Mohammed Ehsan Zia interview, April 12, 2016, Lessons Learned Project, SIGAR.
10 同上。
11 同上。
12 個人訪談：Rubin interview, February 17, 2017, SIGAR. 在二〇一九年十二月寄給作者的信件中，魯賓補充道：「最主要的問題是，在這個亞洲最貧困，甚至是全球最貧困的國家，種植鴉片是大部分國民的生計來源。你不能一邊指控他們的維生方式違法，一邊期望得到他們的支持。國際建制將毒品入罪化，反而讓成癮物質的生產和銷售落入犯罪組織和其保護者手中。整個毒品政策體制就是個災難，我們還把這個體制帶入我們的阿富汗政策。」

13 個人訪談：State Department official interview, June 29, 2015, Lessons Learned Project, SIGAR. SIGAR 未透露受訪者姓名。

14 個人訪談：Justice Department official interview, April 12, 2016, Lessons Learned Project, SIGAR. SIGAR 未透露受訪者姓名。

15 個人訪談：Senior U.S. official interview, June 10, 2016, Lessons Learned Project, SIGAR. SIGAR 未透露受訪者姓名。

16 Joseph Goldstein, "Bribery Frees a Drug Kingpin in Afghanistan, Where Cash Often Overrules Justice," *The New York Times*, December 31, 2014.

17 同上。

18 個人訪談：Senior DEA official interview, November 3, 2016, Lessons Learned Project, SIGAR. SIGAR 未透露受訪者姓名。

19 James Risen, "Propping Up a Drug Lord, Then Arresting Him," *The New York Times*, December 11, 2010.

20 Johnny Dwyer, "The U.S. Quietly Released Afghanistan's 'Biggest Drug Kingpin' from Prison. Did He Cut a Deal?" *The Intercept*, May 1, 2018.

21 個人訪談：Former legal attaché interview, June 27, 2016, Lessons Learned Project, SIGAR. SIGAR 未透露受訪者姓名。

22 個人訪談：State Department contractor interview, September 16, 2016, Lessons Learned Project, SIGAR. SIGAR 未透露受訪者姓名。

第二十一章

1 David Harding, "Waiting for the Taliban," Agence France-Presse, March 19, 2019.

2 譯註：穆拉（mullah），伊斯蘭教尊稱，指受過神學教育者，亦用來稱呼宗教領袖。

3 同上。

4 個人訪談：Olson interview, U.S. Army Center of Military History.

5 同上。

6 個人訪談：Gilchrist interview, U.S. Army Center of Military History.

7 同上。

8 譯註：馬提斯現已退役，他曾於二〇一七至一九年間擔任美國國防部長。

9 個人訪談：Rubin interview, August 27, 2015, SIGAR.
魯賓在一封二〇一九年十二月寄給作者的電子郵件中補充道：「二〇〇九年的政策審查中，我們費了一番功夫，才成功將與塔利班進行政治磋商（或和解、擬定政治協定）的方案提交討論。郝爾布魯克說這些詞彙太過敏感，因此我們最後決定用『降低威脅』一詞，指稱與塔利班交涉的可能政治管道。我們的想法是，不管政治協定叫什麼名字，都可以減輕阿富汗政府目前面臨的威脅，也能使阿富汗得以脫離我們建立的維安部隊、獨立自主，因為我們的部隊無法永遠鎮守該地。我心裡隱約明白，無論如何美國總有一天要放手離開阿富汗，因此下每個決定時，我們都必須將這個前提銘記於心。」

10 個人訪談：Rubin interview, February 17, 2017, SIGAR.
魯賓在一封二〇一九年十二月寄給作者的電子郵件中補充道：「國防部和中情局不算是歐巴馬政府裡的強硬派，而是屬於一個屹立不搖的國安權力集團，也就是所謂的『深層政府』。我不想使用『深層政府』一詞，因為這個詞有陰謀論的意涵，但這個集團只不過是依照官僚的惰性行事，這在擁有上兆美元資產的官僚體系中非常常見。」

11 個人訪談：Rubin interview, December 2, 2015, SIGAR.
魯賓在一封二〇一九年十二月寄給作者的電子郵件中補充道：「希拉蕊・柯林頓（Hillary Clinton）對和談不抱太大希望。她了解和談背後的邏輯，但她不想冒著政治風險，支持一項可能會失敗的計畫。歐巴馬也一樣，不想承擔這個風險。」

12 個人訪談：Maj. Ulf Rota interview, September 12, 2011, Operational Leadership Experiences project, Combat Studies Institute, Fort Leavenworth, Kansas.

13 同上。

14 個人訪談：Brown interview, Combat Studies Institute.

15 同上。

16 個人訪談：Crocker interview, January 11, 2016, SIGAR.

17 個人訪談：Dobbins interview, SIGAR.

18 譯註：埃米爾（emir），伊斯蘭教尊稱，指區域首長或軍事指揮官。

19 譯註：大衛營位於美國馬里蘭州，是美國總統的渡假勝地。

資料來源說明

本書的資料來源幾乎全為公開文件，包含訪談記錄（對象為一千多位在美國阿富汗戰爭中扮演要角的人員），以及數百份國防部備忘錄、國務院電報和其他政府報告。

自二〇一六年起，《華盛頓郵報》就多次要求「阿富汗重建特別督察長辦公室」（簡稱SIGAR）公開這類紀錄，也依據《資訊自由法》（FOIA）提出兩次訴訟，才成功取得「記取教訓」計畫的訪談文件。

《郵報》的訴訟最終使得SIGAR釋出來自四百八十二次訪談的兩千多頁未發表筆記和逐字稿，以及數筆錄音內容。SIGAR人員於二〇一四至二〇一八年間進行了「記取教訓」訪談。幾乎所有訪談都聚焦於小布希和歐巴馬執政期間發生的事件。大約有三十份訪談紀錄被轉為逐字稿。其餘的則是以文字節錄摘要，並附上備註和引文。SIGAR在法庭上聲明，其釋出的所有資料均已由該機構獨立核實。

SIGAR的訪談對象大多數為美國人。SIGAR分析人員還前往歐洲和加拿大採訪來自北約國家的數十名外國官員。此外，他們更造訪喀布爾，訪談現任和前任阿富汗政府官員、援助人員及發展顧問。

SIGAR援引《資訊自由法》的多項隱私豁免條款，刪除了大部分（約八成五）受訪者的姓名。在案件摘要中，該機構將這些反訪談對象歸類為吹哨人和線人，要是公開這些人的姓名，可能會害他們受到騷擾或落入窘境。

這些接受訪談的官員曾經批判過戰爭，也承認美國政府的政策有其疏漏。因此《郵報》認為公眾有權知道這些官員的身分，進而要求聯邦法官強制SIGAR公開其為「記取教訓」計畫而訪談的所有人員姓名。《郵報》進一步反駁，表示這些官員不能算是吹哨人或線人，因為SIGAR與之訪談的目的正是為了釋出公開報告，而不是為了執法調查。截至撰寫本文時，曠日持久的《資訊自由法》訴訟仍未有定論。

《郵報》在分別交叉比對文件中的日期和細節之後，自行識別出SIGAR三十四名受訪者的身分，其中有前大使、軍官和白宮官員。

《郵報》亦要求身分經確認的SIGAR受訪者再另外發表評論。這些姓名受引用者作出的回應也於註腳標示。

本書在提及不具名的「記取教訓」受訪者時，是以其擔任的職位作為表示（如「國務院資深官員」或「前白宮工作人員」），資料根據為SIGAR因應《郵報》提出的《資訊自由法》請求所提供的資訊，以及訪談的時空背景。

SIGAR除了隱瞞姓名外，還刪減了部分訪談文件，包含隨後被國務院、國防部及緝毒局歸類為機密的資訊。

倫斯斐的雪花備忘錄是由國家安全檔案資料庫提供給《郵報》，該資料庫是隸屬於喬治華盛頓大學的非營利研究組織。

陸軍口述歷史訪談則大多由「軍事領導經驗」計畫負責進行，該計畫屬於堪薩斯州李文渥斯堡的戰鬥研究機構。從二〇〇五至二〇一五年間，戰鬥研究機構採訪了六百多名從阿富汗返回的軍人。其中大多數是處於職涯中期的陸軍軍官，於李文渥斯堡參與專業軍事教育課程，但受訪者也包含武裝部隊其他部門的士兵和人員。陸軍口述歷史訪談是可公開使用的非機密錄音逐字稿。本書係根據他們接受訪談時的軍銜來稱謂這些軍方人員，其中有許多人曾多次至阿富汗服役。

本書也引用了華盛頓特區美國陸軍軍事歷史中心的少量口述歷史訪談內容。訪談時間介於二〇〇六及二〇〇七年，對象為資深軍官，探討二〇〇三至二〇〇五年在戰爭中發生的事件。

維吉尼亞大學對小布希任內資深官員的口述歷史訪談，則是由米勒中心負責進行。米勒中心是該大學的無黨派附屬機構，專責提供全額校長獎學金。二〇一九年十一月，米勒中心公開了小布希任內的部分口述歷史館藏，冗長的採訪逐字稿都是由錄音檔轉換而成。

最後，本書亦取材自非營利外交研究暨訓練協會的幾次外交口述歷史訪談。外交研究暨訓練協會的口述歷史典藏內容廣泛，也可公開使用，其中包含與美國外交官的訪談，講述他們在過去八十年來的外交經驗。

致謝

《華盛頓郵報》新聞編輯室的牆上有一段引言：「新聞是歷史的初稿」。這句話出自一九四六年至一九六一年的《華盛頓郵報》發行人菲力普．葛拉漢（Philip L. Graham）。說得更詳細一點也就是，新聞報導是為重大事件下定義和詳細解說的第一手：在對於過往事件永無休止的理解與詮釋過程中，新聞就是第一步。

本書是一本新聞作品，但是又不太符合菲力普．葛拉漢給新聞下的定義，這本書比較像是歷史的第二版，甚至是第三版的草稿。《阿富汗文件》大部分內容都是在重新評估多年前發生的，逐漸為人遺忘的事件。然而構成本書基礎的主要資訊來源，提供了新的觀點來檢視錯誤和戰爭曠日廢時的原因。「記取教訓」計畫訪談、口述歷史訪談和雪花備忘錄，第一次直接了當又指證歷歷地指出，美國領導人其實明白自己的戰略不健全，而且私下都很懷疑他們是否能達成目標。但他們還是充滿自信，年復一年地告訴大眾，他們有所進展，勝利近在眼前。

內幕之所以能夠曝光，是因為我服務二十三年的《華盛頓郵報》，下定決心要揭露美國史上最漫長戰爭的真相。阿富汗重建特別督察長辦公室，一而再再而三地阻撓我要求公開紀錄的請求，《華盛頓郵報》也因此必須做出抉擇：打退堂鼓，改做比較輕鬆簡單的報導，或者根據《資訊自由法》控告他們。

不夠大膽的人，絕對不敢與聯邦政府對簿公堂。《資訊自由法》的訴訟費用高昂且曠日廢時，這是編輯最不樂見的情況，況且也不能保證會打贏官司，所以我永遠感激《華盛頓郵報》高層的決心與奉獻。我的調查組編輯傑夫・林恩（Jeff Leen）和大衛・法利斯（David Fallis），從一開始就非常專業地主導計畫，給我足夠的時間和空間去挖掘真相。在我需要法律協助和高層支援時，行政編輯馬帝・巴倫（Marty Baron）、總編輯卡麥隆・巴爾（Cameron Barr）和發行人弗雷德・萊恩（Fred Ryan）都會毫不猶豫地協助我，絲毫不會退縮。他們明白「記取教訓」計畫訪談潛在的重要性，因此排除萬難向阿富汗重建特別督察長辦公室提起兩件訴訟，迫使政府遵守法律公開紀錄。如果沒有高層支持，記者也沒辦法處理棘手的議題，而我有幸得到一整個團隊的支持。

我要特別感謝《華盛頓郵報》令人敬畏的法務部門，尤其是詹姆斯・麥克勞夫林（James McLaughlin）和傑・甘迺迪（Jay Kennedy），還要感謝三位來自Ballard Spahr法律事務所的犀利律師查爾斯・托賓（Charles Tobin）、麥斯威・密什金（Maxwell Mishkin）和馬修・凱利（Matthew Kelley），在聯邦法庭上代表《華盛頓郵報》。他們花了難以估算的時間準備和琢磨我們的《資訊自由法》訴訟，與政府律師纏鬥不休，還願意包容我當個只會說空話的律師。如果沒有他們，大眾將看不到「記取教訓」計畫無數的寶貴資料。

阿富汗重建特別督察長辦公室在延宕多時後，才心不甘情不願地開始一點一滴公布資料，隨著資料逐漸曝光，我們才意識到這些訪談不只很有新聞價值，還顯示了美國高階官員一直在向大眾說謊。《華盛頓郵報》的編輯決定把目標放遠，撰寫系列報導並將所有文件和錄音檔發布到網路上，讓讀者親自閱讀和聆聽這些檔案。新聞編輯室高層組織了一個廣納各方人才的團隊，包括專案開發人員、平面設計師、資料庫專家和文字編輯，還有照片、影片和音訊製作人。為了確保我們的獨家報導保密到最後一刻，我們進行工作時都只讓相關人員知道內容，計畫代號則是「酪梨」（Avocado）。

我永遠感激酪梨團隊的創始成員：茱莉・維考斯卡亞（Julie Vitkovskaya）、萊絲莉・夏皮羅（Leslie Shapiro）、亞曼德・伊曼喬瑪（Armand Emamdjomeh）、丹妮兒・林德勒（Danielle Rindler）、傑克・克朗普（Jake Crump）、麥特・卡拉漢（Matt Callahan）、尼克・科克派翠克（Nick Kirkpatrick）、喬伊絲・李（Joyce Lee）、泰德・莫杜恩（Ted Muldoon）、JJ・艾凡斯（JJ Evans）和安娜貝絲・卡爾森（Annabeth Carlson）。他們個個擁有無與倫比的才華，而且都證明自己對這次的最高機密工作貢獻良多。前喀布爾辦公室主任約書亞・帕特洛和葛利夫・惠特（Griff Witte），兩位都是絕頂聰明、可靠又好相處的記者，他們分別透過不同的個人管道為報導提供重要回饋。

臨近截稿日期時，團隊規模又擴張了。同為計畫強力支持者的總編輯艾米利歐・賈西亞魯伊茲（Emilio Garcia-Ruiz），曾打趣地說新聞編輯室裡有一半的人都忙於酪梨計畫。我想感謝以下所有人的重要貢獻：瑪婷・鮑爾斯（Martine Powers）、瑪杜麗卡・希卡（Madhulika Sikka）、麥可・強森（Michael Johnson）、湯姆・勒葛洛（Tom LeGro）、布萊恩・克里夫蘭（Brian Cleveland）、拉利斯・卡克利斯（Laris Karklis）、珍・艾貝森（Jenn Abelson）、梅柔・孔菲德（Meryl Kornfield）、亞歷斯・霍頓（Alex Horton）、蘇珊娜・喬治（Susannah George）、夏利夫・哈山（Sharif Hassan）、薩耶德・薩拉胡丁（Sayed Salahuddin）、珍妮佛・阿穆爾（Jennifer Amur）、伊娃・羅德里格茲（Eva Rodriguez）、道格・賈爾（Doug Jehl）、茱莉・泰特（Julie Tate）、提姆・庫蘭（Tim Curran）、葛雷格・曼尼佛德（Greg Manifold）、瑪麗安・哥倫（MaryAnne Golon）、羅伯特・米勒（Robert Miller）、提姆・梅可（Tim Meko）、奇基・艾斯特班（Chiqui Esteban）、傑森・貝納特（Jason Bernert）、寇特妮・坎恩（Courtney Kan）、布萊恩・葛羅斯（Brian Gross）、喬安・李（Joanne Lee）、威廉・奈夫（William Neff）、瑪麗亞・桑切茲・迪亞茲（María

Sánchez Díez）、坎亞克莉特・馮奇亞卡庸（Kanyakrit Vongkiatkajorn）、瑞克・桑切茲（Ric Sanchez）、珍妮佛・哈山（Jennifer Hassan）、崔維斯・萊歐斯（Travis Lyles）、TJ・歐坦奇（TJ. Ortenzi）、泰莎・瑪格瑞吉（Tessa Muggeridge）、羅伯特・戴維斯（Robert Davis）、肯妮莎・麥坎（Kenisha Malcolm）、艾蜜莉・曹（Emily Tsao）、莫莉・加農（Molly Gannon）、艾加・希爾（Aja Hill）、黛安娜・豪威（Diyana Howell）、柯琳・歐里爾（Coleen O’Lear）、史蒂芬・波納（Steven Bohner）、艾咪・凱凡奈（Amy Cavanaile）、蜜亞・托瑞斯（Mia Torres）、約翰・泰勒（John Taylor）、克里斯・巴爾伯（Chris Barber）、艾瑞克・瑞納（Eric Reyna）、嘉瑞蒂・布朗（Charity Brown）、葛雷格・巴爾伯（Greg Barber）、丹妮兒・紐曼（Danielle Newman）、艾瑞絲・隆（Iris Long）和麥克・漢米爾頓（Mike Hamilton）。

系列報導刊登後，數百位讀者催促我們拓展報導內容，出版成冊。馬帝・巴倫鼓勵我，以《華盛頓郵報》計畫為題出版一本書。我的作家經紀人，Fletcher & Company的克利絲蒂・佛萊徹（Christy Fletcher）一如往常為我指點迷津，是幫助我把想法轉化為現實的重要角色。我也要感謝Aevitas Creative Management公司的陶德・舒斯特（Todd Shuster），還有《華盛頓郵報》的總編輯崔西・葛蘭特（Tracy Grant）、凱特・唐斯・穆德（Kat Downs Mulder）和克莉莎・湯普森（Krissah Thompson）。

我尤其感謝Simon & Schuster出版公司的團隊明白這些歷史文件的敘事潛力，投入如此多的精力和資源給這本書。我想藉此特別感謝Simon & Schuster出版社知識類書籍部門的副主任暨總編輯普莉希拉・潘頓（Priscilla Painton），她精闢的見解、令人深受啟發的回饋，以及精準到位的校訂能力，讓本書每一章都明顯進步，我迫不及待與她合作出版下一本書。我也感謝無可取代的朴漢娜（Hana Park）指導本計畫，凱特・拉萍（Kate Lapin）專業精準的審稿，以及約翰・裴洛西（John Pelosi）謹慎的法律審查。我也很榮幸能與行銷和宣傳天團合作：Simon & Schuster的克絲汀・伯恩特（Kirstin Berndt）和埃莉絲・林果（Elise Ringo），以及《華盛頓郵報》的凱瑟琳・佛洛伊德（Kathleen Floyd）。

如果沒有取得其他寶貴的文件，我就不可能完成此書。喬治華盛頓大學的國家安全檔案資料庫，提供了不可取代的公共服務，亦即公開那些聯邦單位原本想暗中處理的紀錄。我要鄭重感謝資料庫館長湯瑪斯・布蘭頓（Thomas Blanton）和《資訊自由法》事務主任奈特・瓊斯（Nate Jones），協助我們根據《資訊自由法》控告國防部，才能取得倫斯斐的雪花備忘錄，也讓我能從高達五萬頁的資料中篩選所需內容。國家安全檔案資料庫也與我們分享了數量可觀、十分寶貴的已解密外交電報。

美國陸軍在堪薩斯州李文渥斯堡的戰鬥研究機構，很有遠見地邀請去過阿富汗的老兵進行口述歷史訪談，而且已經超過十年，作為「軍事領導經驗」計畫的一部分。計畫主持人行事有條不紊，我非常感激他。感謝陸軍大學出版社（Army University Press）的唐・萊特（Don Wright）副主任，極有耐心地回答我的問題。我也感謝《華盛頓郵報》的安德魯・巴陳（Andrew Ba Tran）幫我蒐集整理上千萬筆文字紀錄，讓我在研究時能輕易查找。

我要特別向維吉尼亞大學的米勒中心致謝，他們恰好在我正著手撰寫此書時，將喬治・小布希口述歷史計畫（George W. Bush Oral History Project）的紀錄公諸於世。感謝米勒中心總統口述歷史計畫（Presidential Oral History Program）的共同主持人羅素・萊利（Russell Riley），他非常積極地回應我的問題，甚至超出他的職責，再三幫我檢查彼得・佩斯上將訪談的原始錄音檔，確保所有的引述都正確無誤。

我想特別向深耕阿富汗多年的記者和分析師坎迪絲・朗多（Candace Rondeau）致意。也感謝外交研究暨訓練協會，及其價值非凡的外交事務口述歷史訪談計畫（Foreign Affairs Oral History Program）。該計畫於一九八五年開始時便擔任主持人的查爾斯・史都華・甘迺迪（Charles Stuart Kennedy），已經親自訪問超過一千名美國退休外交人員，每次閱讀訪談紀錄都令我深受啟發。

還有幾位《華盛頓郵報》同僚在我出版本書的過程中，扮演重要的協助角色我真的非常感謝他們的努力與專業。尼克．科克派翠克檢視了成千上萬張阿富汗戰爭的相片，最後精選出一系列出色的照片。書本內頁精美的地圖，是由拉利斯．卡克利斯展現他的地圖美學繪製而成。茱莉．泰特對原稿進行了嚴格的事實查核，協助我彙編資料來源。書中但凡有任何錯誤或缺漏都是我一個人的責任，毋須多言。

能夠與最直接參與這本書的編輯，同時也是我在《華盛頓郵報》長年的老同事兼好友大衛．法利斯合作，是我莫大的榮幸。我們第一次搭檔是在二十多年前的一個調查計畫，他追求真相的熱忱、動力和決心實在無人能出其右。他就像一隻鬥牛犬，而且是少數報導和編輯技巧同樣高超，屬於頂尖等級的記者。

最後也最重要的是，我由衷感謝妻子珍妮佛．托斯（Jennifer Toth），還有我們的兒子凱爾．惠特拉克。珍妮是遠比我有才華的作家與文字工作者，她給我的愛、建議和堅定不移的支持使我受益良多，我對她的依賴難以言喻。如同許多美國人，九一一事件以無法預測的方式重塑了我們的人生。我們在同年慶祝凱爾第一個生日後不久，《華盛頓郵報》就派我前往巴基斯坦報導戰爭，接著我們全家就踏上周遊列國的旅程。過去二十年就像一場冒險，但少了我的家人，所有的冒險都不會發生，也不具有任何意義。

——克雷格．惠特拉克於馬里蘭州銀泉（Silver Spring）

二〇二一年三月一日

參考書目

Barfield, Thomas. *Afghanistan: A Cultural and Political History*. Princeton, N.J.: Princeton University Press, 2010.

Bergen, Peter L. *Manhunt: The Ten-Year Search for Bin Laden from 9/11 to Abbottabad*. New York: Crown Publishers, 2012.

Chandrasekaran, Rajiv. *Little America: The War Within the War for Afghanistan*. New York: Alfred A. Knopf, 2012.

Chayes, Sarah. *The Punishment of Virtue: Inside Afghanistan After the Taliban*. New York: The Penguin Press, 2006.

Coll, Steve. *Directorate S: The CIA and America's Secret Wars in Afghanistan and Pakistan*. New York: Penguin Press, 2018.

——. *Ghost Wars: The Secret History of the CIA, Afghanistan, and bin Laden, from the Soviet Invasion to September 10, 2001*. New York: Penguin Press, 2004.

Constable, Pamela. *Playing with Fire: Pakistan at War with Itself*. New York: Random House, 2011.

Dobbins, James. *After the Taliban: Nation-Building in Afghanistan*. Washington, D.C.: Potomac Books, 2008.

Eide, Kai. *Power Struggle over Afghanistan: An Inside Look at What Went Wrong and What We Can Do to Repair the Damage*. New York: Skyhorse Publishing, 2012.

Feith, Douglas J. *War and Decision: Inside the Pentagon at the Dawn of the War on Terrorism*. New York: Harper Collins, 2008.

Fitrat, Abdul Qadeer. *The Tragedy of Kabul Bank*. New York: Page Publishing, Inc., 2018.

Franks, Tommy. *American Soldier.* New York: Regan Books, 2004.

Gannon, Kathy. *I is for Infidel. From Holy War to Holy Terror: 18 Years Inside Afghanistan.* New York: PublicAffairs, 2005.

Gates, Robert M. *Duty: Memoirs of a Secretary at War.* New York: Alfred A. Knopf, 2014.

Graham, Bradley. *By His Own Rules: The Ambitions, Successes, and Ultimate Failures of Donald Rumsfeld.* New York: PublicAffairs, 2009.

Haqqani, Husain. *Pakistan: Between Mosque and Military.* Washington, D.C.: Carnegie Endowment for International Peace, 2005.

Jones, Seth G. *In the Graveyard of Empires: America's War in Afghanistan.* New York: W.W. Norton & Company, 2009.

Khalilzad, Zalmay. *The Envoy: From Kabul to the White House, My Journey Through a Turbulent World.* New York: St. Martin's Press, 2016.

McChrystal, Stanley. *My Share of the Task: A Memoir.* New York: Portfolio/ Penguin, 2013.

McMaster, H.R. *Battlegrounds: The Fight to Defend the Free World.* New York: Harper, 2020.

——. *Dereliction of Duty: Lyndon Johnson, Robert McNamara, the Joint Chiefs of Staff, and the Lies that Led to Vietnam.* New York: HarperCollins, 1997.

Neumann, Ronald E. *The Other War: Winning and Losing in Afghanistan.* Washington, D.C.: Potomac Books, Inc., 2009.

Packer, George. *Our Man: Richard Holbrooke and the End of the American Century.* New York: Alfred A. Knopf, 2019.

Panetta, Leon. *Worthy Fights: A Memoir of Leadership in War and Peace.* New York: Penguin Press, 2014.

Partlow, Joshua. *A Kingdom of Their Own: The Family Karzai and the Afghan Disaster.* New York: Alfred A. Knopf, 2016.

Rashid, Ahmed. *Descent into Chaos: The United States and the Future of Nation-Building in Pakistan, Afghanistan, and Central Asia.* New York: Viking, 2008.

——. *Taliban: Militant Islam, Oil and Fundamentalism in Central Asia.* New Haven, Conn.: Yale University Press, 2000.

Rubin, Barnett R. *Afghanistan from the Cold War Through the War on Terror.* New York: Oxford University Press, 2013.

Rucker, Philip and Carol Leonnig. *A Very Stable Genius: Donald J. Trump's Testing of America.* New York: Penguin Press, 2020.

Rudenstine, David. *The Day the Presses Stopped: A History of the Pentagon Papers Case.* Berkeley, Calif.: University of California Press, 1996.

Rumsfeld, Donald. *Known and Unknown: A Memoir.* New York: Sentinel, 2011.

Sheehan, Neil, Hedrick Smith, E.W. Kenworthy, and Fox Butterfield. *The Pentagon Papers. The Secret History of the Vietnam War.* New York: Quadrangle Books, Inc., 1971.

Warrick, Joby. *The Triple Agent: The al-Qaeda Mole Who Infiltrated the* CIA. New York: Doubleday, 2011.

Woodward, Bob. *Bush at War.* New York: Simon & Schuster, 2002.

——. *Obama's Wars.* New York: Simon & Schuster, 2010.

——. *Plan of Attack.* New York: Simon & Schuster, 2004.

國家圖書館出版品預行編目(CIP)資料

阿富汗文件：從911反恐開戰到全面撤軍, 阿富汗戰爭真相揭秘/克雷格.惠特洛克(Craig Michael Whitlock)著；張苓蕾,張鈞涵,黃好萱,鄭依如譯. -- 初版. -- [新北市]：黑體文化出版：遠足文化事業股份有限公司發行, 2022.03

面； 公分. -- (黑盒子；2)

譯自：The Afghanistan papers : a secret history of the war

ISBN 978-626-95589-5-7(平裝)

1.CST: 戰史 2.CST: 阿富汗 3.CST: 美國

592.916 111001311

黑體文化

讀者回函

黑盒子2

阿富汗文件：從911反恐開戰到全面撤軍，阿富汗戰爭真相揭秘

The Afghanistan papers : a secret history of the war

作者・克雷格・惠特洛克（Craig Whitlock）｜譯者・張苓蕾、張鈞涵、黃好萱、鄭依如｜責任編輯・徐明瀚｜封面設計・林冠名｜出版・黑體文化｜副總編輯・徐明瀚｜總編輯・龍傑娣｜社長・郭重興｜發行人兼出版總監・曾大福｜發行・遠足文化事業股份有限公司・讀書共和國出版集團｜電話：02-2218-1417｜傳真・02-2218-8057｜客服專線・0800-221-029｜讀書共和國客服信箱service@bookrep.com.tw｜官方網站・http://www.bookrep.com.tw｜法律顧問・華洋國際專利商標事務所・蘇文生律師｜印刷・通南彩色印刷有限公司｜排版・菩薩蠻數位文化有限公司｜初版・2022年3月｜定價・520元｜ISBN・978-626-95589-5-7